献 给 Markéta

另一个地方,另一个证明。

Paul Erdős

在坟墓里会有足够的时间可以休息。

Paul Erdős

怀旧已然与旧时不同。

Simone Signoret

Paul Erdős:
离散数学的魅力

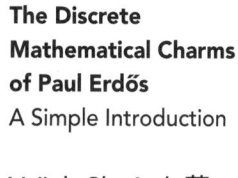

The Discrete Mathematical Charms of Paul Erdős
A Simple Introduction

Vašek Chvátal 著
陈晓敏 译

中国教育出版传媒集团
高等教育出版社·北京

荐序

"Vašek Chvátal 是为了写这本独一无二的书而生的。读者无法不被这字里行间洋溢着的热爱所吸引。数学的人文之美与一流成果的精彩阐述交织在一起，令人赞叹。"

—— Donald Knuth, 斯坦福大学

"这本书从多个角度来说都是一座宝库。它是对离散数学的精彩介绍和诱人邀请——而今，离散数学已经成为数学的一个中心领域，该领域与本书主角密不可分。通过清晰、精心设计的各个主题章节，本书展示了 20 世纪最多产和最具影响力的数学家之一 Paul Erdős 特有的发现和处理问题的方式。书中穿插着历史和个人轶事及图片，打开了一扇让我们一窥'Paul 叔叔'独特个性的窗口。它也向我们展示出 Vašek Chvátal 的迷人而真诚的叙事风格，他作为这一领域的权威以及 Erdős 终身的朋友和合作者，喜欢将教学与讲故事巧妙地融合在一起。"

—— Avi Wigderson, 普林斯顿高等研究院

"Paul Erdős 是现代组合学的奠基者之一，其提出漂亮问题的本领极大推动了这门学科的发展，并影响了很多其他的数学领域。本书通过一些 Erdős 感兴趣的基础问题，很好地介绍了离散数学的诸多课题。其中包含了一系列漂亮的结果，涉及离散几何、Ramsey 理论、图的染色、图和集合的极值问题等多个领域。书中给出了许多优雅的证明，使读者可以接触到各种强有力的组合技巧。"

—— Benjamin Sudakov, 苏黎世联邦理工学院

"这是一本精彩的书。它一气呵成地综述并展开了组合数学中相当大的部分，同时详细记录了 Paul Erdős 的工作。他对不同数学领域的贡献在这里被展现为一个连贯整体的一部分。Chvátal 的介绍尤其引人入胜且易于理解。在数学内容之外的那些美妙的个人回忆为我们绘制了一幅 Erdős 心灵的肖像，这对那些熟悉他的人来说有很高的识别度。"

—— Bruce Rothschild, 加州大学洛杉矶分校

"Vašek Chvátal 的书是一件瑰宝。Paul Erdős 喜欢的问题和最好的工作被漂亮地展示出来。不熟悉 Erdős 工作的读者们在这里无法不为其强大和优雅所折服，而那些已略知一二的读者们将会欣赏到一位大师对这些深思熟虑、爱意盎然的叙述。现在很难想象，但曾几何时组合学被认为是一系列没有深度和连贯性的杂乱无章的结果。没有什么比 Chvátal 这本精彩的汇编更明白无误地表明了'Paul 叔叔'对其彻底的理解。每个热爱数学的人都应该把这本书放在床头。"

—— Peter Winkler，**达特茅斯学院**

"Vašek Chvátal 的书极其细致且清晰地展现了漂亮的数学，并辅以非常精彩的关于 Paul Erdős 的趣闻和个人回忆。这样的组合使得阅读本书非常令人愉悦，它是追忆历史上最多产数学家之一的生动赞歌。无论对学生还是成熟型研究人员，通过本书学习离散数学都会是一次非常棒的经历。"

—— Gábor Simonyi，**匈牙利科学院**

"数学、历史和个人轶事的梦幻融合；从真正的数学家视角来查看一位传奇人物的伟大遗产。"

—— Maria Chudnovsky，**普林斯顿大学**

Vašek Chvátal, 2020

照片版权归 Tomáš Princ 所有

目录

前言 xvii

序言 xxi

致谢 xxiii

导引 xxv

第一章 光荣的开端: Bertrand 假设 1

  1.1 二项式系数 2

  1.2 一个引理 3

  1.3 唯一分解定理 4

  1.4 Legendre 公式 5

  1.5 Erdős 对 Bertrand 假设的证明 6

    1.5.1 计划 6

    1.5.2 一个 $e(p, N)$ 的公式 7

    1.5.3 一个 $p^{e(p,N)}$ 的上界 7

    1.5.4 分离 (1.9) 的左边 7

    1.5.5 合在一起 8

  1.6 Bertrand 假设原始形式的证明 9

  1.7 Bertrand 假设更早的证明 10

    1.7.1 Chebyshev 10

    1.7.2 Landau 11

    1.7.3 Ramanujan 12

  1.8 更多关于素数的问题和结论 13

    1.8.1 Landau 的问题 13

    1.8.2 相邻素数间的小间隔 13

		1.8.3	相邻素数间的大间隔	14
		1.8.4	素数中的算术级数	15
		1.8.5	我们总是回到我们的初恋	16

第二章　离散几何及其衍生　　　　　　　　　　　　　　　　19

	2.1	幸福结局定理		19
	2.2	Sylvester-Gallai 定理		24
	2.3	一个 De Bruijn-Erdős 定理		26
	2.4	De Bruijn-Erdős 定理的其他证明		30
		2.4.1	Hanani	30
		2.4.2	Motzkin	32
		2.4.3	Ryser	34
		2.4.4	Basterfield、Kelly、Conway	35

第三章　Ramsey 定理　　　　　　　　　　　　　　　　　　　39

3.1	图的 Ramsey 定理	39
3.2	Ramsey 数	41
3.3	Ramsey 定理的一个更一般的版本	47
3.4	应用到幸福结局定理	49
3.5	完整的 Ramsey 定理	50
3.6	一个自我中心的补充：自我互补的图	51

第四章　Delta 系　　　　　　　　　　　　　　　　　　　　　59

4.1	Erdős 和 Rado 的 Δ 系	59
4.2	Ramsey 定理和弱 Δ 系	62
4.3	Deza 定理	64

第五章　极值集合理论　　　　　　　　　　　　　　　　　　　69

	5.1	Sperner 定理		69
		5.1.1	Sperner 定理的一个简单证明	71
		5.1.2	Bollobás 集合对不等式	72
	5.2	Erdős-Ko-Rado 定理		74
		5.2.1	Erdős-Ko-Rado 定理的一个简单证明	77
		5.2.2	Erdős-Ko-Rado 定理中取到极值的族	78
	5.3	Turán 数		81

		5.3.1	$T(n, \ell, k)$ 的一个下界	83
		5.3.2	Turán 数和 Steiner 系	84
		5.3.3	$T(n, \ell, k)$ 的一个上界	87
	5.4	Turán 函数		88
	5.5	超图的色数		90

第六章　Van der Waerden 定理　　97

	6.1	这个定理		97
		6.1.1	Van der Waerden 对 $W(3,2) \leq 325$ 的证明	98
		6.1.2	Van der Waerden 对 $W(3,3) \leq MN$ 的证明，其中 $M = 7(2 \cdot 3^7 + 1), N = 2 \cdot 3^M + 1$	99
		6.1.3	Van der Waerden 对 $W(4,2) \leq MN$ 的证明，其中 $M = \lfloor \frac{3}{2} W(3,2) \rfloor, N = \lfloor \frac{3}{2} W(3, 2^M) \rfloor$	101
	6.2	一个证明		103
		6.2.1	热身的例子	103
		6.2.2	证明概览	105
		6.2.3	$C(1, d)$ 对所有 d 成立	105
		6.2.4	$C(k, d)$ 对所有 d 成立蕴涵 $C(k+1, 1)$	106
		6.2.5	$C(k, d)$ 蕴涵 $C(k, d+1)$	106
	6.3	Van der Waerden 数		108
		6.3.1	确切值	108
		6.3.2	上界	108
		6.3.3	下界	109
	6.4	Szemerédi 定理		110
	6.5	Ramsey 理论		111

第七章　极值图论　　115

	7.1	Turán 定理		115
		7.1.1	两个定理	115
		7.1.2	一个贪心算法	116
		7.1.3	定理 7.2 的一个证明	118
		7.1.4	Turán 定理和 Turán 数	119
	7.2	Erdős-Stone 定理		119
	7.3	Erdős-Stone-Simonovits 公式		124

7.4	当 F 是二部图	124
	7.4.1 一个 Erdős-Simonovits 猜想	125
	7.4.2 当 F 是一个完全二部图	126
	7.4.3 当 F 的每个子图有一个度数不超过 r 的顶点	128
	7.4.4 当 F 是一个圈	129
7.5	史前	130
7.6	Turán 函数之外	131

第八章 友谊定理   135

8.1	友谊定理	135
8.2	强正则图	140

第九章 色数   147

9.1	色数	147
9.2	$\chi \geqslant \omega$ 不能承受之弱	148
9.3	Hajós 猜想的终点	150
9.4	不含三角形的大色数图	155
	9.4.1 Zykov	155
	9.4.2 Tutte	155
	9.4.3 Mycielski	156
	9.4.4 Erdős 和 Hajnal	157
	9.4.5 Lovász	158
9.5	不含短圈的大色数图	159
9.6	色数的一个上界	167
9.7	小的子图不能确定色数	169

第十章 图的属性阈值   177

10.1	连通性	178
	10.1.1 容斥原理和 Bonferroni 不等式	179
	10.1.2 关于孤立顶点的引理	182
	10.1.3 关于单个非平凡连通分支的引理	185
	10.1.4 定理 10.1 的证明	189
10.2	子图	190
	10.2.1 一个引理	191

	10.2.2　定理 10.7 的证明	192
10.3	随机图的演化和双跳跃	196
10.4	有限概率论	199

第十一章　Hamilton 圈　205

11.1	一个涉及顶点度数的定理	205
	11.1.1　定理 11.4 的一个算法证明	210
	11.1.2　一次偏离: 测试定理 11.2 的条件	212
11.2	一个涉及连通性和稳定性的定理	214
11.3	随机图中的 Hamilton 圈	220

附录 A　一些招数　225

A.1	不等式	225
	A.1.1　两位主力	225
	A.1.2　Cauchy-Bunyakovsky-Schwarz 不等式	226
	A.1.3　Jensen 不等式	226
A.2	阶乘和 Stirling 公式	227
A.3	二项式系数的一个渐近表达式	230
A.4	二项式分布	233
A.5	二项式分布的尾部	237
A.6	超几何分布的尾部	242
A.7	随机图的两种模型	246

附录 B　定义、术语和记号　253

B.1	图	253
B.2	超图	255
B.3	渐近记号	255
B.4	杂项	256

附录 C　关于 Erdős 的更多信息　257

C.1	文章精选	257
C.2	书籍精选	259
C.3	电影	259
C.4	网站	259
C.5	一份 FBI 档案	260

C.6 一部相册 261

参考文献 **265**

名词索引 **289**

前言

> 会有一个答案的，由它去吧……
>
> 披头士乐队

每位科学家都梦寐以求能够出版一部完整而完美的作品，它是对一个重大问题的最佳解答或者对一个重要研究领域的终极概述，并且在很长一段时间内都不需要被更新。不幸的是，这个梦想几乎从未被实现过，因为它与科学发展的规律相抵触。有时，这种失败是戏剧性的。在完成巨著《算术基本法则》(*Grundgesetze*) 的写作后——书中基于数理逻辑为算术提供了坚实基础，Gottlob Frege 收到了 Bertrand Russell 的一封信，信中描述了他那著名的悖论。Frege 不得不在他的书中添加了一个后记，他在其中写道："对一个科学作家来说，很难有比在工作完成之后，其基础被打得粉碎更不理想的事情了。我就是被 Bertrand Russell 先生的一封信置于这种境地的。"[a]

然而，大多数情况都更为平凡。每年有近二十万篇数学论文发表。即使它们中没有一篇会动摇某本正在筹备的专著的基础，许多论文也可能与该主题有关。一个追求完美的作者可能希望至少参考最重要的那些论文。这是一场永无止境的挣扎，延长这一过程可能会实际损害这个项目。我见过许多漂亮的数学手稿，到了出版时，篇幅增加了一倍，变得不那么吸引人了。当 Vašek 给我寄来他的书《Paul Erdős：离散数学的魅力》的第一个版本时，触动我的是，这并非一份草稿而是一件艺术品，基本上是完整的和已完成的。我立刻回复他："添加更多的参考资料、细节、线索以及各处的澄清段落，你只会把这块奇迹般的宝石变得浑浊。只要改正一些录入和明显错误就行了，然后坐下来！*由它去吧*！" Vašek 立即回信。他很疑惑：我怎么可能知道他向编辑提议的封面？我不知道他在说什么。然后我打开了他邮件的附件，这回轮到

---

[a] Einem wissenschaftlichen Schriftsteller kann kaum etwas Unerwünschteres begegnen, als dass ihm nach Vollendung einer Arbeit eine der Grundlagen seines Baues erschüttert wird. In diese Lage wurde ich durch einen Brief des Herrn Bertrand Russell versetzt, als der Druck dieses Bandes sich seinem Ende näherte [6].

我困惑了：我看到了披头士著名专辑 *Let It Be* 封面的复制品，四个乐队成员的肖像换成了四张 Paul Erdős 的照片！我们得出结论，这一定是 Jung 的同步性[1]的又一次显现。

  Let It Be 中大部分的歌曲都构思于动荡的 1968 年，这一年美国发生了大规模的反战和民权抗议活动，法国发生了大罢工和学生骚乱，还有布拉格之春。突然间，一切似乎都成为可能：耶鲁大学开始招收女学生，载人飞船第一次进入绕月轨道，Pierre Trudeau 成为加拿大总理……而 22 岁的 Vašek Chvátal 离开捷克斯洛伐克，去探索和征服世界。他那时的年纪和 Paul Erdős 为逃避国内日益增长的反犹主义和沙文主义而离开匈牙利前往英国时的年纪相仿。1934 年的政治气氛比 1968 年更加严峻。然而，很难不注意到，对个人自由的追求在 Erdős 和 Chvátal 的生活中发挥了类似的作用。

  "*Von Haus aus*,"[b] Erdős 的德语和英语说得非常好，尽管有很重的匈牙利口音。当 George Csicsery 制作关于他的纪录片 [5] 时，Erdős 的英语部分始终以英语字幕呈现。他不太注意打磨自己的发音或风格，但他系统地使用一种特殊的、Erdős 式的词汇，为他的讲话增添了独特的幽默感。[c] Vašek 在创纪录的时间内学会了英语和法语。他的短篇小说 [3] 在他 "登陆"[d] 加拿大四年后，被列入 Martha Foley 评选的年度最佳美国短篇小说名单。

  通过在康考迪亚大学开设一门新的 "非正统" 组合数学课程，Chvátal 开创了一个非常雄心勃勃的项目：通过该学科的奠基人之一 Paul Erdős 的工作，给出对离散数学的一些基本概念和结果的一个简明介绍。本书就是从这个项目中产生的。如何最好地呈现这些内容呢？Vašek 是一位出色的讲解者。在其经典专著 [4] 的开头，他通过引用 Ralph P. Boas 的话 [2] 来说明他的方法："假设你想把 '猫' 的概念教给一个很小的孩子。你会解释猫是一种相对较小、主要食肉的哺乳动物，有可伸缩的爪子，发出特定的声音，等等吗？我打赌不会。你可能会给孩子看很多不同的猫，每次都说 '猫咪'，直到他明白了为止。" 这种策略与 Erdős 的数学精神完全一致。他不喜欢阐述大理论和元定理。他对

---

[b]天生的。

[c] "奴隶" 代表丈夫，"老板" 代表妻子，"ϵ" 代表孩子，"山姆" 代表美国，"乔" 代表苏联，"毒药" 代表酒，等等。

[d]Adrian Bondy 在 [1] 的第一节中的说法。

[1]术语 synchronicity 由 Carl Gustav Jung（卡尔·古斯塔夫·荣格）提出，也译为共时性。——译者注

优美诱人、陈述简单的数学问题有着敏锐的嗅觉，这些问题的解答对数学的多个领域都有深远的影响。本书的每一节都介绍了一个或多个这样的问题，以及 Erdős 为回答这些问题所做的杰出尝试。每一个答案、每一个定理都会引出许多进一步的精彩问题。

我必须提醒你：如果你对组合数学感兴趣，并且化学反应恰到好处，你很可能会爱上这本书。无论怎样，引用 [3] 中的文字，"要么你会感受到心灵的震撼，明确无误地被'击中'那一刻后，你就知道了——在 cogito-ergo-sum[1] 的三段论世界之外，这是你唯一可以绝对确定的事情。要么你不会，那么就不可言传了。"

János Pach
Rényi 数学所 (布达佩斯) 和 EPFL (洛桑)

参考文献

[1] D. Avis, A. Bondy, W. Cook, and B. Reed. Vašek Chvátal: A very short introduction, *Graphs and Combinatorics* **23** (2007), 1–25.

[2] R. P. Boas: Can we make mathematics more intelligible?, *American Mathematical Monthly* **88** (1981), 727–731.

[3] V. Chvátal. Déjà Vu, *PRISM international*, **11** 3 (1972), 27–40.

[4] V. Chvátal. *Linear Programming*, W. H. Freeman and Company, New York, 1983.

[5] G. P. Csicsery (director). *N Is a Number: A Portrait of Paul Erdős.* Documentary about the life of mathematician Paul Erdős, ZALA films, 1993.

[6] F. G. Frege. *Grundgesetze der Arithmetik – Begriffsschriftlich abgeleitet. Band I und II: In moderne Formelnotation transkribiert und mit einem ausführlichen Sachregister versehen*, edited by T. Müller, B. Schröder, and R. Stuhlmann-Laeisz, Paderborn, Mentis Verlag, 2009.

---

[1] 拉丁文，意为"我思故我在"。——译者注

序言

Paul Erdős (1913 年 3 月 26 日–1996 年 9 月 20 日) 是一位杰出、多产、有影响力的传奇数学家。

2007 年 1 月至 2009 年 12 月期间，我三次在康考迪亚大学教授自己设计的一个一学期课程，名为 *Paul Erdős 的离散数学*。这是一门研究生课程，但也向本科生开放。来自蒙特利尔其他大学的同事们也经常坐在听众席上，这让我非常高兴。分配给我们的教室常常不够用。人们簇拥在拥挤且过热的空间里，在门口竖起耳朵聆听，这一幕让我觉得自己是早期基督徒秘密集会中的一员。本书是根据我在那门课程的讲义写成的。我不时地偏离教学大纲，谈及我自己与 Erdős 的交流。这里也记录了一些这样的回忆。

有其他人比我更接近 Erdős。有人比我更有资格向他致敬 (有些人确实做到过)。不过，大的镶嵌画是由小片组成的，如散落在下面文字里的我的记忆。我就像是盲人摸象，这些故事片段描述了我的感受。

我的课程的目的是概述 Erdős 和其他人的研究成果，在离散数学发展成为今日丰富而充满活力的学科之前，这些成果为其奠定了基础。几十年后重温这些成果，让我回想起自己从图书馆书架上取下厚厚的书卷，翻阅泛黄的书页，并惊叹于它们所揭示的宝藏。记忆，如褪色的棕黄照片。记忆，关于一个过去的时代。

Paul Erdős 为我做了很多事情，极大地丰富了我的生活。教授那门课程和写这本书让我再次感受他的存在，加深了我对他的关注。这些工作引发了我对他一遍遍无言的感谢。

致谢

在 2015 年，Gösta Grahne 告诉我有一个网站有 FBI 关于 Paul Erdős 的解密档案，几年之后，Jermey Matthews 告诉我有一本书包含这份档案的部分内容。(这些都在附录的 C.5 节中有所提及。)

当我开始把讲义改编成这本书时，我受益于与 Geoffrey Exoo、Nikolai Ivanov、Brendan McKay、Sergei Malyugin 和 Staszek Radziszowski 的商讨以及对方提供的帮助。一年之后，Yogen Chaubey、Bipin Desai、Tariq Srivastava 和我一起搞清了第二章提到的 Majindar/Majumdar 对偶之谜。

Markéta Vyskočilová 读了这里的花絮故事的早期版本，她的意见对我改进这些故事帮助很大。能娶到这样一位体贴、有洞察力且才华卓越的编辑，我非常幸运。

Peter Renz 在出版领域给予我指导，他的建议对我来说非常宝贵。

Noga Alon、Laci Babai、Thomas Bloom、Xiaomin Chen、Javier De Loera、Mark Goldsmith、Peter Grogono、Steve Hedetniemi、Petra Hoffmannová、Svante Janson、Ida Kantor、Mark Kayll、Don Knuth、János Komlós、Laci Lovász、Tomasz Łuczak、János Pach、Balázs Patkós、Staszek Radziszowski、Bruce Reed、Charles Reiss、Peter Renz、Vojta Rödl、Bruce Rothschild、Lex Schrijver、Gábor Simonyi、Benny Sudakov、Michael Tarsi、Zsolt Tuza、Avi Wigderson、Pete Winkler 和 Yori Zwols 对我的早期手稿做了评论，这帮助我做了改进。

Katie Leach 对手稿早期版本所表现出的热情对我意义重大。在她作为剑桥编辑的得力关照下，我感受到了培养和保护。

我对所有这些人都心怀感激。

导引

这本书的基础是课程讲义，这些讲义已经分发给研究生，但我在写讲义时想到的模范读者是数学奥林匹克竞赛的参赛选手。由于我不想吓到这些年轻人，所以我选择包含一些他们可能不熟悉的先修知识，即使这些知识可能被认为是研究生理所当然该具备的。(它们被收录在附录 A 中。) 本书副标题中的 "simple (简单)" 是一个关键词：我的目的是让尽可能多的读者能够理解这些内容。

我在一门课程中使用了这些讲义，这门课包括十二个 90 分钟的讲座和一次放映 George Csicsery 的精彩纪录片《N 是一个数》[92]。在每一期课程中，我都以悠闲的节奏涵盖了以下十一个章节中的至多九章 (还有一次包括了附录 A 的大部分内容)。

以下是我编排各章的顺序。

1. Erdős 的第一个重要成就，即他于 1932 年证明的 Bertrand 假设，这似乎是第一章的合理选择。

2. 他的下一个广受赞誉的成果是 "Happy Ending Theorem (幸福结局定理)"，该定理由他与 George Szekeres 合作发表于 1935 年的论文中。Erdős 的证明虽然在时间上晚于第一个证明，但在量化角度上远胜一筹，这成为第二章的出发点。其几何本质引导我们继续探讨 Paul Erdős 早期的另一个几何兴趣，即后来被称为 Sylvester-Gallai 定理的猜想，该猜想由 Tibor Gallai (原名 Grünwald) 证实。正如 Erdős 在 1943 年所指出的，该定理有一个关于平面中点和线的优美推论。在 1948 年的一篇论文中，Erdős 和 Nicolaas de Bruijn 证明了一个组合定理，该定理包含了上述推论并将其拓广至几何范畴之外。这个 De Bruijn-Erdős 定理及其几个证明圆满完成了第二章。

3. 为了避免给读者留下过长的悬念，我们接下来回到 "幸福结局定理"，并介绍 Szekeres 的证明。这在第三章中完成，该章的主题是 Ramsey 定理。

在这一章的结尾，我允许自己讨论了 Erdős 与我合作的第二篇论文。

4. 另一个自我放纵的例子出现在第四章，我在那里指出，关于 Δ 系的 Erdős-Rado 定理的量化版本如何可以被视为 Ramsey 定理的推论。这一观察与 Erdős 和 Lovász 关于弱、强 Δ 系的猜想相关联，这一章以 Michel Deza 对猜想的精彩证明结束。

5. 关于 Δ 系的 Erdős-Rado 定理开启了极值集合论的大门，这是第五章的主题。这一章结尾处的两个定理之一是 Erdős 对在色数大于 s 的 k-一致超图中的超边数量给出下界。

6. 这个界不仅包含了 Erdős 关于对角线 Ramsey 数的下界，还包含了一个关于 van der Waerden 数的下界，因此，第六章探讨了 van der Waerden 关于算术级数的定理。

7. 在第七章，我们回归到极值集合论，并概述其内容丰富的自主分支——极值图论。

8. 第八章的特点是它与其他章节都没有直接关联。它以 Erdős、Alfréd Rényi 和 Vera Sós 的友谊定理开始，Herbert Wilf 的证明将其关联到强正则图以及 Alan Hoffman 和 R. R. Singleton 关于直径为 2 的 Moore 图的耀眼的定理。

9. 在这之后，接下来的一章以第七章的 Erdős-Stone-Simonovits 公式开始，其主要成分是图的色数。这个不变量是第九章的唯一主题。其中使用的几种证明技术是后来被称为概率方法的早期实例，因此，继续讨论图论和概率论看起来是自然的。

10. 第十章的前两节重现了 Erdős-Rényi 随机图理论的两个片段；下一节不带证明地汇报了关于随机图演化的迷人结果，重点是双跳跃及其临界窗口；最后一节将前面的内容置于其有限概率空间的自然背景中。

11. 第十一章更像是一个附录而非一个真正的章节：它的主题，Hamilton 图，远非 Erdős 对离散数学的核心关切。我冒昧地在第一节叙述了自己的一个结果如何直接受到 Erdős 对 Turán 定理令人愉快的算法性证明的启发，并在第二节介绍了我与 Erdős 的第一篇联合论文。(请注意，我表现出了令人钦佩的克制，没有在本书的任何地方提到我们的第三篇联合论文。除了在这儿。) 关于随机图中 Hamilton 圈的结果的简要概述为本章画上了圆满的句号。

我很遗憾略去了两个精彩而重要的结果，即 Lovász 局部引理 [249] 和 Szemerédi 的正则划分引理 [257]。我无法找到办法将它们顺利地融入叙述中。

> 非数学部分的文字像这样放在灰色背景中。

被用到一次以上的定义收录在附录 B 中。

第一章　光荣的开端：Bertrand 假设

1845 年，Joseph Bertrand (1822-1900) 猜想 ([29])，对于每一个大于 3 的整数 n，至少存在一个素数 p，满足 $n < p < 2n - 2$。稍微弱一点的命题，

对于每一个正整数 n
至少有一个素数 p，满足 $n < p \leqslant 2n$，

被称为 *Bertrand* 假设 [211, 定理 418]。(由于除了 2 以外的所有素数都是奇数，只要不是 $n = 1$，约束条件 $n < p \leqslant 2n$ 相当于 $n < p < 2n$。) 在 1852 年，它被 Pafnuty Chebyshev (1821-1894) 证明 ([67])。

1931 年 3 月，18 岁的 Erdős 发现了 Bertrand 假设的一个优雅的初等证明；翌年，这个证明出现在他的第一篇论文中 ([106])[a]。后来，Erdős 喜欢引用 Nathan Fine 赞美这一成就的小诗：

切比雪夫说过，我再说一次：
n 和 $2n$ 之间总会有个素数。

[106] 的初稿是由塞格德大学的一位教授 László Kalmár (1905-1976) 改写的；据 Erdős 在 [131] 中的回忆，他在引言中提到 Srinivasa Ramanujan (1887-1920) 发现了 ([322]) 一个有些类似的证明。在接下来的五节中，我们将描述 Erdős 的证明及其背景；第 1.7 节将给出 Ramanujan 的证明概要。在 Erdős 的证明出现六年之后，Godfrey Harold Hardy (1877-1947) 和 Edward Maitland Wright (1906-2005) 将其收录进他们的教科书 [211] 中，这本经典之作的第六版于 2008 年出版。

---

[a]Erdős 应该认为他于 1929 年在一本面向高中生的匈牙利数学和物理杂志上发表的文章 [105] 并不重要：在 [131] 中，他把 [106] 称为 "[我的论文······] 这实际上是我的第一篇"。

1.1 二项式系数

记号 当 m 和 k 是正整数时,记号 $\binom{m}{k}$ —— 读作 "m 选 k" —— 表示一个给定的 m 元集合的 k 元子集的个数。例如,$\{1, 2, \ldots, 5\}$ 有恰好 10 个 3 元子集,即

$$\{1,2,3\}, \{1,2,4\}, \{1,2,5\}, \{1,3,4\}, \{1,3,5\},$$
$$\{1,4,5\}, \{2,3,4\}, \{2,3,5\}, \{2,4,5\}, \{3,4,5\},$$

因此 $\binom{5}{3} = 10$。

这个组合定义直接引出了一系列恒等式,例如

$$\sum_{k=0}^{m} \binom{m}{k} = 2^m \tag{1.1}$$

(两边都在统计一个给定的 m 元集的所有子集数量,左边将这些子集按照它们的大小 k 分组),

$$\binom{m}{k} = \binom{m}{m-k} \tag{1.2}$$

(固定一个 m 元集 T,取补操作 $S \leftrightarrow T - S$ 建立了 T 的所有 k 元子集和 T 的所有 $m - k$ 元子集之间的一个一一映射),以及

$$\binom{m}{k} k = \binom{m}{k-1}(m-k+1) \tag{1.3}$$

(对给定的 m 元集 T,两边都在统计满足条件 $S \subseteq T$、$|S| = k$ 并且 $x \in S$ 的二元对 (S, x) 的数量:左边先选 S 随后选 x,右边先选 $S - \{x\}$ 然后是 x)。

Erdős 对 Bertrand 假设的证明使用了两个可以从这些恒等式推出的标准不等式。首先,在 (1.1) 中取 $m = 2n + 1$,并在 (1.2) 中取 $m = 2n + 1$、$k = n$,得到

$$\binom{2n+1}{n} \leqslant 4^n. \tag{1.4}$$

其次,取 $m = 2n$,(1.3) 保证了 $\binom{2n}{n}$ 是形如 $\binom{2n}{k}$ ($k = 0, 1, \ldots, 2n$) 的 $2n + 1$ 个数中最大的一个,所以在 $2n$ 项的和 $2 + \sum_{k=1}^{2n-1} \binom{2n}{k}$ 中,它也是最大的一项,由 (1.1),当 $m = 2n$ 时,这个和为 4^n;我们得到

$$\text{对所有 } n \geqslant 1, \quad \binom{2n}{n} \geqslant \frac{4^n}{2n}. \tag{1.5}$$

定义 前 m 个正整数的乘积 $1 \cdot 2 \cdots m$ 称为 m 的阶乘，并记为 $m!$。0 的阶乘定义为 $0! = 1$。

对 k 归纳并用 (1.3) 可证明

$$\binom{m}{k} = \frac{m!}{k!(m-k)!}. \tag{1.6}$$

这个公式也被用在了 Erdős 的证明里。

这些量 $\binom{m}{k}$ 被称为二项式系数，因为它们是二项式公式的主角：

$$(a+b)^m = \sum_{k=0}^{m} \binom{m}{k} a^k b^{m-k}.$$

为了看到这个公式的正确性，思考其左边

$$(a+b)(a+b)\cdots(a+b)$$

怎样分配展开成 2^m 项，每一项形如 $a^k b^{m-k}$。在二项式展开公式中令 $a = b = 1$ 又回到 (1.1)。

1.2 一个引理

从某种意义上，Bertrand 假设表明素数在正整数序列中比较频繁地出现。似乎悖论般地，Erdős 对该假设的证明依赖于一个引理，这个引理断言它们不会出现得太频繁：不超过某个正整数 m 的所有素数的乘积小于 4^m。

在数论中，我们习惯保留字母 p 来代表素数；特别地，Erdős 的引理可以写为

$$\prod_{p \leqslant m} p < 4^m \quad \text{对所有正整数 } m \text{ 成立}. \tag{1.7}$$

大约在 Erdős 证明了 (1.7) 八年之后，他和 Kalmár 几乎同时独立发现了一个更简单的证明（见 [131]）。这个证明对 m 进行归纳。归纳基础为 $m \leqslant 2$ 时对 (1.7) 的检验。在归纳步骤中，我们考虑任意一个大于 2 的整数 m，并假设对所有 $k < m$，有 $\prod_{p \leqslant k} p < 4^k$；然后我们区分两种情况。如果 m 是偶数，那么

$$\prod_{p \leqslant m} p = \prod_{p \leqslant m-1} p < 4^{m-1}.$$

如果 m 是奇数，那么 $m = 2n + 1$，其中 $n \geq 1$；由于

$$\binom{2n+1}{n} = \frac{(2n+1) \cdot 2n \cdot (2n-1) \cdots (n+2)}{n!},$$

每一个在 $n + 1 < p \leq 2n + 1$ 范围内的素数整除 $\binom{2n+1}{n}$，因此

$$\prod_{p \leq m} p = \left(\prod_{p \leq n+1} p\right) \cdot \left(\prod_{n+1 < p \leq 2n+1} p\right) \leq \left(\prod_{p \leq n+1} p\right) \cdot \binom{2n+1}{n}.$$

由归纳假设和 (1.4)，我们得到

$$\prod_{p \leq m} p < 4^{n+1} \cdot 4^n = 4^m.$$

1.3 唯一分解定理

每个小孩都知道，素数是一个除了它本身和整数 1 之外不被其他任何数整除的正整数。然而，并不是所有的孩子都知道，整数 1 被规定为不是素数，尽管除了它自身之外没有任何正整数整除它。把这个整数排除出所有素数的集合之外并不是一个随意的决定：把它放进来就会破坏下面这个定理，它被称为**算术基本定理**或者**唯一分解定理**。

对每个正整数 n 和所有素数 p，
存在唯一确定的一系列非负整数 $e(p, n)$ 使得

$$n = \prod_p p^{e(p,n)}.$$

(右边乘积中的 p 取遍所有素数组成的无穷集合，但对每个 n 只有有限个指数 $e(p, n)$ 非零：如果 $p > n$，则 $e(p, n) = 0$。) 将 1 宣布为素数会使得这个分解不再唯一：$e(1, n)$ 可以取成任何一个非负整数。

有些人将唯一分解定理归功于 Euclid [212, 第九卷命题 14]，他的《几何原本》大约出现在公元前 300 年；另一些人则将其归功于 Carl Friedrich Gauss (1777–1855)，他的《算术研究》[184] 出版于 1801 年夏天。在 [86] 中对这一争论进行了分析。

1.4 Legendre 公式

当 n 等于阶乘 $m!$ 时，唯一分解

$$n = \prod_p p^{e(p,n)}$$

中的次数 $e(p,n)$ 可以用一个简洁的公式来计算。首先，对每一对正整数 s 和 t，我们有

$$st = \left(\prod_p p^{e(p,s)}\right) \cdot \left(\prod_p p^{e(p,t)}\right) = \prod_p p^{e(p,s)+e(p,t)},$$

从而

$$e(p, st) = e(p, s) + e(p, t).$$

由此推得

$$e(p, m!) = e(p, 1) + e(p, 2) + \cdots + e(p, m).$$

我们将用一种更清晰的方式表示这个和的右边。让我们首先看一下 $p = 2$ 和 $m = 9$ 时的例子。这里，

$$e(2,1) + e(2,2) + \cdots + e(2,9) = 0+1+0+2+0+1+0+3+0.$$

在这 9 项中，

- 每第 2 项对总和的贡献至少是 1，这样的项有 4 个，
- 每第 4 项对总和的贡献至少是 2，这样的项有 2 个，
- 每第 8 项对总和的贡献至少是 3，这样的项有 1 个，
- 每第 16 项对总和的贡献至少是 4，但没有这样的项。

这些观察表明了

$$0+1+0+2+0+1+0+3+0 = 4+2+1+0.$$

这个等式可以被图示化成下述阵列

	$j=1$	$j=2$	$j=3$	$j=4$	$j=5$	$j=6$	$j=7$	$j=8$	$j=9$
$i=4$									
$i=3$								○	
$i=2$				○				○	
$i=1$		○		○		○		○	

其中第 j 列有 $e(2,j)$ 个硬币组成的一堆: 九堆高度的和 $0+1+0+2+0+1+0+3+0$ 统计了硬币的总数, 而和式 $4+2+1+0$ 逐行地统计相同的和。一般地, 对任意的 p 和 m, 有第 1 堆、第 2 堆、……、第 m 堆, 其中第 j 堆有 $e(p,j)$ 个硬币。逐行地统计硬币总数 $e(p,1)+e(p,2)+\cdots+e(p,m)$, 我们得到和式 $\lfloor m/p \rfloor + \lfloor m/p^2 \rfloor + \lfloor m/p^3 \rfloor + \cdots$ (像通常一样, $\lfloor x \rfloor$ 代表 x 向下取整到最近的整数): 一个硬币在第 i 行第 j 列出现当且仅当 $e(p,j) \geq i$, 这也当且仅当 j 是 p^i 的一个倍数。由此可得

$$e(p, m!) = \sum_{i=1}^{\infty} \left\lfloor \frac{m}{p^i} \right\rfloor$$

(这个无限和中只有有限项不是 0)。这个公式由 Adrien-Marie Legendre (1752–1833) 在 1808 年出版的其著作的第二版 [273] 中给出。

1.5 Erdős 对 Bertrand 假设的证明

1.5.1 计划

给定一个正整数 n, 我们将要选择另一个正整数 N 并证明

$$\prod_{p \leq n} p^{e(p,N)} < \prod_{p \leq 2n} p^{e(p,N)}, \tag{1.8}$$

这显然蕴涵了 Bertrand 假设。我们的选择是 $N = \binom{2n}{n}$。由于当 $m = 2n$ 和 $k = n$ 时, 公式 (1.6) 读作

$$N = \frac{2n \cdot (2n-1) \cdot (2n-2) \cdots (n+1)}{n!},$$

N 的素因子显然都不超过 $2n$, 从而

$$\prod_{p \leq 2n} p^{e(p,N)} = N.$$

我们提议证明

$$\prod_{p \leq n} p^{e(p,N)} < \frac{4^n}{2n}. \tag{1.9}$$

由于 (1.5) 是 $4^n/2n \leq N$, 那就推出了不等式 (1.8)。

1.5.2 一个 $e(p,N)$ 的公式

我们将使用公式

$$e(p,N) = \sum_{i=1}^{\infty} \left(\left\lfloor \frac{2n}{p^i} \right\rfloor - 2 \left\lfloor \frac{n}{p^i} \right\rfloor \right), \tag{1.10}$$

这可以从 (1.6) 用 Legendre 公式直接推出。注意

$$\lfloor 2x \rfloor - 2\lfloor x \rfloor = \begin{cases} 0, & \text{如果 } 0 \leqslant x - \lfloor x \rfloor < 1/2, \\ 1, & \text{如果 } 1/2 \leqslant x - \lfloor x \rfloor < 1, \end{cases}$$

从而

$$\text{对所有 } i, \quad \left\lfloor \frac{2n}{p^i} \right\rfloor - 2 \left\lfloor \frac{n}{p^i} \right\rfloor = 0 \text{ 或 } 1. \tag{1.11}$$

1.5.3 一个 $p^{e(p,N)}$ 的上界

给定 p 和 n, 考虑最大的满足 $p^j \leqslant 2n$ 的整数 j。由 (1.10) 和 (1.11), 我们有

$$e(p,N) = \sum_{i=1}^{j} \left(\left\lfloor \frac{2n}{p^i} \right\rfloor - 2 \left\lfloor \frac{n}{p^i} \right\rfloor \right) \leqslant j,$$

从而

$$p^{e(p,N)} \leqslant 2n. \tag{1.12}$$

1.5.4 分离 (1.9) 的左边

我们将会把不超过 n 的所有素数的集合划分成三类:

- 所有满足 $p \leqslant \sqrt{2n}$ 的素数 p 组成的集合 S,
- 所有满足 $\sqrt{2n} < p \leqslant 2n/3$ 的素数 p 组成的集合 M,
- 所有满足 $2n/3 < p \leqslant n$ 的素数 p 组成的集合 L。

这个分类反映了 $e(p,N)$ 的大小: 如我们将要证明的,

$$p \in M \Rightarrow e(p,N) \leqslant 1, \tag{1.13}$$

$$p \in L \Rightarrow e(p,N) = 0. \tag{1.14}$$

我们对这两个结论的证明依赖于 (1.10)：由于

$$p > \sqrt{2n} \text{ 且 } i \geqslant 2 \Rightarrow 2n/p^i < 1 \Rightarrow n/p^i < 1,$$

我们有

$$p > \sqrt{2n} \Rightarrow e(p,N) = \left\lfloor \frac{2n}{p} \right\rfloor - 2 \left\lfloor \frac{n}{p} \right\rfloor. \tag{1.15}$$

结论 (1.13) 由 (1.15) 和 (1.11) 直接推得；由 (1.15) 并注意 $p \in L$ 蕴涵了 $\lfloor 2n/p \rfloor = 2$ 和 $\lfloor n/p \rfloor = 1$，结论 (1.14) 成立。

1.5.5 合在一起

由定义，我们有

$$\prod_{p \leqslant n} p^{e(p,N)} = \prod_{p \in S} p^{e(p,N)} \cdot \prod_{p \in M} p^{e(p,N)} \cdot \prod_{p \in L} p^{e(p,N)};$$

由 (1.12)，我们有

$$\prod_{p \in S} p^{e(p,N)} \leqslant (2n)^{\sqrt{2n}-1};$$

由 (1.13) 以及在 (1.7) 中使用 $m = \lfloor 2n/3 \rfloor$，我们有

$$\prod_{p \in M} p^{e(p,N)} \leqslant \prod_{p \in M} p \leqslant \prod_{p \in 2n/3} p < 4^{2n/3};$$

由 (1.14)，我们有

$$\prod_{p \in L} p^{e(p,N)} = 1;$$

这些合在一起，我们得到

$$\prod_{p \leqslant n} p^{e(p,N)} < (2n)^{\sqrt{2n}-1} \cdot 4^{2n/3}.$$

记号 我们用 $\lg x$ 表示二进制对数 $\log_2 x$。

为了证明 (1.9)，我们证明

$$(2n)^{\sqrt{2n}-1} \cdot 4^{2n/3} \leqslant \frac{4^n}{2n},$$

这可以被重写为
$$(2n)^{\sqrt{2n}} \leqslant 4^{n/3},$$
进而 (对两边取二进制对数) 写为 $\sqrt{2n}\lg(2n) \leqslant 2n/3$, 最后,
$$3\lg(2n) \leqslant \sqrt{2n}.$$
由一个微积分的常规练习可以得出, 只要 $x \geqslant 1024$, 就有 $3\lg x \leqslant \sqrt{x}$, 所以 (1.9) 对所有 $n \geqslant 512$ 成立.

为了使 Bertrand 假设的证明完整, 我们需要检验其对剩下的 511 个 n 值的正确性. 为了做到这点, 只需观察, 对每个 $1 \leqslant n \leqslant 511$, 区间 $(n, 2n]$ 包含
$$5, 7, 11, 19, 31, 59, 113, 223, 443, 883 \tag{1.16}$$
这些素数中的至少一个. 上面序列中的每个素数都小于前一个的两倍.

1.6 Bertrand 假设原始形式的证明

修改 Erdős 对 Bertrand 假设的证明从而证明 Bertrand 更强的原猜想, 这是一个常规的处理. 我们把细节写出来.

定理 1.1 对于每一个大于 3 的整数 n, 有一个素数 p 满足 $n < p < 2n - 2$.

证明 像 Erdős 对 Bertrand 假设的证明中那样, 记 $N = \binom{2n}{n}$. 由于 $n < p < 2n$ 蕴涵了 $\lfloor 2n/p \rfloor = 1$ 和 $\lfloor n/p \rfloor = 0$, 公式 (1.5) 表明
$$n < p \leqslant 2n \Rightarrow e(p, N) = 1,$$
从而
$$\prod_{n < p < 2n-2} p^{e(p,N)} = \frac{N}{\prod_{p \leqslant n} p^{e(p,N)} \cdot \prod_{2n-2 \leqslant p \leqslant 2n} p^{e(p,N)}}$$
$$\geqslant \frac{N}{\prod_{p \leqslant n} p^{e(p,N)} \cdot (2n-1)};$$
和 Erdős 对 Bertrand 假设的证明中一样, 我们有
$$\frac{N}{\prod_{p \leqslant n} p^{e(p,N)}} > \frac{4^{n/3}}{(2n)^{\sqrt{2n}}}.$$

由此可知
$$\prod_{n<p<2n-2} p^{e(p,N)} > \frac{4^{n/3}}{(2n)^{1+\sqrt{2n}}}.$$

一个常规的微积分练习表明

$$3\lg x < \sqrt{x} - 1 < \frac{x}{1+\sqrt{x}} \quad \text{对所有 } x \geqslant 1024 \text{ 成立},$$

从而

$$\frac{4^{n/3}}{(2n)^{1+\sqrt{2n}}} > 1 \quad \text{对所有 } n \geqslant 512 \text{ 成立}.$$

当 $3 < n < 512$ 时, 区间 $(n, 2n-2)$ 包含 (1.16) 中的至少一个素数。 □

1.7 Bertrand 假设更早的证明

记号 我们用 $\ln x$ 表示自然对数 $\log_e x$。

1.7.1 Chebyshev

Pafnuty Chebyshev 在他发表于 1852 年的证明 [67] 中引入了函数

$$\theta(x) = \sum_{p \leqslant x} \ln p,$$

$$\psi(x) = \sum_{i=1}^{\infty} \theta(x^{1/i})$$

(这里无限求和中只有有限项非零), 并证明了等式

$$\sum_{j=1}^{\infty} \psi\left(\frac{x}{j}\right) = \ln(\lfloor x \rfloor !) \tag{1.17}$$

(又一次, 无限求和中只有有限项非零)。使用记号

$$a(i, j, p, x) = \begin{cases} 1, & \text{如果 } jp^i \leqslant x, \\ 0, & \text{否则}, \end{cases}$$

他的论证可以被写成

$$\sum_{j=1}^{\infty} \psi\left(\frac{x}{j}\right) = \sum_{j=1}^{\infty}\sum_{i=1}^{\infty} \theta\left(\left(\frac{x}{j}\right)^{1/i}\right) = \sum_{j=1}^{\infty}\sum_{i=1}^{\infty}\sum_{p} a(i,j,p,x)\ln p$$

$$= \sum_{p}\sum_{i=1}^{\infty}\sum_{j=1}^{\infty} a(i,j,p,x)\ln p = \sum_{p}\sum_{i=1}^{\infty} \left\lfloor\frac{x}{p^i}\right\rfloor \ln p$$

$$= \sum_{p}\sum_{i=1}^{\infty} \left\lfloor\frac{\lfloor x\rfloor}{p^i}\right\rfloor \ln p = \sum_{p} e(p, \lfloor x\rfloor!)\ln p = \ln(\lfloor x\rfloor!).$$

由 (1.17) 和 Stirling 近似 (A.6)

$$0 < \ln(n!) - \left(n\ln n - n + \frac{1}{2}\ln(2\pi n)\right) < \frac{1}{12n},$$

他通过一段冗长的算术论证推断出，当 $n > 160$ 时，$\theta(2n) - \theta(n) > 0$（从而存在一个素数 p 满足 $n < p \leqslant 2n$）。

1.7.2　Landau

Chebyshev 对 Bertrand 假设的证明在被稍作修改后重新出现在 Edmund Landau (1877–1938) 所写并在 1909 年出版的专著 [271] 的第 17 至 20 节。Landau 的改进之一是看到 ([271] 第 18 节的不等式 (1) 和 (2))，从 (1.17) 可推出

$$\ln(\lfloor x\rfloor!) - 2\ln\left(\left\lfloor\frac{1}{2}x\right\rfloor!\right)$$
$$= \psi(x) - \psi\left(\frac{1}{2}x\right) + \psi\left(\frac{1}{3}x\right) - \psi\left(\frac{1}{4}x\right) + \psi\left(\frac{1}{5}x\right) - \psi\left(\frac{1}{6}x\right) + \cdots,$$

从而，由于 ψ 是非减的且非负的，

$$\psi(x) - \psi\left(\frac{1}{2}x\right) \leqslant \ln(\lfloor x\rfloor!) - 2\ln\left(\left\lfloor\frac{1}{2}x\right\rfloor!\right) \leqslant \psi(x). \tag{1.18}$$

这个观察结果令人联想到 Chebyshev 的观察 ([67] 第 5 节中的不等式 (6))，即

$$\psi(x) - \psi(\sqrt{x}) = \theta(x) + \theta(x^{1/3}) + \theta(x^{1/5}) + \cdots,$$
$$\psi(x) - 2\psi(\sqrt{x}) = \theta(x) - \theta(x^{1/2}) + \theta(x^{1/3}) - \theta(x^{1/4}) + \theta(x^{1/5}) - \theta(x^{1/6}) + \cdots,$$

从而，由于 θ 是非降且非负的，

$$\psi(x) - 2\psi(\sqrt{x}) \leqslant \theta(x) \leqslant \psi(x) - \psi(\sqrt{x}). \tag{1.19}$$

1.7.3 Ramanujan

在 1919 年发表的论文 [322] 中，Srinivasa Ramanujan 的出发点是 (1.18) 的一个精细版本，

$$\psi(x) - \psi\left(\frac{1}{2}x\right) \leqslant \ln(\lfloor x \rfloor!) - 2\ln\left(\left\lfloor \frac{1}{2}x \right\rfloor!\right) \leqslant \psi(x) - \psi\left(\frac{1}{2}x\right) + \psi\left(\frac{1}{3}x\right), \quad (1.20)$$

以及 (1.19) 的一个更粗糙的版本，

$$\psi(x) - 2\psi(\sqrt{x}) \leqslant \theta(x) \leqslant \psi(x). \quad (1.21)$$

他论证了 Stirling 公式 (A.6) 可推出

$$\ln(\lfloor x \rfloor!) - 2\ln\left(\left\lfloor \frac{1}{2}x \right\rfloor!\right) < \frac{3}{4}x \quad \text{在 } x > 0 \text{ 时成立,}$$

$$\ln(\lfloor x \rfloor!) - 2\ln\left(\left\lfloor \frac{1}{2}x \right\rfloor!\right) > \frac{2}{3}x \quad \text{在 } x > 300 \text{ 时成立;}$$

结合 (1.20)，这些界限给出

$$\psi(x) - \psi\left(\frac{1}{2}x\right) < \frac{3}{4}x \quad \text{在 } x > 0 \text{ 时成立,} \quad (1.22)$$

$$\psi(x) - \psi\left(\frac{1}{2}x\right) + \psi\left(\frac{1}{3}x\right) > \frac{2}{3}x \quad \text{在 } x > 300 \text{ 时成立.} \quad (1.23)$$

然后他注意到

$$\psi(x) < \frac{3}{2}x \quad \text{在 } x > 0 \text{ 时成立.} \quad (1.24)$$

这个不等式在 $0 < x < 2$ 时显然成立，并且在 $x > 2$ 时可以通过对 $\lfloor \lg x \rfloor$ 进行归纳验证，其中归纳步骤用到 (1.22)。如果 $n \geqslant 162$，则 (1.21)、(1.23) 和 (1.24) 保证了

$$\theta(2n) - \theta(n) \geqslant \psi(2n) - 2\psi\left(\sqrt{2n}\right) - \psi(n) > \frac{4}{3}n - \psi\left(\frac{2}{3}n\right) - 2\psi\left(\sqrt{2n}\right)$$

$$> \frac{1}{3}n - 3\sqrt{2n} \geqslant 0.$$

1.8 更多关于素数的问题和结论

1.8.1 Landau 的问题

在 1912 年于剑桥举行的第五届国际数学家大会的受邀报告中，Landau 提到了四个他宣称"在现有科学状况下无法攻克的"猜想：

1. 猜想存在无穷多个形如 $n^2 + 1$ 的素数。
2. *Goldbach* 猜想：每个大于 2 的偶数是两个素数之和。
3. 孪生素数猜想：存在无穷多个素数 p 使得 $p+2$ 也是素数。
4. Legendre 猜想：对每个整数 n，存在一个素数在 n^2 和 $(n+1)^2$ 之间。

这四个猜想现在被称为 *Landau* 的问题，它们仍然没有被解决。

1.8.2 相邻素数间的小间隔

在数论中，习惯用 p_n 表示第 n 个素数：

$$p_1 = 2, p_2 = 3, p_3 = 5, p_4 = 7, p_5 = 11, p_6 = 13, p_7 = 17, p_8 = 19, \ldots.$$

使用这个记号，Bertrand 假设断言

$$\text{对所有 } n, \quad p_{n+1} - p_n \leqslant p_n.$$

1930 年，Guido Hoheisel (1894–1968) 证明了一个渐近意义上更强的结论 [216]：

$$\text{对所有足够大的 } n, \quad p_{n+1} - p_n \leqslant p_n^{32999/33000}.$$

那之后有一系列对指数的改进。最近的一次是在 2001 年：Roger Baker、Glyn Harman 和 János Pintz 证明了 [15]

$$\text{对所有足够大的 } n, \quad p_{n+1} - p_n \leqslant p_n^{21/40}.$$

如果这个上界可以被进一步加强到

$$\text{对所有 } n, \quad p_{n+1} - p_n \leqslant 2p_n^{1/2},$$

那就可以推出 Legendre 猜想：取 p_n 为小于 m^2 的最大素数，我们将会有 $m^2 < p_{n+1} < m^2 + 2m$。反过来，Legendre 猜想蕴涵了

$$\text{对所有 } n, \quad p_{n+1} - p_n \leq 4p_n^{1/2} + 4.$$

给定 p_n，考察唯一满足 $(m-1)^2 < p_n < m^2$ 的那个 m，并注意到 $p_{n+1} < (m+1)^2$ 蕴涵了 $p_{n+1} - p_n < 4m$。

孪生素数猜想断言

$$\text{对无穷多个 } n, \quad p_{n+1} - p_n = 2.$$

在试图证明这一猜想的进展中，张益唐 [377] 在 2013 年 4 月取得了一个划时代的突破：

$$\text{对无穷多个 } n, \quad p_{n+1} - p_n \leq 70000000.$$

2014 年 4 月，一个在线合作项目，Polymath 8 [315]，回应了关于降低这一上界的挑战：

$$\text{对无穷多个 } n, \quad p_{n+1} - p_n \leq 246.$$

1.8.3　相邻素数间的大间隔

由于在 $2 \leq k \leq m$ 时 $m! + k$ 可被 k 整除，显然区间 $[m! + 2, m! + m]$ 不包含任何素数。由此，相邻素数 p_n 和 p_{n+1} 之间的间隔 $p_{n+1} - p_n$ 可以任意大。1938 年，Robert Rankin (1915–2001) 证明了 [324]，对于某个正的 c 和无穷多个 n

$$p_{n+1} - p_n > c \cdot \frac{\ln p_n \ln \ln p_n \ln \ln \ln \ln p_n}{(\ln \ln \ln p_n)^2}. \tag{1.25}$$

1990 年，Erdős 写道 [133]：

> 我悬赏 (也许有些草率) 10000 美元，
> 要一个 (1.25) 对每一个 c 都成立的证明。

2014 年，两个不同的证明由 Kevin Ford、Ben Green、Sergei Konyagin、Terence Tao (陶哲轩) 组成的一队 [167] 和 James Maynard [291] 同时并独立发现。Ron Graham (1935–2020) 代替 Erdős 支付了四人小组的 5000 美元奖金和 Maynard 一人的 5000 美元奖金；Ron 是 Erdős 的密友、他的 32 篇论文的共同作者。在 Erdős 生前，Ron 管理他的财务，兑现 Erdős 的酬金支票，并向 Erdős 的问题

的解答者们开出支票；在 Erdős 去世之后，Ron 掌管了 Erdős 留下的一个小基金，以奖励未来他的问题的解答者们。

1.8.4 素数中的算术级数

一个算术级数是一个由不同数组成的 (有限或无限的) 序列

$$a, a+d, a+2d, a+3d, a+4d, \ldots, \tag{1.26}$$

其长度指的是其项数。例如，5, 11, 17, 23, 29 是一个长度为 5 的算术级数 (并且它完全由素数组成)。所有素数组成的集合不包含无限长的算术级数：如果 (1.26) 包含至少 $a+1$ 项，并且其中的 a 和 d 都是正整数，那么它的 $a+ad$ 这项是合数。尽管如此，Ben Green 和 Terence Tao 证明了 [199]

素数集包含任意长的算术级数。

这是一个古老的猜想，隐含在 Joseph-Louis Lagrange (1736–1813) 和 Edward Waring (1736–1798) 在 1770 年前后进行的研究中，并包含在 "Hardy-Littlewood 第一猜想" 的一个特例 [210] 中。

1974 年，Erdős [119, 第 204 页] 对下面问题的一个证明或反驳悬赏 2500 美元。

猜想 1.2 每一个满足 $\sum_{i=1}^{\infty} 1/a_i = \infty$ 的递增正整数序列 $a_1, a_2, a_3, \ldots$ 包含任意长的算术级数。

2020 年，Thomas Bloom 和 Olof Sisask [32, 推论 1.2] 证明了，每个满足 $\sum_{i=1}^{\infty} 1/a_i = \infty$ 的递增正整数序列 $a_1, a_2, a_3, \ldots$ 包含长度为 3 的算术级数。除此之外，这个猜想还是完全悬而未决；由于素数的倒数和发散 (Euler 的一个经典结论)，猜想的正确性蕴涵了 Green-Tao 定理。1936 年，Erdős 和他的密友 Paul Turán (1910–1976) 提出了 [121, 第 296 页] 一个稍弱的猜想：

如果对某个正实数 ϵ 和所有足够大的 n，一个正整数集包含前 n 个正整数中的至少 ϵn 个，则它包含任意长的算术级数。

后来，Erdős 为解决这个问题悬赏 1000 美金。这个猜想在 1972 年被 Endre Szemerédi 证明 [356]，我们将在第 6.4 节中回到这个问题。

1.8.5 我们总是回到我们的初恋[1]

在 Erdős 的一生中数论始终是他最重要的兴趣之一。在截至 1998 年的他的论文清单 [160] 中列有：

- 229 篇关于极值问题和 Ramsey 理论，
- 191 篇关于加性数论，
- 176 篇关于图论，
- 158 篇关于乘性数论，
- 149 篇关于分析，
- 77 篇关于几何，
- 69 篇关于组合学，
- 52 篇关于集合论，
- 41 篇关于概率论。[b]

他和 János Surányi (1918–2006) 合著了一本对一代代匈牙利数学家影响深远的数论导引书 [155]。该书的英译本 [156] 在 2003 年问世。

Erdős 不断回归的不仅仅是他的第一篇论文所在的领域，还有它的证明技巧。在第一篇论文中，他在不提供有效搜寻算法的情况下确立了满足某种性质的一个对象 (在这里，即一个满足 $n < p \leqslant 2n$ 的素数 p) 的存在性。这样的存在性证明被称为*非构造性的*。这个特殊的非构造性证明是 Erdős 在他后来与数论无关的论文中一次又一次使用的一个体系的雏形。在一般情况下，其缩编概要如下：

一个有限的物件集合 Ω 被分成两个不相交的子集 A (指"可接受的，acceptable") 和 B (指"坏的，bad")。为了证明存在一个可接受的物件，给 Ω 中的每个物件赋一个非负的权重 $w(p)$，并证明 $\sum_{p \in B} w(p) < \sum_{p \in \Omega} w(p)$。

在 Ω 中的所有物件的权重为 1 的特殊情况下，这个证明可接受物件存在的方法相当于一个表明 $|B| < |\Omega|$ 的计算。Erdős 使用这个哪怕是最未经雕琢的形式也取得了惊人的成功 (见定理 3.4 的证明)。它的加强版 (例如，见引理 9.12、引理 9.13、引理 9.21、引理 9.22、引理 9.23 的证明) 最终被发展成了*概率方法* [7, 153, 295]。

---

[b] 甚至在 1998 年之后，与 Erdős 合作的论文还在持续发表，于 2013 年 1 月汇编的他的著作清单 [202] 中包含了 1525 个条目，其中最晚的一条的年份为 2008 年。

[1] 本节原标题是法语：On revient toujours à ses premières amours。——译者注

在 Bertrand 假设这个特例中，Ω 由 $\binom{2n}{n}$ 的所有素因子组成；Ω 中的一个 p 是可接受的，如果 $n < p \leqslant 2n$，否则是坏的；对 Ω 中的每个 p，Erdős 设置 $w(p) = e(p, N) \log p$，其中 $N = \binom{2n}{n}$。由定义我们有 $\sum_{p \in \Omega} w(p) = \log N$，而 Erdős 证明了 $\sum_{p \in B} w(p) < \log N$。(这个概要解释了第 1.2 节开始处提到的悖论：为了得到 $\sum_{p \in A} w(p)$ 的下界，我们给出 $\sum_{p \in B} w(p)$ 的上界。)

数学家们挺不容易的。他们一生都在寻找真理和美，而这种追求并不总是完全无私的。虚荣和攀比是他们动机中经常出现的成分。我解决了一个你解决不了的问题。我比你更聪明。我爸可以打败你爸。当从小就通过解题竞赛来培养甚至灌输竞争意识时，你能责怪他们吗？

早期的数学天赋往往伴随着一个潜在的陷阱。你在小学时是同学中最优秀的。你在下一级别继续成为最好的。以此类推，直到成为最优秀变成生活中一个平凡的事实，变成你通常期望并觉得理所应得的东西。(取决于站在谁的立场，这可以被称为傲慢自大，或者只是系统性调节的结果。) 但大多数人最终会爬到一个高度，在那里隐藏着一个残酷的觉醒：突然，宇宙的自然秩序崩溃了，你不再是街区最聪明的孩子。失落来得越晚，伤害就越深。

Paul Erdős 从未遭受过这种打击。他作为一个少年天才，在一个神童概念无处不在的环境中长大。他的照片连续四个学年 (1926–1930) 出现在一个高中生通信数学竞赛的优胜者名单上。在他的余生中，他一直是"街区里最聪明的孩子"。

尽管如此，他从未瞧不起我们中的任何人。他不以人们的数学成就来衡量他们。他不是一个自以为是的人。更重要的是，他以身作则地教导我们，合作而非竞争才是数学的乐趣所在，与朋友们合作是愉快的，并且通过合作可以结交新的朋友 (图 1.1)。他的这种态度是有感染力的。这是对父亲们互相打架的幼稚愚蠢的完美解药。

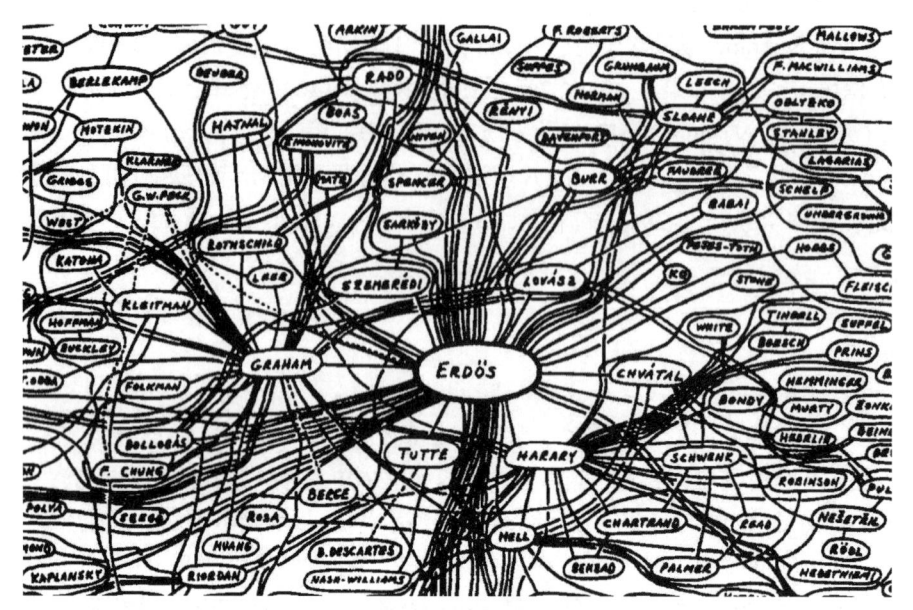

图 1.1 数学家合作图的一部分。剪裁自以下文献的图 1：T. Odda,[1)] On properties of a well-known graph or what is your Ramsey number?, *Annals of the New York Academy of Sciences* **328** (1979), 166–172. ©1979, NYAS.

[1)]作者告诉我，Tom Odda 是 Ron Graham 在写这篇文章时所用的笔名，得自他学的一句中文。——译者注

第二章 离散几何及其衍生

2.1 幸福结局定理

1932 至 1933 年的冬天，23 岁的 Esther Klein (1910–2005) 证明了

平面上任意没有三点共线的五个点组成的集合中，
必定可以找到四个构成一个凸多边形的顶点。

她在布达佩斯朋友圈里分享了这一发现后，下面这个更一般的问题出现了：

是否对每个大于 2 的整数 n，我们都能找到一个整数 N，使得
在平面上任意没有三点共线的 N 个点组成的集合中，
必定存在 n 个点构成一个凸多边形的顶点？

记号 记 $N(n)$ 为满足这一性质的最小整数 N。

为看出 $N(4) \geqslant 5$，考虑一个三角形的三个顶点以及在这个三角形内部的第四个点；Esther Klein 的命题是 $N(4) \leqslant 5$。随后，Endre Makai (1915–1987) 证明了 $N(5) = 9$。（为得到 $N(5) \geqslant 9$，考虑图 2.1 中的八个点；Makai 未曾发表过他对不等式另一个方向的证明。[a]）几星期后，George Szekeres (1911–2005) 证明了 $N(n)$ 对所有 n 存在；紧接着，Erdős 给出了一个不同的证明。在 1934 年 12 月，Erdős 和 Szekeres 提交了一篇包含有这两个证明的手稿；这篇论文 [157] 在 1935 年发表。Esther Klein 和 George Szekeres 于 1937 年 6 月 13 日成

图 2.1 这里没有凸五边形。

---

[a] 关于 Makai 的结论 $N(5) \leqslant 9$ 的证明在几十年之后出现在了 [233] 和 [279, 问题 14.31(c)] 中。

婚，Paul Erdős 因此把这个断言 $N(n)$ 对所有 n 都存在的定理称作幸福结局定理。

Szekeres 的证明给出了 $N(n)$ 的非常大的上界 $N^*(n)$：例如，$N^*(5) \approx 2^{10000}$。相比之下，Erdős 的证明得出的是小得多的 $N(n)$ 的上界：例如，$N(5) \leqslant 21$。我们将在第 3.4 节给出 Szekeres 的证明；这里首先是 Erdős 的证明。

定理 2.1 在平面上没有三点共线的 $\binom{2n-4}{n-2}+1$ 个点中，总能找到 n 个点构成一个凸多边形的顶点。

证明 给定平面上的一个有限点集 S，选择两个相互垂直的坐标轴使得 S 中没有两点的第一维坐标相同；称一个由 S 中的点构成的序列

$$[x_1, y_1], [x_2, y_2], \ldots, [x_k, y_k]$$

为凸的，如果有 $x_1 < x_2 < \cdots < x_k$ 并且

$$\frac{y_2 - y_1}{x_2 - x_1} < \frac{y_3 - y_2}{x_3 - x_2} < \cdots < \frac{y_k - y_{k-1}}{x_k - x_{k-1}};$$

称这个序列为凹的，如果有 $x_1 < x_2 < \cdots < x_k$ 并且

$$\frac{y_2 - y_1}{x_2 - x_1} > \frac{y_3 - y_2}{x_3 - x_2} > \cdots > \frac{y_k - y_{k-1}}{x_k - x_{k-1}}.$$

我们要证明，对任何满足 $i \geqslant 2$ 和 $j \geqslant 2$ 的整数对 i, j，

$$|S| > \binom{i+j-4}{i-2} \text{ 蕴涵了 } S \text{ 中包含} \tag{2.1}$$
一个 i 个点组成的凸序列或者一个 j 个点组成的凹序列。

如果 $i = 2$ 或者 $j = 2$，那么 (2.1) 是显然的：$|S|$ 下界的条件保证了 $|S| \geqslant 2$，而 S 中任何两个点组成的序列既是凸的也是凹的。为了证明 (2.1) 的一般情况，我们将对 $i + j$ 进行归纳；如我们刚刚注意到的，归纳基础 $i = j = 2$ 的情况已经完成，并且在归纳步骤中我们可以假设 $i \geqslant 3, j \geqslant 3$。

令 A 为 S 中所有 $i-1$ 点的凸序列的最后一个点组成的集合，令 B 为 S 中所有 $j-1$ 点的凹序列的第一个点组成的集合。我们分三种情况讨论：

情况一：$|S - A| > \binom{i+j-5}{i-3}$。由 A 的定义，在 $S - A$ 中没有长为 $i-1$ 的凸序列，所以这种情况的条件加上归纳假设保证了 $S - A$ 中包含一个长度为 j 的凹序列。

情况二：$|S - B| > \binom{i+j-5}{i-2}$。由 B 的定义，在 $S - B$ 中没有长为 $j-1$ 的

凹序列，所以这种情况的条件加上归纳假设保证了 $S-B$ 中包含一个长度为 i 的凸序列。

情况三：$|S-A| \leqslant \binom{i+j-5}{i-3}$ 并且 $|S-B| \leqslant \binom{i+j-5}{i-2}$。在这里，

$$|S-A| + |S-B| < |S|,$$

所以 $A \cap B \neq \varnothing$。这意味着存在一个 S 中的点组成的序列

$$[x_1, y_1], [x_2, y_2], \ldots, [x_{i+j-3}, y_{i+j-3}]$$

使得 $x_1 < x_2 < \cdots < x_{i+j-3}$ 并且

$$\frac{y_2 - y_1}{x_2 - x_1} < \frac{y_3 - y_2}{x_3 - x_2} < \cdots < \frac{y_{i-1} - y_{i-2}}{x_{i-1} - x_{i-2}},$$

$$\frac{y_i - y_{i-1}}{x_i - x_{i-1}} > \frac{y_{i+1} - y_i}{x_{i+1} - x_i} > \cdots > \frac{y_{i+j-3} - y_{i+j-4}}{x_{i+j-3} - x_{i+j-4}}.$$

如果

$$\frac{y_{i-1} - y_{i-2}}{x_{i-1} - x_{i-2}} < \frac{y_i - y_{i-1}}{x_i - x_{i-1}},$$

那么 $[x_1, y_1], [x_2, y_2], \ldots, [x_i, y_i]$ 是一个由 i 个点组成的凸序列；否则的话（由于 $[x_{i-2}, y_{i-2}], [x_{i-1}, y_{i-1}], [x_i, y_i]$ 不在一条直线上）

$$\frac{y_{i-1} - y_{i-2}}{x_{i-1} - x_{i-2}} > \frac{y_i - y_{i-1}}{x_i - x_{i-1}},$$

从而 $[x_{i-2}, y_{i-2}], [x_{i-1}, y_{i-1}], \ldots, [x_{i+j-3}, y_{i+j-3}]$ 是一个由 j 个点组成的凹序列。
□

记号 当 f 和 g 是两个定义在正整数上的取值非负的实函数时，我们用 $f(n) = O(g(n))$ 表示对于某个常数 c 以及所有充分大的 n 都有 $f(n) \leqslant cg(n)$。

关于改进定理 2.1 中的上界

$$N(n) \leqslant \binom{2n-4}{n-2} + 1$$

的挑战在 64 年的时间里没有得到任何回应，直到 1998 年，Fan Chung（金芳

蓉) 和 Ron Graham [71] 将其改进到

$$N(n) \leqslant \binom{2n-4}{n-2}. \tag{2.2}$$

注意 (2.2) 的右边是 $O(4^n)$。在证明了这个不等式之后，Chung 和 Graham 出了 100 美元悬赏第一个对某个小于 4 的常数 c 给出的 $N(n) = O(c^n)$ 的证明。2016 年，Andrew Suk [350] 证明了一个强得多的结论：对所有充分大的 n，

$$N(n) \leqslant 2^{n+6n^{2/3}\log n}.$$

之后，指数中的误差项被改进为 [217]：

$$N(n) \leqslant 2^{n+O(\sqrt{n\log n})}.$$

对于下界，Szekeres [352] 写道 (其中 N 代表 $N(n)$)：

> Paul 的方法隐含了 $N > 2^{n-2}$，而大约 35 年后，在 Paul 首次访问澳大利亚之后，这一结果出现在一篇联合论文 [158] 中。……当然，我们坚信 $N = 2^{n-2} + 1$ 即为正确值。

Erdős [134] 曾宣称他必定要为

$$N(n) \stackrel{?}{=} 2^{n-2} + 1$$

的一个证明支付 500 美金。

我们已经提到了 Klein 的结论是 $N(4) = 5$ 以及 Makai 证明了 $N(5) = 9$。Szekeres 和 Peters [353] 借助计算机证明了 $N(6) = 17$。

不是每个人都会同意 Szekeres 所说的，Erdős 对定理 2.1 的证明隐含了 $N(n) > 2^{n-2}$ 这个下界。我们在这里阐述 [158] 中对这一下界的构造性证明。首先，让我们注意 (2.1) 中关于 $|S|$ 的下界是最优的。

引理 2.2 对任意大于 1 的整数 i 和 j，平面上有一个点集 $E(i, j)$ 满足

- $E(i, j)$ 中没有三点共线，并且没有两点的第一维坐标相同，
- $E(i, j)$ 中不包含任何由 i 个点组成的凸序列，
  也不包含任何由 j 个点组成的凹序列，
- $|E(i, j)| = \binom{i+j-4}{j-2}$,
- 所有过 $E(i, j)$ 中两点的直线都有正的斜率。

第二章 离散几何及其衍生

证明 对 $i+j$ 进行归纳。归纳基础，$i=2$ 或者 $j=2$ 的情况是平凡的；对于归纳步骤，假设 i 和 j 都至少是 3。现在我们取 $E(i,j)$ 为 $E(i-1,j)$ 和 $E'(i,j-1)$ 的并集，其中后者由 $E(i,j-1)$ 通过平移 $[x,y] \mapsto [x+\Delta_x, y+\Delta_y]$ 得到，Δ_x 和 Δ_y 的选取满足

- 当 $[x,y] \in E(i-1,j)$ 并且 $[x',y'] \in E'(i,j-1)$ 时，$x<x'$ 且 $y<y'$，
- 每条通过 $E(i-1,j)$ 中一点和 $E'(i,j-1)$ 中一点的直线的斜率大于
  所有过 $E(i-1,j)$ 中两个点的直线的斜率以及
  所有过 $E'(i,j-1)$ 中两个点的直线的斜率。 □

定理 2.3 对任意大于 1 的整数 n，存在平面上无三点共线的 2^{n-2} 个点，其中没有任何 n 个是一个凸多边形的顶点。

证明 我们从平面上任意一个满足下列条件的点序列

$$[x_2, y_2], [x_3, y_3], \ldots, [x_n, y_n]$$

开始：$x_2 < x_3 < \cdots < x_n$，$y_2 > y_3 > \cdots > y_n$，并且对所有满足 $2 \leq r < s < t \leq n$ 的下标 r,s,t，点 $[x_s, y_s]$ 在 $[x_r, y_r]$ 和 $[x_t, y_t]$ 连线的下方。(一种满足这些条件的方法是对所有 s 取 $x_s = s$，$y_s = 1/s$。) 在每个点 $[x_s, y_s]$ 附近，我们放置一个小正方形

$$Q_s = [x_s - \varepsilon, x_s + \varepsilon] \times [y_s - \varepsilon, y_s + \varepsilon] \quad (对某个正的 \varepsilon)。$$

如果 ε 足够小，那么

- 对任意 $[x,y] \in Q_s$，$[x',y'] \in Q_{s+1}$，并且 $2 \leq s \leq n-1$，都有 $x < x'$ 和 $y > y'$，
- 对任何满足 $2 \leq r < s < t \leq n$ 的下标 r,s,t，
  整个正方形 Q_s 位于任何同时碰到正方形 Q_r 和 Q_t 的直线的下方。

假设这些成立并如引理 2.2 中那样定义集合 $E(i,j)$。存在一个数 M 使得所有的集合 $E(n+2-s, s)$ $(s=2,3,\ldots,n)$ 都被包含在正方形 $[-M,M] \times [-M,M]$ 中；对这个范围里的每个 s，变换 $[x,y] \mapsto [x_s + (\varepsilon/M)x, y_s + (\varepsilon/M)y]$ 将 $E(n+2-s, s)$ 映射到 Q_s 的一个子集 $E^*(n+2-s, s)$。记

$$S = E^*(n,2) \cup E^*(n-1,3) \cup \cdots \cup E^*(2,n),$$

注意 $|S|=2^{n-2}$ 并且 S 中没有三点共线；我们宣称其中没有任何 n 个点构成一个凸多边形的顶点。为了证明这一断言，考虑 S 的任意一个构成某个凸多边形顶点的非空子集 C；令 r 为使得 $C\cap Q_r\neq\emptyset$ 的最小下标，并令 t 为使得 $C\cap Q_t\neq\emptyset$ 的最大下标。

情况一：$r=t$。在这种情况下，$C\subseteq E^*(n+2-r,r)$；由于 C 是由共享起始点和终止点的一个凸序列和一个凹序列合并而成的，我们有

$$|C|\leqslant(r-1)+(n+1-r)-2=n-2.$$

情况二：$r<t$。在一个凸多边形中，没有任何四个顶点满足其中之一位于由另外三个顶点组成的三角形内。特别地（由于 $C\cap Q_r\neq\emptyset$ 且 $C\cap Q_t\neq\emptyset$，并由于所有通过同一个 $C\cap Q_s$ 内两点的直线的斜率为正），

- $C\cap Q_r$ 不包含三个点组成的凸序列；
- 没有任何满足 $r<s<t$ 的下标 s 使得 $|C\cap Q_s|\geqslant 2$；
- $C\cap Q_t$ 不包含三个点组成的凹序列。

因为 $C\cap Q_r$ 不包含三个点组成的凸序列，它的点形成一个凹序列；由于 $C\cap Q_r\subseteq E^*(n+2-r,r)$，我们推出 $|C\cap Q_r|\leqslant r-1$。因为 $C\cap Q_t$ 不包含三个点组成的凹序列，它的点形成一个凸序列；由于 $C\cap Q_t\subseteq E^*(n+2-t,t)$，我们推出 $|C\cap Q_t|\leqslant n+1-t$。综上所述，

$$|C|=\sum_{s=r}^{t}|C\cap Q_s|\leqslant(r-1)+(t-r-1)+(n+1-t)=n-1. \quad\square$$

2.2 Sylvester-Gallai 定理

1933 年，当 Erdős 在读 [213] 这本书时想到了以下的猜想：

如果平面上的有限个点不全部共线，
那么必定有某条直线经过其中恰好两点。

他在 [128] 中写道，他预料这是个容易的问题，但令他极为意外并且颇为沮丧的是，他无法找到一个证明。他把这告诉了他的朋友 Tibor Gallai (1912–1992)，很快后者找到了一个巧妙的证明。七年之后，在不知道 Gallai 的结果的情况下，Eberhard Melchior (1912–?) 在所有点不全共线的前提下得出了一个更强的结论：至少有三条这样通过恰好两个点的直线。1943 年，又在不知道 Melchior 的结果的情况下，Erdős 在《美国数学月刊》[107] 上提出了这个

问题，更多的证明来自 R. C. Buck (1920–1998)、N. E. Steenrod (1910–1971) 以及 Robert Steinberg (1922–2014)。在那时，L. M. Kelly (1914–2002) 注意到同样的问题也曾由 James Joseph Sylvester (1814–1897) 在 1893 年 3 月刊的《教育时报》[351] 上给出。(同一份杂志的 1893 年 5 月刊上报道了由 H. J. Woodall, A.R.C.S.[b] 提交的四行字的"解答"，接着是一个评注指出证明中的两处缺陷并简要描述了另一个"同样不完整，但也许值得一提"的尝试手段。)尽管我们不清楚当时 Sylvester 是否有一个证明，这个命题现在一般被称作 *Sylvester-Gallai 定理*。我们在这里要再现的是 L. M. Kelly 对它的证明 [90].

定理 2.4　如果 S 是平面上的有限个不全共线的点组成的集合，则存在一条恰好经过 S 中两个点的直线。

证明　考虑 S 中所有满足下面条件的三元点组 x, y, z (如图 2.2)，其中 z 不在过 x 和 y 的直线 $\overline{xy}$ 上 (这样的三元组是存在的：我们在这里用所有点不在同一条直线上的假设)，在其中选一个 z 到 $\overline{xy}$ 的距离最小的。我们宣称，直线 $\overline{xy}$ 经过 S 中的恰好两个点。为了证实这个断言，假设其不成立：S 中至少有三个不同的点在直线 $\overline{xy}$ 上。在这条直线上，找到离 z 最近的一个点 p (这不一定是 S 中的元素)。这个点把 $\overline{xy}$ 分成两条在 p 处重叠的射线；其中至少有一条射线包含 S 中的至少两个点；给它们标号为 p_1 和 p_2，使得 p_1 离 p 更近 (有可能 p_1 和 p 是同一个点)。现在，p_1 离直线 $\overline{zp_2}$ 比 z 离直线 $\overline{xy}$ 更近，得到矛盾。　□

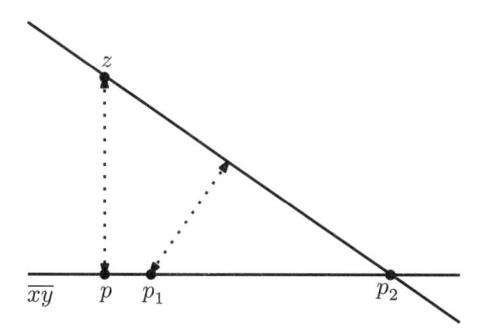

图 2.2　Kelly 对 Sylvester-Gallai 定理的证明。

---

[b]H. J. Woodall 名字后的 "A.R.C.S" 代表 "皇家科学学院荣誉学士学位" (Associate of the Royal College of Science)。

Willy Moser[c] 和 Paul Erdős
Geňa Hahn 版权所有

Erdős [107] 提到定理 2.4 有下面的推论：

推论 2.5 如果 V 是一个平面上不在同一直线上的有限个点组成的集合，那么过 V 中至少两点的直线至少有 $|V|$ 条。

证明 对 $|V|$ 进行归纳。定理 2.4 保证了 V 中存在点 x, y 使得过它们的直线 $\overline{xy}$ 不包含 V 的其他点。如果 $V - \{x\}$ 中的点不在同一直线上，那么归纳假设确保了经过 $V - \{x\}$ 中至少两个点的直线至少有 $|V| - 1$ 条；由于 x 的选法，所有这些直线都和 $\overline{xy}$ 不同。而如果 $V - \{x\}$ 在一条直线上，那么这条线和 $\overline{xz}$ ($z \in V - \{x\}$) 这 $|V| - 1$ 条直线都是不同的。 □

2.3 一个 De Bruijn-Erdős 定理

Nicolaas Govert de Bruijn (1918–2012) 与 Erdős 合作过六篇论文。他们的合作中有两个相互没有联系的结果 [93, 94] 均被称为 "De Bruijn-Erdős 定理"；其中一个是对推论 2.5 的推广：

---

[c] [297]、[244]、[52]、[56] 以及其他几何研究的作者和合作者。

定理 2.6 ([93])　令 m 和 n 是两个正整数，其中 $m \geq 2$；V 是一个 n 个点组成的集合；E 是由 m 个 V 的子集组成的集合族，并且 V 中任意一对不同的点恰好包含于 E 中的一个成员。则 $m \geq n$，并且等号成立当且仅当 (i) E 形如 $\{p_1, \dots, p_{n-1}\}, \{p_1, p_n\}, \{p_2, p_n\}, \dots, \{p_{n-1}, p_n\}$，或者，(ii) $n = k(k-1)+1$ 并且 E 的每个成员恰好包含 V 中的 k 个点，而 V 的每个点恰好属于 E 的 k 个成员。

为了避免混淆，让我们强调定理 2.6 中的"点"指的并不是平面上的点，而是 V 中的抽象元素。为了供之后引用，注意这个定理的假设蕴涵了

$$\text{对任意 } L \in E, \quad |L| \leq n - 1, \tag{2.3}$$

并且我们也可以假设

$$\text{对任意 } L \in E, \quad |L| \geq 2, \tag{2.4}$$

这是因为，如果从 E 中移除所有大小小于 2 的集合，定理的假设仍然成立。

引理 2.7　在定理 2.6 的假设下，令 $d(p)$ 为 E 的包含 V 中一点 p 的成员的个数。那么

$$p \in V, L \in E, p \notin L \quad \Rightarrow \quad d(p) \geq |L|. \tag{2.5}$$

进一步，如果 $m \leq n$，那么 E 的成员可以被列举为 $L_1, L_2, \dots, L_m$，而 V 的点可以被列举为 $p_1, p_2, \dots, p_n$，使得

$$\text{对所有 } i = 1, 2, \dots, m, \quad |L_i| \leq d(p_i). \tag{2.6}$$

证明　考虑 V 中的一点 p 以及 E 的一个成员 L，满足 $p \notin L$；给定 L 中的任意一点 x，记 $F(x)$ 为 E 中唯一的包含 p 和 x 的成员，注意，由于 $p \in F(x)$ 以及 $p \notin L$，所以 $F(x) \neq L$。接着，考虑 L 中的任意一点 x 和 $F(x) \cap L$ 中的任一点 x'。由于 $x \in F(x) \cap L$ 并且 $F(x) \neq L$，又由于 V 中任两个不同点包含于恰好一个 E 的成员，我们必有 $x' = x$。因此 $F(x) \cap L = \{x\}$，从而 $x \neq y \Rightarrow F(x) \neq F(y)$，所以 $|L| \leq d(p)$。这证明了 (2.5)。

注意

$$\text{对所有 } p, \quad d(p) \geq 2.$$

为了看到这点，取 V 中任意不同于 p 的一点 p' 并考虑 E 中同时包含 p 和 p' 的唯一成员 L。由 (2.3)，V 中有某个点 p'' 在 L 之外；E 中同时包含 p 和 p'' 的

那个唯一的成员与 L 不同。

接着,令 k 为最小的 $d(p)$ 并设 p^* 是 V 中满足 $d(p^*) = k$ 的一个点。将 E 的成员列举为 $L_1, L_2, \ldots, L_m$,使得 $L_1, L_2, \ldots, L_k$ 都包含 p^* 而 $L_{k+1}, L_{k+2}, \ldots, L_m$ 都不含 p^*。由 (2.4),

$$L_1 - \{p^*\}, L_2 - \{p^*\}, \ldots, L_k - \{p^*\}$$

这 k 个集合非空。注意 $k \geqslant 2$,我们可以找到 V 中的点 $p_1, p_2, \ldots, p_k$ 使得

$$p_1 \in L_2 - \{p^*\}, \quad p_2 \in L_3 - \{p^*\}, \quad \ldots, \quad p_{k-1} \in L_k - \{p^*\}, \quad p_k \in L_1 - \{p^*\}.$$

由于 $L_1 - \{p^*\}, L_2 - \{p^*\}, \ldots, L_k - \{p^*\}$ 这 k 个集合两两不相交,可推出 $p_1, p_2, \ldots, p_k$ 互不相同并且

$$p_1 \notin L_1, \quad p_2 \notin L_2, \quad \ldots, \quad p_{k-1} \notin L_{k-1}, \quad p_k \notin L_k.$$

现在 (2.5) 确保了

$$\text{对所有 } i = 1, 2, \ldots, k, \quad |L_i| \leqslant d(p_i). \tag{2.7}$$

将 V 中其余的 $n - k$ 个点列为 $p_{k+1}, p_{k+2}, \ldots, p_n$。事实 (2.5) 保证了对所有 $i = k+1, k+2, \ldots, m$,$|L_i| \leqslant d(p^*)$,而我们对 p^* 的选择保证了对所有 $i = 1, 2, \ldots, n$,$d(p^*) \leqslant d(p_i)$。因此,只要 $m \leqslant n$,

$$\text{对所有 } i = k+1, k+2, \ldots, m, \quad |L_i| \leqslant d(p^*) \leqslant d(p_i). \tag{2.8}$$

联立 (2.7) 和 (2.8) 证明了 (2.6)。 □

定理 2.6 的证明 我们不妨假设 $m \leqslant n$:否则结论是平凡的。如引理 2.7 所述列举 E 的成员和 V 的点。用两种方法对所有满足 $1 \leqslant i \leqslant m, 1 \leqslant j \leqslant n$,$p_j \in L_i$ 的有序对 (L_i, p_j) 进行计数 (先对它们用 L_i 进行分组,再对它们用 p_j 进行分组),我们发现

$$\sum_{i=1}^{m} |L_i| = \sum_{j=1}^{n} d(p_j). \tag{2.9}$$

比较 (2.9) 和 (2.6),我们得出

$$\text{对所有 } i = 1, 2, \ldots, m, \quad |L_i| = d(p_i)$$

以及 $m = n$。

最后，选择一个使得 $|L_r|$ 最大的下标 r，让我们分两种情况讨论。

情况一：对任意 $s \neq r$ 有 $|L_s| < |L_r|$。在这种情况下，对任意 $s \neq r$，有 $d(p_s) = |L_s| < |L_r|$，从而 (2.5) 保证了在 $s \neq r$ 时有 $p_s \in L_r$。因此 $|L_r| = n - 1$；这进而推出 E 形如 $\{p_1, p_2, \ldots, p_{n-1}\}, \{p_1, p_n\}, \{p_2, p_n\}, \ldots, \{p_{n-1}, p_n\}$。

情况二：存在 $s \neq r$ 使得 $|L_s| = |L_r|$。在这种情况下，用 k 表示 $|L_r|$。由我们对 r 的选择，有

$$\text{对所有 } i = 1, 2, \ldots, m, \quad |L_i| = d(p_i) \leqslant k, \tag{2.10}$$

其中等号在 $i = r$、$i = s$ 以及也有可能在 i 取其他值时成立。如果 $p_i \notin L_r \cap L_s$，那么在 (2.5) 中用 $L = L_r$ 或 $L = L_s$ 得到 $|L_i| = d(p_i) \geqslant k$，从而由 (2.10) 有 $|L_i| = d(p_i) = k$；由于 $L_r \cap L_s$ 包含至多一个点，从而存在一个下标 t 使得

$$\text{对任何 } i \neq t, \quad |L_i| = d(p_i) = k.$$

如果 $|L_t| = d(p_t) \geqslant n - 1$，那么 (2.3) 中用 $L = L_r$ 得到 $|L_t| \geqslant k$；如果 $|L_t| = d(p_t) < n - 1$，从而有某个 $i \neq t$ 使得 p_t 在 L_i 之外，这时在 (2.5) 中用 $L = L_i$ 得到 $|L_t| = d(p_t) \geqslant k$。在每种情况下，我们都有 $|L_t| = d(p_t) \geqslant k$，从而由(2.10)得到 $|L_t| = d(p_t) = k$。我们推出了

$$\text{对所有 } i = 1, 2, \ldots, m, \quad |L_i| = d(p_i) = k.$$

这意味着 E 的每个成员包含 V 中的 k 个点，并且 V 中的每个点属于 E 的 k 个成员。由于 V 的 $n(n-1)/2$ 个无序不同点对中的每一对包含于 E 的 n 个成员中的恰好一个，又由于 E 的每个成员包含恰好 $k(k-1)/2$ 个这样的对，我们有 $n(n-1)/2 = nk(k-1)/2$。 □

形如定理 2.6 中类型 (i) 的集合族被称为近铅笔形 (*near-pencils*)。它们可以被表示为平面上点和线组成的结构：取一条直线上的点 $p_1, \ldots, p_{n-1}$ 和直线外的一点 p_n。Sylvester-Gallai 定理表明，对 $k \geqslant 3$，类型 (ii) 这样的集合族没有几何上的表示。($k = 2$ 时唯一一个类型 (ii) 的集合族是一个近铅笔形。)

给定一个定理 2.6 中类型 (ii) 的集合族，让我们称 V 的元素为点而 E 的成员为线。在这样的术语下，

(A) 恰有 $k^2 - k + 1$ 个点，

(B) 每条线包含恰好 k 个点，

(C) 每两个不同的点包含于恰好一条线。

当 $k \geqslant 3$ 时，一组满足性质 (A)、(B)、(C) 的点和线被称为一个 $k-1$ 阶射影平面。(如我们所提到的，在被转化到这样的平面上之后，Sylvester-Gallai 定理的命题不再成立：这里，$k^2 - k + 1$ 个点不在一条线上，而没有一条线包含恰好两个点。) 当阶数不重要时，某个阶的射影平面被简单地称为有限射影平面。最小的有限射影平面是唯一的 2 阶射影平面；这个平面也被称为 Fano 平面 [163]；它在图 2.3 中给出，它的七个点被标为 $p_1, p_2, p_3, p_4, p_5, p_6, p_7$。我们将在第 5.3.2 节中看到更多的某些给定阶数的射影平面。

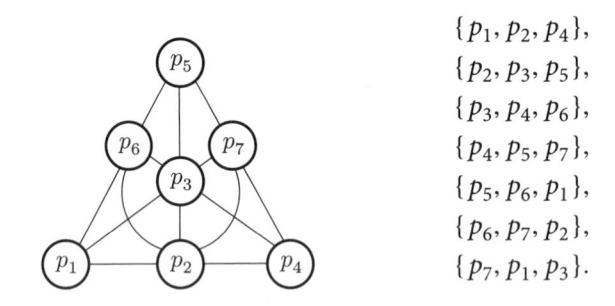

$\{p_1, p_2, p_4\}$,
$\{p_2, p_3, p_5\}$,
$\{p_3, p_4, p_6\}$,
$\{p_4, p_5, p_7\}$,
$\{p_5, p_6, p_1\}$,
$\{p_6, p_7, p_2\}$,
$\{p_7, p_1, p_3\}$.

图 2.3 Fano 平面的七条线。

2.4 De Bruijn-Erdős 定理的其他证明

2.4.1 Hanani

Haim Hanani (1912–1991) 以 De Bruijn-Erdős 定理的命题陈述开始 [205] 的英文摘要，并在一个脚注中说道：

> 这个问题是由 Th. Motzkin 在 1938 年提出的，
> 并且下面的证明在同一年被给出。

然后他概述了他对定理的证明。在随后的一篇论文 [206] 中，他阐述了证明的细节，并在结尾处的一个脚注中写明：

> 这个定理曾被 N. G. de Bruijn 和 P. Erdős (在没有使用这个引理的情况下) 直接证明 (此处引用 [93])，也被作者独立地证明 (此处引用 [205])。

在这里我们重写他的论证：

令 A 为 E 中最大的成员以及 B 为 E 中第二大的成员；记 $a = |A|$ 以及 $b = |B|$。由 (2.4)，我们有 $b \geq 2$。如引理 2.7 中那样，用 $d(p)$ 表示包含 V 中某一点 p 的 E 的成员个数。

首先，我们要证明

$$p \in A \quad \Rightarrow \quad d(p) - 1 \geq \frac{n-a}{b-1}. \qquad (2.11)$$

为此令 P 为所有满足 $L \in E$、$L \ni p$ 以及 $q \in L - A$ 的有序对 (L, q) 组成的集合。对 $V - A$ 中的每个点 q，我们有 $(L, q) \in P$ 当且仅当 $L \in E$ 以及 $p, q \in L$，恰好有一个 L 使得后者成立。因此

$$|P| = n - a. \qquad (2.12)$$

如果 $(L, q) \in P$，那么 $q \in L - A$ 使得 $L \neq A$。特别地，$|L| \leq b$，所以 $p \in L \cap A$ 蕴涵了 $|L - A| \leq b - 1$。由于对 $d(p) - 1$ 个满足 $L \in E$、$L \ni p$、$L \neq A$ 的 L 中的每一个，最多有 $b - 1$ 个 q 满足 $q \in L - A$，我们有

$$|P| \leq (d(p) - 1)(b - 1). \qquad (2.13)$$

联立 (2.12) 和 (2.13) 证明了 (2.11)。

由于 $m \geq 1 + \sum_{p \in A}(d(p) - 1)$，我们从 (2.11) 推出

$$m \geq 1 + \frac{a(n-a)}{b-1}. \qquad (2.14)$$

如果 $A \cap B \neq \emptyset$，那么记 p 为 $A \cap B$ 唯有的点；否则令 p 为 A 中的一个点。对于 $A - \{p\}$ 的 $(a-1)$ 个点中的每个 x 以及 $B - \{p\}$ 中的 b 或 $(b-1)$ 个点中的每个 y，E 中有一个唯一的成员 L 同时包含 x 和 y。这些 L 两两不同并且没有一个包含 p。再次从 (2.11)，我们推出

$$m \geq 1 + \frac{n-a}{b-1} + (a-1)(b-1). \qquad (2.15)$$

现在令 $c = (b-2)/(a-1)$。将 c 倍的 (2.14) 加到 $1 - c$ 倍的 (2.15)，我们得到不等式

$$m \geq n + (b-2)(a-b), \qquad (2.16)$$

这保证了 $m \geq n$。

最后，考虑 $m = n$ 的情况。这里，(2.16) 保证了 $b = 2$ 或 $a = b$。此外，

(2.16) 是紧的；由于它是 (2.14) 一个非负倍加上 (2.15) 的一个正数倍，所以不等式 (2.15) 也必须是紧的：

$$n = 1 + \frac{n-a}{b-1} + (a-1)(b-1). \tag{2.17}$$

情况一：$b = 2$。由于 (可能) 除了 A 之外所有 E 的成员大小必为 2，我们有 $n = m = 1 + \binom{n}{2} - \binom{a}{2}$，从而 $a = n - 1$。这样 E 是一个近铅笔形。

情况二：$a = b$。这里 (2.17) 简化为 $n = a(a-1) + 1$。给定 V 中的一点 p，将 E 中包含 p 的成员列举为 $L_1, L_2, \ldots, L_d$。由于 $L_1 - \{p\}, L_2 - \{p\}, \ldots, L_d - \{p\}$ 两两不相交并且它们的并集是 $V - \{p\}$，我们有 $d = a$。

2.4.2 Motzkin

Theodore Motzkin (1908–1970) 在 [298, 0.1, 第 451 页] 中写道：

H. Hanani 在 1938 年给出了 [De Bruijn-Erdős 定理的] 一个组合证明；

又在 [298, 4.4, 第 462 页] 给出了 Hanani 的证明的另一种写法。接着他证明了下面的命题 [298, 4.6, 第 463 页]：

引理 2.8 如果一个 $m \times n$ 的 0-1 矩阵中的各项 a_{ij} 满足

$$\text{对所有 } i, \quad \sum_{j=1}^{n} a_{ij} < n,$$

以及对所有 j, $\sum_{i=1}^{m} a_{ij} > 0$，并且

$$a_{rs} = 0 \;\Rightarrow\; \sum_{i=1}^{m} a_{is} \geqslant \sum_{j=1}^{n} a_{rj}, \tag{2.18}$$

那么 $m \geqslant n$。

对定理 2.6 来说，如果我们令

$$a_{ij} = \begin{cases} 1, & \text{如果 } p_j \in L_i, \\ 0, & \text{如果 } p_j \notin L_i, \end{cases} \tag{2.19}$$

则上述引理的假设成立，其中 $p_1, p_2, \ldots, p_n$ 是 V 中的点，以及 $L_1, L_2, \ldots, L_m$ 是 E 的成员。特别地，(2.18) 就是 (2.5)。

Motzkin 对引理 2.8 的证明基于 Frobenius (1849–1917) 的一个关于行列式的定理。四十年之后，Jeff Kahn 和 Paul Seymour 发表了下面这个更强的结论并称其为 *Motzkin* 引理 [232, (2.1)]。

引理 2.9 如果一个 $m \times n$ 的 0-1 矩阵中的各项 a_{ij} 满足

$$\text{对所有 } i, \quad \sum_{j=1}^{n} a_{ij} < n,$$

则存在下标 r 和 s 使得 $a_{rs} = 0$ 且

$$m\sum_{j=1}^{n} a_{rj} \geq n\sum_{i=1}^{m} a_{is}.$$

引理 2.8 可以从引理 2.9 直接推得：引理 2.8 的假设条件包含在引理 2.9 的假设条件中；引理 2.9 的结论以及引理 2.8 的条件 (2.18) 在一起蕴涵了

$$m\sum_{j=1}^{n} a_{rj} \geq n\sum_{i=1}^{m} a_{is} \geq n\sum_{j=1}^{n} a_{rj};$$

在引理 2.8 的条件下，我们有 $\sum_{i=1}^{m} a_{is} > 0$。因此 $\sum_{j=1}^{n} a_{rj} > 0$，从而 $m \geq n$。

引理 2.9 的证明 对矩阵的各列进行排列使得

$$\text{对 } j = 1, 2, \ldots, k, \quad \sum_{i=1}^{m} a_{ij} < m,$$
$$\text{对 } j = k+1, k+2, \ldots, n, \quad \sum_{i=1}^{m} a_{ij} = m,$$

并注意

$$\text{对所有 } i, \quad \sum_{j=1}^{k} a_{ij} = \sum_{j=1}^{n} a_{ij} - (n-k) < k.$$

由于

$$\sum_{r=1}^{m}\sum_{s=1}^{k}(1-a_{rs})\frac{m\sum_{j=1}^{k}a_{rj}-k\sum_{i=1}^{m}a_{is}}{(m-\sum_{i=1}^{m}a_{is})(k-\sum_{j=1}^{k}a_{rj})}$$
$$=\sum_{r=1}^{m}\sum_{s=1}^{k}(1-a_{rs})\left(\frac{k}{k-\sum_{j=1}^{k}a_{rj}}-\frac{m}{m-\sum_{i=1}^{m}a_{is}}\right)$$
$$=\sum_{r=1}^{m}\left(\frac{k}{k-\sum_{j=1}^{k}a_{rj}}\sum_{s=1}^{k}(1-a_{rs})\right)-\sum_{s=1}^{k}\left(\frac{m}{m-\sum_{i=1}^{m}a_{is}}\sum_{r=1}^{m}(1-a_{rs})\right)$$
$$=\sum_{r=1}^{m}k-\sum_{s=1}^{k}m=0,$$

满足 $a_{rs} = 0$ 的所有 r 和 s 所对应的项

$$\frac{m\sum_{j=1}^{k} a_{rj} - k\sum_{i=1}^{m} a_{is}}{(m - \sum_{i=1}^{m} a_{is})(k - \sum_{j=1}^{k} a_{rj})}$$

之和为零，从而其中的最大项非负。其对应的下标 r 和 s 满足引理的结论，这是因为

$$m\sum_{j=1}^{n} a_{rj} = m\left(\sum_{j=1}^{k} a_{rj} + (n-k)\right) \geqslant k\sum_{i=1}^{m} a_{is} + m(n-k) \geqslant n\sum_{i=1}^{m} a_{is}.$$

(在此之前约二十四年，[19] 中使用了一个本质上相同的论证。我们将在第 35 页对其进行回顾。) □

2.4.3 Ryser

Herbert Ryser (1923–1985) 证明了 [336, 定理 1.1]:

定理 2.10 设 m, n 和 λ 为正整数，$n \geqslant 2$；V 是一个由 n 点组成的集合；E 是 V 的 m 个子集组成的集合族，满足 V 的每个点属于 E 的超过 λ 个成员，并且 V 中任意两个不同的点同时包含于 E 的恰好 λ 个成员。则 $m \geqslant n$，并且等号仅在下述条件下成立:

(i) 有两个不同的整数 r_1 和 r_2 使得

E 中的每个成员 L 的大小是 r_1 或 r_2,

E 中至少有一个成员 L 的大小为 r_1，也至少有一个成员 L 的大小为 r_2,

或者

(ii) $n = k(k-1) + 1$ 并且

E 中的每个成员包含 V 中的 k 个点且

V 中的每个点包含于 E 的 k 个成员。

定理 2.10 中 $\lambda = 1$ 的特殊情况几乎包含了定理 2.6：所缺的只是在 (i) 中规定 $\{r_1, r_2\} = \{2, n-1\}$。定理 2.10 中的类型 (ii) 这样的集合族称为*对称区组设计 (symmetric block design)*。

定理 2.10 中不等式 $m \geqslant n$ 的证明 将 V 中的点列举为 $p_1, p_2, \ldots, p_n$；将 E 的成员列举为 $L_1, L_2, \ldots, L_m$；由 (2.19) 定义一个各项为 a_{ij} 的 $m \times n$ 矩阵 A。我们要证明

$$Ax = 0 \;\;\Rightarrow\;\; x = 0,$$

这意味着 A 的 n 个列线性无关，从而 $n \leq m$。

假设 $Ax = 0$，那么 $x^T(A^TA)x = (Ax)^T(Ax) = 0$；我们来证明

$$x^T(A^TA)x = 0 \quad \Rightarrow \quad x = 0. \tag{2.20}$$

A^TA 的第 i 行、第 j 列那项等于 E 中同时包含 p_i 和 p_j 的成员的数量；根据条件，当 $i \neq j$ 时，该数量等于 λ，而当 $i = j$ 时，该数量大于 λ。因此

$$x^T(A^TA)x \geq \lambda(\textstyle\sum_{i=1}^n x_i)^2 + \sum_{i=1}^n x_i^2 \geq \sum_{i=1}^n x_i^2,$$

从而 $x^T(A^TA)x = 0 \Rightarrow x = 0$。 □

为了证明 (2.20)，Ryser (他指出，Kulendra Nath Majumdar 在更早的一篇论文 [289] 里) [d] 计算了 A^TA 的行列式。这里所采用的快捷方式出现在 [218] 中。

2.4.4 Basterfield、Kelly、Conway

在 [19] 中，Basterfield 和 Kelly 给出了定理 2.6 中的不等式 $m \geq n$ 的另一个证明，并写道：

现在这个定理 2.1 的简单的证明归功于 J. Conway。

Conway 的论证基于下面的事实，对所有的线 L (由(2.3)，这些线满足 $|L| < n$) 以及所有满足 $d(p) < m$ 的点 p，我们有

$$\frac{m|L| - nd(p)}{(n-|L|)(m-d(p))} = \frac{n}{n-|L|} - \frac{m}{m-d(p)}.$$

因此

$$\sum_L \sum_{p \notin L} \frac{m|L| - nd(p)}{(n-|L|)(m-d(p))} = \sum_L \sum_{p \notin L} \frac{n}{n-|L|} - \sum_p \sum_{L \not\ni p} \frac{m}{m-d(p)}$$
$$= \sum_L n - \sum_p m = 0,$$

从而第一个双求和中最大的一项必定非负：存在一条线 L 和不在其上的一个点 p 满足 $m|L| \geq nd(p)$。现在 $m \geq n$ 可从 (2.5) 得到。

---

[d] 从 1962 年开始，Kulendra Nath Majumdar 的姓在他的著作中以 "Majindar" 出现。

从前，在匈牙利的杰尔市，生活着一位名叫 Dániel Arany (1863–1944) 的中学数学教师。他创办了一份面向高中生的数学和物理的杂志 *Középiskolai Mathematikai Lapok* (《中学生数学杂志》)。从 1894 年 1 月 1 日的创刊号开始，除了由于两次世界大战导致的两次中断 (1915–1924 和 1940–1945) 之外，持续地每个学年出版九期月刊。多年来，它的名字经过了多次更改。现在它叫作 *Középiskolai Matematikai és Fizikai Lapok*，并以缩写形式 KöMaL 为人所知。

KöMaL 的一个重要组成部分是它面向 14 到 18 岁学生的年度通信解题竞赛。当 Andor Faragó (1877–1944) 接管杂志时，他开始刊登竞赛中最成功的解题者的照片 (在 1925 年到 1926 年有 28 位，之后有更多)。这些肖像陈列的存档可以在 KöMaL 官网[1] 的 /tablok/ 目录中找到，这里是其中的一些照片：

| Paul Erdős |  Eszter Klein |  George Szekeres |
|  György Hajós |  Paul Turán |  Tibor Grünwald |

---

[1] 推荐用必应搜索。——译者注

第二章　离散几何及其衍生

Endre Makai

János Surányi

András Sárközy

Gyula Katona

János Komlós

Béla Bollobás

Gerzson Kéry

Lajos Pósa

Miklós Simonovits

Imre Bárány

László Lovász

László Babai

János Pintz   József Beck   János Kollár

János Pach   Gábor Tardos   Gábor Simonyi

Tibor Szabó

来源：KöMaL 官网。

第三章　Ramsey 定理

3.1 图的 Ramsey 定理

面向中学生 (包括那些刚从中学毕业的学生) 的 Eötvös 数学竞赛创立于 1894 年，并在第二次世界大战之后改名为 Kürschák 数学竞赛。在 1947 年举行的第 48 季 [18] 的问题 2 是这样的：

> 证明：在任意六个人中，或者有三个人相互认识，或者有三个人相互不认识。假设"认识"是一个对称的关系。

六年之后，1953 年 3 月 23 日，在第 13 届 William Lowell Putnam 数学竞赛 [64] 上午的考试的第二题中，同样的问题被以不同的形式描述：

> 空间中有六个处于一般位置的点 (无三点共线、无四点共面)。连接它们的十五条线段被画出，并且有些涂成了红色，另一些涂成了蓝色。证明：有一个三角形的所有三条边颜色相同。

在那五年之后，它又以 1947 年的原始表述出现在《美国数学月刊》[54] 上，并被多位读者解决，其中包括 Bush 和 Cheney。[a]

定义　一个图是一个有序对 (V, E)，其中 V 是一个集合，E 是一个 V 的二元子集组成的集合。V 中的元素称为顶点 (*vertex*，复数形式为 *vertices*)，E 中的元素称为这个图的边。我们将一条边 $\{v, w\}$ 简记成 vw。顶点 v 和 w 被称为相邻的，如果 vw 是一条边；否则称它们为不相邻的。图 (V, E) 的一个子图是一个图 (V', E')，其中 $V' \subseteq V$ 并且 $E' \subseteq E$。一个完全图是一个任意两个顶点都相邻的图。一个图的阶是它的顶点的个数。

使用这些图论术语，我们的问题是证明：

---

[a]月刊问题的解答者 Bush 和 Cheney 不是 George Bush 和 Dick Cheney。

> 无论怎样将六阶的完全图的边染成红色和蓝色,
> 必定有一个三阶完全子图的所有边都是红色
> 或者一个三阶完全子图的所有边都是蓝色。

为了证明这个命题,取六个顶点中的一个,称其为 u。剩下的五个顶点中的三个必须用相同颜色的边连向 u; 如果必要的话交换红色和蓝色,我们可以假设这个颜色是红色。记这三条红色的边为 uv_1, uv_2, uv_3。如果 v_iv_j 这三条边中的任一条是红色的,那么顶点 u, v_i, v_j 上的完全子图的所有边都是红的; 如果 v_iv_j 这三条边没有一条是红色的,那么顶点 v_1, v_2, v_3 上的完全子图的所有边都是蓝的。

记号 记下面的命题为 $a \to (b_1, b_2)$:

> 无论怎样将 a 阶的完全图的边染成红色和蓝色,
> 必定有一个 b_1 阶完全子图的所有边都是红色
> 或者一个 b_2 阶完全子图的所有边都是蓝色。

用这一记号,我们开始的问题是证明 $6 \to (3,3)$。在 1928 年,Frank Ramsey (1903–1930; 一位数学家、哲学家、经济学家,也是一位激进的无神论者,对他那最终成为第一百位坎特伯雷大主教的弟弟 Michael 保有圣人般的宽容) 证明了一个定理 [323],其特殊情况表明对任意正整数 b_1, b_2,存在一个整数 a 满足 $a \to (b_1, b_2)$。

我们将要采用一个来自 Erdős 和 Szekeres [157] 的论证来证明 Ramsey 定理的这个特殊形式。首先,让我们来推广我们对 $6 \to (3,3)$ 的证明:

引理 3.1 如果 $a_1 \to (b_1 - 1, b_2)$ 并且 $a_2 \to (b_1, b_2 - 1)$,则 $a_1 + a_2 \to (b_1, b_2)$。

证明 给定一个 $a_1 + a_2$ 阶完全图的边的红蓝染色,我们想要找到一个所有边全红的 b_1 阶完全子图,或者一个所有边全蓝的 b_2 阶完全子图。用 A 表示这个完全图的顶点集,取一个顶点,称它为 u,并将 $A - \{u\}$ 中的每个点 v 按照 uv 的颜色染成红色或蓝色。由于 $|A - \{u\}| > (a_1 - 1) + (a_2 - 1)$,下面的两个条件至少有一个被满足:

(R) 存在 $A - \{u\}$ 的一个 a_1 点子集 R 使得
R 中所有顶点为红色的,从而对所有 $v \in R$,边 uv 是红色的,

(B) 存在 $A - \{u\}$ 的一个 a_2 点子集 B 使得
B 中所有顶点为蓝色的,从而对所有 $v \in B$,边 uv 是蓝色的。

如果 (R) 成立，那么条件 $a_1 \to (b_1-1, b_2)$ 保证了以 R 为顶点集的完全图有一个在由 $b_1 - 1$ 个顶点组成的集合 R_0 上的完全子图其所有边都是红色，或者一个 b_2 阶的完全子图其所有边为蓝色。在前一种情况下，由于以 $\{u\} \cup R_0$ 为顶点集的完全子图的所有边都是红色的，我们完成了任务；在后一种情况下，我们显然已经成功了。

如果 (B) 成立，那么条件 $a_2 \to (b_1, b_2-1)$ 保证了以 B 为顶点集的完全图有一个 b_1 阶的完全子图其所有边为红色，或者一个在由 $b_2 - 1$ 个顶点组成的集合 B_0 上的完全子图其所有边都是蓝色。在前一种情况下，我们显然已经成功了；在后一种情况下，由于以 $\{u\} \cup B_0$ 为顶点集的完全子图的所有边都是蓝色的，我们完成了任务。 □

定理 3.2 (Erdős 和 Szekeres [157])　如果 b_1, b_2 是正整数，那么

$$\binom{b_1+b_2-2}{b_1-1} \to (b_1, b_2).$$

证明　对 $b_1 + b_2$ 进行归纳证明。

归纳基础：$b_1 = 1$ 或者 $b_2 = 1$。这时结论 $1 \to (1, b_2)$ 或者 $1 \to (b_1, 1)$ 是显然成立的。

归纳步骤：$b_1 \geqslant 2$ 且 $b_2 \geqslant 2$。这时用归纳假设、引理 3.1 以及事实

$$\binom{b_1+b_2-3}{b_1-1} + \binom{b_1+b_2-3}{b_1-2} = \binom{b_1+b_2-2}{b_1-1}$$

可推出结论。 □

3.2　Ramsey 数

记号　最小的使得 $a \to (b_1, b_2)$ 成立的 a 被记为 $R(b_1, b_2)$。

用这一记号，定理 3.2 断言

$$R(b_1, b_2) \leqslant \binom{b_1+b_2-2}{b_1-1}, \tag{3.1}$$

而引理 3.1 说的是

$$R(b_1, b_2) \leqslant R(b_1-1, b_2) + R(b_1, b_2-1). \tag{3.2}$$

在 [200] 中，Robert E. Greenwood (1911–1993) 和 Andrew M. Gleason (1921–

2008) 注意到, 在某些情况下, 不等式 (3.2) 可被略作改进:

引理 3.3 如果 $R(b_1 - 1, b_2)$ 和 $R(b_1, b_2 - 1)$ 都是偶数, 那么

$$R(b_1, b_2) \leqslant R(b_1 - 1, b_2) + R(b_1, b_2 - 1) - 1.$$

证明 记

$$a = R(b_1 - 1, b_2) + R(b_1, b_2 - 1) - 1.$$

给定一个 a 阶完全图的边的红蓝染色, 我们想要找到一个边全为红色的 b_1 阶完全子图或者一个边全为蓝色的 b_2 阶完全子图。对 a 个顶点中的每一个 u, 将其他 $a-1$ 个顶点划分为两个集合:

$$R(u) = \{v : \text{边 } uv \text{ 是红色的}\}, \quad B(u) = \{v : \text{边 } uv \text{ 是蓝色的}\}.$$

由于 a 个整数 $|R(u)|$ 之和计算了染色中红边的总数两次, 这个和是个偶数; 由于这样的项 $|R(u)|$ 的数量 a 是一个奇数, 其中至少有一项必须是偶数。令 u 是任意一个 $|R(u)|$ 为偶数的顶点。由于

$$|R(u)| + |B(u)| = R(b_1 - 1, b_2) + R(b_1, b_2 - 1) - 2$$

并且 $|R(u)|$ 和 $R(b_1 - 1, b_2)$ 都是偶数, 我们有

$$|R(u)| \geqslant R(b_1 - 1, b_2) \quad \text{或者} \quad |B(u)| \geqslant R(b_1, b_2 - 1)。$$

如果 $|R(u)| \geqslant R(b_1 - 1, b_2)$, 那么存在一个由 u 和 $R(u)$ 中 $b_1 - 1$ 个顶点组成的红色完全子图, 或者一个由 $R(u)$ 中 b_2 个顶点组成的蓝色完全子图。

如果 $|B(u)| \geqslant R(b_1, b_2 - 1)$, 那么存在一个由 $B(u)$ 中 b_1 个顶点组成的红色完全子图, 或者一个由 u 和 $B(u)$ 中 $b_2 - 1$ 个顶点组成的蓝色完全子图。 □

我们已经说明了 $R(3, 3) \leqslant 6$。事实上, 我们有

$$R(3, 3) = 6:$$

为了看到 $R(3, 3) > 5$, 考虑一个在顶点 $0, 1, 2, 3, 4$ 上的完全图的红蓝边染色, 其中对于边 ij, 当 $(i - j) \bmod 5 \in \{1, 4\}$ 时将其染成红色, 当 $(i - j) \bmod 5 \in \{2, 3\}$ 时将其染成蓝色。

由于 $R(4, 2) = 4$ 以及 $R(3, 3) = 6$, Greenwood-Gleason 引理 3.3 确保了 $R(4, 3) \leqslant 9$; 进而 (3.2) 确保了 $R(4, 4) \leqslant 18$。事实上, Greenwood 和 Gleason

证明了

$$R(4,4) = 18:$$

为了证明 $R(4,4) > 17$，他们令

$$R = \{1, 2, 4, 8, 9, 13, 15, 16\}, \quad B = \{3, 5, 6, 7, 10, 11, 12, 14\}$$

并将顶点 $0, 1, \ldots, 16$ 上的完全图的边 ij 染为红色如果 $(i - j) \bmod 17 \in R$，染为蓝色如果 $(i - j) \bmod 17 \in B$。R 中的八个元素是八个整数 $n^2 \bmod 17$ ($n = 1, 2, \ldots, 8$)；它们被称为模 17 的二次剩余。

为了验证这个染色没有产生四阶的红色完全图也没有产生四阶的蓝色完全图，首先注意

$$(x \bmod 17 \in B \text{ 且 } y \bmod 17 \in B) \Rightarrow xy \bmod 17 \in R,$$
$$(x \bmod 17 \in B \text{ 且 } y \bmod 17 \in R) \Rightarrow xy \bmod 17 \in B,$$
$$(x \bmod 17 \in R \text{ 且 } y \bmod 17 \in R) \Rightarrow xy \bmod 17 \in R.$$

特别地，这 17 个顶点的置换 $k \mapsto 3k \bmod 17$ 改变所有边的颜色，所以存在一个四阶的红色完全图当且仅当存在一个四阶的蓝色完全图。其次，假设存在一个四阶的红色完全图；选择其四个顶点中的两个；记为 i 和 j。由于边 ij 是红色的，我们有 $(j - i) \bmod 17 \in R$；由于 $1 \cdot 1 \bmod 17 = 9 \cdot 2 \bmod 17 = 13 \cdot 4 \bmod 17 = 15 \cdot 8 \bmod 17 = 16 \cdot 16 \bmod 17 = 1$，存在 R 中的一个 x 使得 $x(j - i) \bmod 17 = 1$。由于置换 $k \mapsto x(k - i) \bmod 17$ 保持所有边的颜色并将 i 映射到 0 且将 j 映射到 1，我们得出结论，存在一个四阶的包含顶点 0 和 1 的红色完全图。它剩下的两个顶点中的每一个 k 必须满足 $k \in R$ 且 $(k - 1) \bmod 17 \in R$，这意味着 k 是 2、9、16 这三个顶点之一。但是每一条连接这三个顶点中的两个的边都是蓝色的，从而这个红色的图是不存在的。

关于 $R(5, 5)$ 的值我们所知道的只有来自 [161] 和 [10] 中的界：

$$43 \leqslant R(5, 5) \leqslant 48. \tag{3.3}$$

Brendan McKay、Stanisław Radziszowski 和 Geoffrey Exoo 猜想 $R(5, 5) = 43$，并提供了强有力的实验证据支持这一猜想 [287, 第 4 节]。

定义 一个图中的一个团是一组两两不相邻的顶点构成的集合；一个图 G 的团值 $\omega(G)$ 是它的最大团中的顶点数量。一个图中的一个稳定集是一组两两

不相邻的顶点构成的集合；一个图 G 的稳定值 $\alpha(G)$ 是它的最大稳定集中的顶点数量。(稳定集也经常被称为独立集，这时 $\alpha(G)$ 被称作 G 的独立值。)

$R(b_1, b_2)$ 这些数被称为 Ramsey 数。由于将 n 阶完全图的边红蓝染色等同于给出由这 n 个顶点和所有红色边组成的图，Ramsey 数 $R(b_1, b_2)$ 是最小的正整数 n 使得每个 n 阶的图 G 有 $\omega(G) \geq b_1$ 或者 $\alpha(G) \geq b_2$。

Erdős 相信对 $R(5, 5)$ 的计算尽管困难但还是我们力所能及的，而对 $R(6, 6)$ 的计算则是不可能的。他喜欢用下面这个关于强大的怪物的故事来说明这个差别，他们威胁摧毁地球，除非人类交出某个 Ramsey 数。如果怪物想要的是 $R(5, 5)$，那么我们最为理性的应对应该是整合我们所有的资源来计算这个数；如果怪物想要的是 $R(6, 6)$，那么我们最为理性的应对应该是整合我们所有的资源来摧毁这个怪物。

Erdős 最重要的结论之一，包含它的证明，占据了他的一篇三页论文 [108] 中不到一页的篇幅：

定理 3.4

$$\text{当 } k \geq 3 \text{ 时,} \quad R(k, k) > 2^{k/2}.$$

证明 考虑满足 $k \geq 3$ 以及 $n \leq 2^{k/2}$ 的任意整数 k 和 n。用 Ω 表示顶点 $1, 2, \ldots, n$ 上的完全图的所有红蓝边染色组成的集合。称一个染色是坏的，如果它产生了一个 k 阶的红色完全图或一个 k 阶的蓝色完全图 (或两者都有)；用 B 表示 Ω 中所有坏的染色组成的集合。用这些记号，我们的定理断言

$$|B| < |\Omega|.$$

显然，

$$|\Omega| = 2^{\binom{n}{2}};$$

我们将证明

$$|B| \leq \binom{n}{k} 2^{1 + \binom{n}{2} - \binom{k}{2}} \tag{3.4}$$

以及

$$\binom{n}{k} 2^{1 - \binom{k}{2}} < 1, \tag{3.5}$$

从而完成定理的证明。

为了证明 (3.4)，考虑下面这个构造坏的染色的方案。

第一步：在 $1, 2, \ldots, n$ 中选 k 个顶点组成一个集合，用 S 表示。

第二步：选择红色和蓝色中的一种颜色，
并将顶点集 S 上的完全图的所有边染成这种颜色。

第三步：将顶点集 $1, 2, \ldots, n$ 上的完全图中的剩下的边
染为红色或蓝色。

第一步有 $\binom{n}{k}$ 种实现方法，第二步有 2 种实现方法，而第三步有 $2^{\binom{n}{2}-\binom{k}{2}}$ 种实现方法；因此 (3.4) 的右边统计了整个计划方案的不同实现方法的数量。为了完成(3.4)的证明，只需指出每个坏的染色在这些实现方法中至少被构造出一次。

不等式 (3.5) 可以被写成

$$\binom{n}{k} \cdot 2 < 2^{\binom{k}{2}};$$

由于

$$\binom{n}{k} < \frac{n^k}{k!} \quad 以及 \quad n \leqslant 2^{k/2},$$

我们只需验证

$$k! > 2 \cdot 2^{k/2},$$

这可以用简单的对 k 的归纳来完成。 □

更仔细的计算表明 Erdős 证明了比定理 3.4 稍强一些的结论：可以简单地通过对 k 归纳证明不等式 $k! > 2(k/e)^k$（归纳步骤建立在对所有的 x，$1+x \leqslant e^x$ 这一事实上），这意味着 $\binom{n}{k} \cdot 2 < (en/k)^k$，从而

$$R(k, k) > \frac{1}{e\sqrt{2}} \cdot k2^{k/2}.$$

目前所知的 $R(k, k)$ 数的最好的下界大约是这个的两倍。更精确地说，Joel Spencer [346] 证明了

$$R(k, k) > c(k) \cdot k2^{k/2}, \quad 其中 \lim_{k \to \infty} c(k) = \frac{\sqrt{2}}{e}. \tag{3.6}$$

Erdős 对

$$R(k, k) > (1 + \varepsilon)^k \quad 对某个正的常数 \varepsilon 成立 \tag{3.7}$$

的一个构造性证明悬赏了 100 美金。

第一个关于 $R(k,k)$ 增长得比任何关于 k 的多项式要快的图的构造来自 Péter Frankl [169]。在他给出的每一个图中，顶点是某个固定的 t 元集合的所有 $2s^2$ 元子集；两个顶点相邻当且仅当它们的交集包含 $2as+b$ 个元素，其中 $0 \leqslant a,b < s$。

随后，Péter Frankl 和 Richard M. Wilson [172, 定理 8] 构造了一系列图表明

$$R(k,k) > \exp(c\log^2 k/\log\log k), \text{ 其中 } c \text{ 为某个正的常数} \qquad (3.8)$$

(事实上，这里 c 可以是任何小于 $1/4$ 的常数)。在他们给出的每一个图中，顶点是某个固定的 p^3 元集合的所有 (p^2-1) 元子集，其中 p 是一个素数；两个顶点相邻当且仅当它们的交集大小模 p 为 -1。

定义　构造一族具有各种阶 n 的图意味着给出一个一元多项式 f 以及一个算法，使得对其中每个图中的任意两个顶点，算法能够在至多 $f(n)$ 的时间内宣布它们是相邻的还是不相邻的。(有些作者把运行时间限制在 $f(\log n)$ 内。)

Boaz Barak、Anup Rao、Ronen Shaltiel 和 Avi Wigderson [16] 用一个复杂的算法大大地改进了构造性的界 (3.8)。这一突破之后有一系列的改进。目前，这些结果中最好的来自 Gil Cohen [84]：存在一个正的常数 c 和一个对任意大的 n 阶的图 G 的构造使得

$$\max\{\alpha(G), \omega(G)\} < (\log n)^{(\log\log\log n)^c}.$$

这是一个 $R(k,k)$ 的构造性下界，但将其表达为一个关于 k 的公式不是简单的事情。与之对照，注意 (3.7) 可以表示为

$$\max\{\alpha(G), \omega(G)\} < c\log n, \quad \text{其中 } c \text{ 为某个正的常数}.$$

定理 3.4 和定理 3.2 一起确保了 $2^{k/2} \leqslant R(k,k) < 4^{k-1}$，从而，当 $k \geqslant 3$ 时，

$$\sqrt{2} \leqslant R(k,k)^{1/k} < 4.$$

Erdős [127, 第 9 页] 为证明 $\lim R(k,k)^{1/k}$ 的存在悬赏了 100 美元，而对求出这个极限的值悬赏了 500 美元。

非对角线的 Ramsey 数——$b_1 \neq b_2$ 时的 $R(b_1, b_2)$——特别是那些 $b_1 = 3$ 的情况，也曾是一个被深入研究的课题。现在我们知道存在正的常数 c_1 和 c_2

使得
$$c_1 \frac{k^2}{\log k} \leqslant R(3,k) \leqslant c_2 \frac{k^2}{\log k},$$

其中的上界由 Miklós Ajtai、János Komlós 和 Endre Szemerédi [1] 建立；之后 James B. Shearer[341] 证明了任何大于 1 的数可以作为其中的 c_2。下界由 Jeong Han Kim [247] 确立 (为此，数学规划学会和美国数学会在 1997 年向 Kim 共同颁发了离散数学领域杰出论文的 Fulkerson 奖)；之后，由 Tom Bohman 和 Peter Keevash [33]，以及独立地由 Gonzalo Fiz Pontiveros、Simon Griffiths 和 Robert Morris [165] 证明了任何小于 1/4 的数可以作为其中的 c_1。

除去 $b_1 \leqslant 2$ 或 $b_2 \leqslant 2$ 的平凡情况，我们只知道极少几个非对角线的 Ramsey 数的确切值。$R(4,4) = 18$ 的证明包含了一个 $R(3,4) = 9$ 的证明。此外，我们有

$R(3,5) = 14$ [200]，

$R(3,6) = 18$ [245]，

$R(3,7) = 23$ (下界出自 [235]，上界出自 [197])，

$R(3,8) = 28$ (下界出自 [201]，上界出自 [288])，

$R(3,9) = 36$ (下界出自 [235]，上界出自 [201])，

$R(4,5) = 25$ (下界出自 [234]，上界出自 [286])。

3.3　Ramsey 定理的一个更一般的版本

记号　用 $a \to (b_1, b_2)^k$ 表示命题

无论怎样将一个 a 元集的所有 k 元子集染成红色和蓝色，
必定有一个 b_1 元集其所有 k 元子集都是红色
或者一个 b_2 元集其所有 k 元子集都是蓝色。

使用这一记号，鸽巢原理的一个特殊情况可以写成

$$b_1 + b_2 - 1 \to (b_1, b_2)^1,$$

Daniel Kleitman 的 "在三个普通人中，必定有两个性别相同" 就是 $3 \to (2,2)^1$，而我们先前的 $a \to (b_1, b_2)$ 是 $a \to (b_1, b_2)^2$。

引理 3.5 如果 $a - 1 \to (a_1, a_2)^{k-1}$ 并且 $a_1 \to (b_1 - 1, b_2)^k, a_2 \to (b_1, b_2 - 1)^k$，则 $a \to (b_1, b_2)^k$。

证明 给定一个 a 元集 A 的所有 k 元子集的红蓝染色，我们想要找到一个 b_1 元集，其所有 k 元子集都是红色的，或者一个 b_2 元集，其所有 k 元子集都是蓝色的。为此，取 A 中一个点，称其为 u，并将 $A - \{u\}$ 的每一个 $(k-1)$ 元子集 V 按照 $\{u\} \cup V$ 的颜色染成红的或者蓝的。前提 $a - 1 \to (a_1, a_2)^{k-1}$ 确保了下面两个条件至少有一个被满足：

(R) 存在一个 $A - \{u\}$ 的 a_1 元子集 R 使得

   R 的所有 $(k - 1)$ 元子集都是红色的，

   从而对所有 $V \subseteq R, |V| = k - 1$，集合 $\{u\} \cup V$ 都是红色的，

(B) 存在一个 $A - \{u\}$ 的 a_2 元子集 B 使得

   B 的所有 $(k - 1)$ 元子集都是蓝色的，

   从而对所有 $V \subseteq B, |V| = k - 1$，集合 $\{u\} \cup V$ 都是蓝色的。

如果 (R) 成立，那么条件 $a_1 \to (b_1 - 1, b_2)^k$ 确保了 R 有一个 $(b_1 - 1)$ 元子集 R_0，其所有 k 元子集都是红色的，或者有一个 b_2 元子集其所有 k 元子集都是蓝色的。在前一种情况下，由于 $R_0 \cup \{u\}$ 的所有 k 元子集是红色的，我们完成了证明；在后一种情况下，我们显然已经成功了。

如果 (B) 成立，那么条件 $a_2 \to (b_1, b_2 - 1)^k$ 确保了 B 有一个 b_1 元子集其所有 k 元子集都是红色的，或者有一个 $(b_2 - 1)$ 元子集 B_0，其所有 k 元子集都是蓝色的。在前一种情况下，我们显然已经成功了；在后一种情况下，由于 $B_0 \cup \{u\}$ 的所有 k 元子集是蓝色的，我们完成了证明。 □

定理 3.6 对任意的正整数 b_1, b_2 和 k，存在整数 a 使得

$$a \to (b_1, b_2)^k.$$

证明 (Erdős 和 Szekeres [157]) 使用引理 3.5 进行双重归纳。 □

记号 记 $R(b_1, b_2; k)$ 为最小的使得 $a \to (b_1, b_2)^k$ 成立的 a。

除去 $b_1 \leqslant k$ 或者 $b_2 \leqslant k$ 这样的平凡情况，我们只知道一个 $k \geqslant 3$ 时的 Ramsey 数 $R(b_1, b_2; k)$ 的确切值，

$$R(4, 4; 3) = 13:$$

第三章 Ramsey 定理 49

Brendan McKay 和 Stanisław Radziszowski 用计算机穷举搜索 [285] 得出了 $13 \to (4,4)^3$，而更早的一个来自 John Isbell (1930–2005) 的染色构造 [220] 表明了 13 不能被减少到 12。

3.4 应用到幸福结局定理

Szekeres 是从定理 3.6 推出幸福结局定理 (见第 2.1 节) 的：

定理 3.7 如果 $N \to (n,5)^4$，则平面上任一没有三点共线的 N 点组成的集合中总可以找到 n 个构成一个凸多边形的顶点。

证明 考虑平面上任一没有三点共线的 N 点组成的集合 A。将 A 的一个四元子集染成红色，如果它的四个点是一个凸四边形的顶点；否则将这个四元集染成蓝色。由于 A 的每个五元子集包含至少一个红色的四元子集 (见第 19 页)，条件 $N \to (n,5)^4$ 确保了 A 有一个 n 元子集，其所有四元子集都是红色的。这个集合构成一个凸多边形的顶点集，因为

$$\begin{aligned}&n \text{ 个点构成一个凸多边形的顶点集当且仅当}\\&\text{其中每四个点是一个凸四边形的顶点。}\end{aligned} \quad (3.9)$$

□

1973 年，Michael Tarsi 找到另外一种方法从 Ramsey 定理推出幸福结局定理：[b]

定理 3.8 如果 $N \to (n,n)^3$，则平面上任一没有三点共线的 N 点组成的集合中总可以找到 n 个构成一个凸多边形的顶点。

证明 考虑平面上任一没有三点共线的 N 点组成的集合，并用 N 个整数 $1, 2, \ldots, N$ 对它的 N 个点进行标号。给定一个以 i, j, k 为顶点的三角形，其中 $i < j < k$，将其边界按照 i 到 j 到 k 到 i 定向。如果这个定向是逆时针的，则将集合 $\{i, j, k\}$ 染成红色；如果它是顺时针的，则将集合 $\{i, j, k\}$ 染成蓝色。我

---

[b] 当时，Tarsi 是以色列理工学院的一个本科生。在一次组合课程的书面期末考试中，问题是从 Ramsey 定理推导出幸福结局定理。对他来说不幸的是，他没有去听那节讲定理 3.7 的课。而对他也对我们来说幸运的是，他在考场上当场创造了定理 3.8：见 [275]。

们断言

> 如果 $\{1, 2, \ldots, N\}$ 中的四个点不是一个凸四边形的顶点，
> 则它们之中有两个三元集的颜色不同。 (3.10)

验证这一断言的一种方法 (Tarsi 用了另外一种) 是将 $\{1, 2, \ldots, N\}$ 中任何不构成凸四边形的四个点列举为 i, j, k, x，其中 $i < j < k$ 并且 x 位于三角形 ijk 内部。断言 (3.10) 的正确性来自观察

- 如果 $x < i$，则 ijk 和 xik 的定向不同，
- 如果 $i < x < j$，则 ijk 和 ixj 的定向不同，
- 如果 $j < x < k$，则 ijk 和 jxk 的定向不同，
- 如果 $k < x$，则 ijk 和 ikx 的定向不同。

条件 $N \to (n,n)^3$ 保证了 $\{1, 2, \ldots, N\}$ 有一个 n 元子集 C，其所有三元子集的颜色相同。由 (3.10)，C 中每四个点是一个凸四边形的顶点，进而，(3.9) 保证了 C 中的 n 个点是一个凸多边形的顶点。 □

之后，在不知道 Tarsi 的结果的情况下，Scott Johnson [229] 找到了定理 3.8 的一个完全不同的证明：

Johnson 对定理 3.8 的证明 考虑平面上任一没有三点共线的 N 点组成的集合 A。将 A 的一个三元子集 $\{a, b, c\}$ 染成红色，如果三角形 abc 内部包含 A 中的偶数个点；否则将 A 的这个三元子集染成蓝色。为了对这一染色验证 (3.10) 成立，将 A 中任何不是凸四边形顶点的四个点列举为 a, b, c, d，其中 d 在三角形 abc 内部。记

- α 为 A 中在 bcd 内部的点的数量，
- β 为 A 中在 acd 内部的点的数量，
- γ 为 A 中在 abd 内部的点的数量，

那么 A 中在 abc 内部的点的数量是 $\alpha + \beta + \gamma + 1$。由于 $\alpha, \beta, \gamma, \alpha + \beta + \gamma + 1$ 这四个整数不能具有相同的奇偶性，(3.10) 成立。再一次，用条件 $N \to (n,n)^3$ 以及 (3.10) 和 (3.9)，证明完成。 □

3.5 完整的 Ramsey 定理

记号 用 $a \to (b)^k_r$ 表示命题

第三章 Ramsey 定理

无论怎样将一个 a 元集的所有 k 元子集染成 r 种颜色，必定有一个 b 元集其所有的 k 元子集都是同色的。

用这一记号，$a \to (b)_2^k$ 是我们之前的 $a \to (b,b)^k$。

定理 3.9 (Ramsey [323]) 对任意正整数 b, k, r，存在一个整数 a 使得

$$a \to (b)_r^k.$$

证明 对 r 进行归纳。归纳基础 ($r = 1$) 是平凡的。对于归纳步骤，我们依赖于定理 3.6 以及下面的断言：

如果 $a \to (a_0, b)^k$ 且 $a_0 \to (b)_{r-1}^k$，则 $a \to (b)_r^k$。

为了证实这一断言，考虑用颜色 $1, 2, \ldots, r$ 对一个 a 元集的所有 k 元子集的任意一个染色；称一个集合是红色的如果它的颜色是 r，而称它是蓝色的如果它的颜色是 $1, 2, \ldots, r - 1$ 之一。 □

记号 用 $R_r(b)$ 表示最小的使得 $a \to (b)_r^2$ 成立的 a。

除去对所有 r 的 $R_r(2) = 2$ 这样的平凡情况，当 $r \geqslant 3$ 时，我们只知道一个 Ramsey 数 $R_r(b)$ 的确切值 [200]：

$$R_3(3) = 17.$$

Fan Chung 和 Charles Grinstead [72, 第 35 页] 指出

$$R_{s+t}(3) - 1 \geqslant (R_s(3) - 1)(R_t(3) - 1),$$

这意味着，当 r 趋向于无穷大时，$R_r(3)^{1/r}$ 趋向于一个极限。Erdős [70, 第 23 页] 悬赏了 100 美元给一个对他关于这个极限有限的猜想的证明，并悬赏 250 美元确定这个极限的值。

Stanisław Radziszowski 定期地更新他的关于小 Ramsey 数信息的很棒的综述 [320]。

3.6 一个自我中心的补充：自我互补的图

定义 两个图被称为*同构的*，如果它们的顶点集之间存在某个一一映射，把相邻的点对映射到相邻的点对，并且把不相邻的点对映射到不相邻的点对。

一个图 G 的补图 $\overline{G}$ 和 G 具有相同的顶点集；两个顶点在 $\overline{G}$ 中相邻当且仅当它们在 G 中不相邻。如果一个图和它自己的补图同构，它就是自我互补的。

由定义，$R(k, k)$ 代表了最大的 n 使得存在 $n-1$ 阶的图 G 满足 $\alpha(G) < k$ 且 $\omega(G) < k$。$R(3, 3) \geqslant 6$ 的下界来自顶点 $0, 1, 2, 3, 4$ 上的图，其中 i 和 j 相邻当且仅当 $(i-j) \bmod 5$ 是一个 5 的二次剩余 (也就是 1 和 4 之一)。这个图被称为长为五的圈，并用 C_5 表示。它是自我互补的：置换 $i \mapsto 2i \bmod 5$ 把相邻的点对映射到不相邻的点对，反之亦然。

$R(4, 4) \geqslant 18$ 的下界来自 Greenwood-Gleason 图，它的顶点是 $0, 1, \ldots, 16$，i 和 j 相邻当且仅当 $(i-j) \bmod 17$ 是一个 17 的二次剩余 (也就是 $1, 2, 4, 8, 9, 13, 15, 16$ 之一)。这个图也是自我互补的：置换 $i \mapsto 3i \bmod 17$ 把相邻的点对映射到不相邻的点对，反之亦然。

用 $R^*(k)$ 表示最大的 n 使得存在 $n-1$ 阶的自我互补的图 G 满足 $\alpha(G) = \omega(G) < k$，对所有 k，我们有 $R^*(k) \leqslant R(k, k)$，而且正如我们刚刚看到的，当 $k \leqslant 4$ 时等号都成立。

> 1971 年对我来说是魔幻般的一年。秋天，我开始在麦吉尔大学教书，还搬进了 Lorne 街上的一处公寓。我对蒙特利尔的热爱已经开始了。
>
> 学期开始几星期之后，我认识了一个女朋友 Nancy，她的公寓在诺特丹姆区，[1] 这样早晨去往 Burnside 厅[2] 的通勤变得更困难了。在这段浪漫关系的第五天，我得知 Paul Erdős 来到了蒙特利尔。"你的意思是，你想要告诉我，"不出一会儿，Nancy 用冰冷的语气说道，"你不打算陪我过这个晚上，而是想要去见一个什么数学家？"
>
> 四十分钟之后，我在 Crescent 街的 *Baraka II* 餐馆里，坐在一张矮桌前，对面是 PGOM[c]。这是我和 Nancy 结束关系的第一步。这也是我和 Erdős 合作的第二篇论文的开端。

---

[c] PGOM, Poor Great Old Man 的缩写，这是 Erdős 在自己快到六十岁时自封的称呼。

[1] Notre-Dame-de-Grâce, 简称 N.D.G., 是位于蒙特利尔西部的一个区。——译者注

[2] 麦吉尔大学的一幢教学楼。——译者注

第三章 Ramsey 定理

> 伴随着糕点和薄荷茶，我告诉了他那个一直缠绕着我的幻想，对所有的 k，$R^*(k) = R(k,k)$，以及我想要修改他关于 $R(k,k) > 2^{k/2}$ 的证明来得到 $R^*(k)$ 的一个下界的雄心。作为回应，他当场给出了一个证明得出 $R^*(k)$ 不可能增长得比 $R(k,k)$ 慢很多。我把它写了出来，并且之后加上了我以前的老师 Zdeněk Hedrlín (1933–2018) 发现的 Ramsey 数和编码理论之间的联系，这篇文章 [82] 就形成了。

这里是 [82] 中主要结果的一个早期的版本：

定理 3.10
$$R^*(2t-1) \geqslant 4R(t,t) - 3.$$

证明 给定任何一个 n 阶的图 G，我们将要构造一个 $4n$ 阶的自我互补的图 H 满足 $\alpha(H) = \omega(H) = \max\{\alpha(G) + \omega(G), 2\alpha(G)\}$。$H$ 的顶点是形如 (u,i) 的有序对，其中 u 是 G 的一个顶点并且 $i \in \{1,2,3,4\}$；H 的两个顶点 (u,i) 和 (v,j) 相邻当且仅当

- $\{i,j\}$ 是 $\{1,2\}$、$\{2,3\}$、$\{3,4\}$ 之一，或者
- $i = j = 1$ 或 4 并且 u,v 在 G 中相邻，或者
- $i = j = 2$ 或 3 并且 u,v 在 G 中不相邻。

由于 H 的顶点的置换

$$(w,1) \mapsto (w,3), \quad (w,2) \mapsto (w,1), \quad (w,3) \mapsto (w,4), \quad (w,4) \mapsto (w,2)$$

把相邻的顶点对映射到不相邻的顶点对，反之亦然，所以 H 是自我互补的；$\alpha(H) = \omega(H) = \max\{\alpha(G) + \omega(G), 2\alpha(G)\}$ 可以被直接地检验。

对一个 $R(t,t) - 1$ 阶并且满足 $\alpha(G) = \omega(G) \leqslant t-1$ 的图 G 运用这一构造就完成了证明：这里，自我互补的图 H 的阶是 $4R(t,t) - 4$，并且 $\alpha(H) = \omega(H) \leqslant 2t-2$。 □

定理 3.10 和定理 3.4 在一起给出了

$$R^*(k) > 4 \cdot 2^{k/4}.$$

Vojtěch Rödl 和 Edita Šiňajová [331] 将此改进到

$$R^*(k) > c \cdot k2^{k/2},$$

其中 c 是一个常数。这和目前知道的 $R(k,k)$ 的最好的下界 (3.6) 只差一个常数倍。之后，Colin McDiarmid 和 Angelika Steger [284] 进一步改进了 $R^*(k)$ 的界使得它们的常数也吻合：

$$R^*(k) > c(k) \cdot k2^{k/2}, \quad \text{其中} \lim_{k \to \infty} c(k) = \frac{\sqrt{2}}{e}.$$

我们有 $R^*(2) = R(2,2) = 2$, $R^*(3) = R(3,3) = 6$, 以及 $R^*(4) = R(4,4) = 18$。在 [82] 中，(经过我的合作者们的同意) 我写道

[对所有的 k 都有 $R^*(k) = R(k,k)$] 看上去并不是不可能的 ……

这一感觉最后被证实是错误的：[d] 现在我们知道 $R(5,5) \geq 43$ 以及 $R^*(5) \leq 42$。下界 $R(5,5) \geq 43$ 来自 [161]；为了建立上界 $R^*(5) \leq 42$，我们需要下面的事实。

命题 3.11 每个自我互补的图的阶都是 $4k$ 或者 $4k+1$，其中 k 是一个非负整数。(特别地，任何 0 阶或 1 阶的图都是自我互补的。) 此外，每个 $4k+1$ 阶的自我互补图有一个 $4k$ 阶的自我互补子图。

证明 由于一个 n 阶的自我互补图和它自己的补图有相同数量的边，它恰好有 $n(n-1)/4$ 条边；这个分数当且仅当在 $n \bmod 4$ 等于 0 或 1 时是整数。下面，考虑一个 $4k+1$ 阶的自我互补图 G，用 V 表示它的顶点集，并考虑 V 上的这样一个置换 π，它将相邻的顶点对映射到不相邻的顶点对，反之亦然。和每一个有限集的置换一样，π 由两两不相交的圈组成，其中每个圈是一个不同顶点组成的序列 $v_1, v_2, \ldots v_t$，满足

$$\pi(v_1) = v_2, \ \pi(v_2) = v_3, \ \ldots, \ \pi(v_{t-1}) = v_t, \ \pi(v_t) = v_1.$$

如果一个圈的长度 t 至少是 2，那么在序列

$$\{v_1, v_2\}, \ \{v_2, v_3\}, \ \ldots, \ \{v_{t-1}, v_t\}, \ \{v_t, v_1\}, \ \{v_1, v_2\}$$

---

[d] 当心小数定律：$2^2 - 1 = 3$, $2^3 - 1 = 7$, $2^5 - 1 = 31$, $2^7 - 1 = 127$。它们都是素数。但是 $2^{11} - 1 = 2047 = 23 \cdot 89$。类似地，$1^2 - 15 \cdot 1 + 97 = 83$, $2^2 - 15 \cdot 2 + 97 = 71, \ldots, 47^2 - 15 \cdot 47 + 97 = 1601$。这些也都是素数。但是 $48^2 - 15 \cdot 48 + 97 = 1681 = 41^2$。

中，相邻的顶点对和不相邻的顶点对交替出现，从而 t 是偶数。由于这些圈的长度之和 $4k+1$ 是一个奇数，可以推出 π 必定有一个圈的长度是 1。换言之，必定有一个顶点 v_1 满足 $\pi(v_1) = v_1$。但这样的话，π 也给出了 $V - \{v_1\}$ 中顶点的一个置换，从而把 v_1 从 G 中去掉之后的图是自我互补的。 □

由命题 3.11 的第一部分，任何 $R^*(k) \bmod 4$ 是 1 或者 2。由于 $R^*(5) \leqslant R(5,5) \leqslant 48$，可推出 $R^*(5)$ 可以是 45 或者 46，否则最多是 42。如果 $R^*(5)$ 是 45 或者 46，那么由命题 3.11 的第二部分，存在一个 44 阶的自我互补图 G 使得 $\alpha(G) = \omega(G) \leqslant 4$。Geoffrey Exoo 重复用计算机穷举搜索发现了这样的图是不存在的。

> Ivars Zarins 曾经在城市之光书店工作。他会从那儿给我带来些吸引他的书，往往那些书也会引起我的兴趣。他在 1972 年春天带给我的其中两本是 Charles Bukowski 的《邮差》[1] 和《进去、出来、结束》[2]。我们为这一发现惊叹不已，并且沐浴在专属于一个知情者小圈子的幸福感中。几年之后，Bukowski 成为名人，而我觉得被背叛了。所有的专属感都消失了。我们秘密崇拜的英雄现在被庸俗的大众所占有。
>
> 对于 Paul Erdős 我也有类似的经历，尽管那是在一个不同的、更为私人的层面上。他是我们的朋友，我们都珍视的一个人，我们部落的一位长者。而突然间他们把他变成了公有财产，并为了取悦大众而在印刷出版物中展示他的怪异之处。他们在 eBay 上出售 Erdős 数。我感受到了背叛吗？还不如问，教皇是个天主教徒吗？现在回想起来，所有这些宣传都是意料之中的事，但当它发生时，照样让人感到非常愤怒。
>
> 在面对一个广受赞誉的人物时，人们可能会感到害怕或嫉妒。一种常用的应对措施是选择传奇人物的一些怪异之处，并用无情的聚光灯来照射它们。说他衣衫不整，穿一件破旧的雨衣会让你相比之下显得更好。说他有浓重的匈牙利口音也同样管用。(什么样的傻瓜居然不选英语作为他的母语？) 每一个贬义的修饰都能帮上忙。不要说他把

---

[1] Bukowski 1971 年出版的 *Post Office*。——译者注

[2] Bukowski 1972 年出版的 *Erections, Ejaculations, Exhibitions, and General Tales of Ordinary Madness*。——译者注

手臂伸向一边，而是说他像个稻草人一样把手臂伸向一边。就是那样。是不是已经感觉好多了？

通过对 Erdős 的无关紧要的特征的关注，这些冷嘲热讽使人们的注意力偏离了他的本质特点——他那深刻的善意。他对人有同情心，他慷慨施与他的钱财，他也慷慨分享他的想法。Michał Karoński 在 [92] 中这样评价他：

> 让我印象深刻的是，他非常好，是一个非常好的人。如果我能为一个好人确定一个标准的话，那么可能就是 Paul 这样，一个确切的标准。

所有我们这些有幸与他相处的人 (可能除了他的漫画师之外) 都会同意。

在位于旧金山 De Haro 街 500 号的尼撒圣格里高利教堂里，有一系列画有九十位跳舞的圣人的壁画。伴随着这些壁画的说明中有一段写道：

> 我们对圣人的广泛概念来自《圣经》和尼撒的格里高利的著作。希伯来关于圣洁的概念最初没有道德内涵，只是意味着在你身上有上帝的印记；被标记并被分离出来归为上帝所有。

和 Charles Darwin、Ella Fitzgerald、Gandhi 以及其他 86 位在一起，Paul Erdős 是圣者中的一位。评注中把他描述为一位漂泊不定的数学天使。他在 SF[e,1] 被封为圣徒，这不是很恰当吗？

---

[e] SF，最高的法西斯主义者 (Supreme Fascist) 的缩写，是 Erdős 给上帝起的绰号。

[1] SF 是旧金山的缩写，但同时见上面作者的注释。——译者注

第三章　Ramsey 定理

来源：St. Gregory of Nyssa Episcopal Church 官网的 the-dancing-saints.html 网页

许可：St. Gregory of Nyssa Episcopal Church (尼撒圣格里高利教堂)，
　　　500 De Haro Street, San Francisco CA, 94107, USA

艺术家：Mark Dukes

摄影师：David Sanger

第四章　Delta 系

4.1　Erdős 和 Rado 的 Δ 系

在 [146] 中，Paul Erdős 和 Richard Rado (1906–1989) 提出了 Δ 系的概念。那是这样的一个集合族，其中任意两个不同集合的交集总是同一个集合：形式化地，$\mathcal{F}$ 是一个 Δ 系，如果存在一个集合 C 使得

$$S, T \in \mathcal{F}, S \neq T \;\Rightarrow\; S \cap T = C.$$

(一个 C 非空的 Δ 系就像一个向日葵，C 是花的中心，对于系中的每个 S，$S - C$ 是一片花瓣；因此，Δ 系也经常被称为向日葵。一个 C 为空的 Δ 系是一族两两不相交的集合。) Erdős 和 Rado 既关注有限集，也关注无限集。把他们的结果限制到有限的情况，一个较弱但简洁的版本如下。

定理 4.1　对任何正整数 m 和 k，存在一个正整数 M 使得每个由超过 M 个互不相同的 k 元集组成的集合族[a]都包含一个超过 m 个集合的 Δ 系。记 $\phi(m, k)$ 为最小的这样的 M，我们有

$$m^k \leq \phi(m, k) \leq k! \, m^k. \tag{4.1}$$

证明　我们将通过对 k 归纳证明 $\phi(m, k)$ 的上界。归纳基础 ($k = 1$) 是平凡的。对于归纳步骤，假设 $k > 1$ 并令 $\mathcal{F}$ 为任意一个由互不相同的 k 元集合组成的集合族并且 $|\mathcal{F}| > k! \, m^k$。选择 $\mathcal{F}$ 的任意一个极大的由两两不交的集合组成的子族 $\mathcal{F}_0$。如果 $|\mathcal{F}_0| > m$，由于 $\mathcal{F}_0$ 是一个 Δ 系，证明已经完成了。如果 $|\mathcal{F}_0| \leq m$，那么令 X_0 为 $\mathcal{F}_0$ 中所有成员的并集。由于 $\mathcal{F}$ 的每个成员包含 X_0 中的至少一个点，所以 X_0 中有一个点被 $\mathcal{F}$ 的至少 $|\mathcal{F}|/|X_0|$ 个成员包含。

---

[a]在 Erdős 和 Rado 考虑的集合族中的集合并不需要互不相同。在这一 (我们不采用的) 约定下，鸽巢原理的一个版本断言任何一个多于 m^2 个 1 元集合的集合族包含一个超过 m 个集合的 Δ 系。

1950 年代初的 Paul Erdős 和 Richard Rado。
Center for Excellence in Mathematical Education, Colorado Springs 惠允

记这个点为 x^*,并令 $\mathcal{F}^*$ 为所有的 $S - \{x^*\}$ ($S \in \mathcal{F}$ 且 $x^* \in S$) 组成的集合族。由于

$$|\mathcal{F}^*| \geq \frac{|\mathcal{F}|}{|X_0|} \geq \frac{|\mathcal{F}|}{km} > (k-1)!\, m^{k-1},$$

归纳假设确保了 $\mathcal{F}^*$ 包含一个由超过 m 个集合组成的 Δ 系 $\mathcal{G}$,从而 $\{T \cup \{x^*\} : T \in \mathcal{G}\}$ 是一个由超过 m 个 $\mathcal{F}$ 的成员组成的 Δ 系。

为了证明下界,取大小均为 m 的互不相交的集合 $A_1, A_2, \ldots, A_k$,并考虑所有和每个 A_i 相交于恰好一个点的集合组成的集合族 $\mathcal{F}$。显然,$|\mathcal{F}| = m^k$。现在考虑任意一个包含在 $\mathcal{F}$ 中的 Δ 系 $\mathcal{G}$:我们想要证明 $|\mathcal{G}| \leq m$。为此我们可以假设 $\mathcal{G}$ 包含两个不同的集合 (否则 $|\mathcal{G}| \leq 1$ 从而证明完成);由于这两个大小为 k 的集合是不同的,它们的交集 C 的大小小于 k,从而它和某个 A_i 不相交。$\mathcal{G}$ 的每个成员和 A_i 相交在恰好一点上;由于 $\mathcal{G}$ 的每两个成员的交集为 C,它们和 A_i 相交在不同点上,从而 $|\mathcal{G}| \leq |A_i|$。 □

定理 4.1 中的下界是 [146] 中的 定理 II;上界是 [146] 中 定理 III 的弱化

第四章 Delta 系

版本，那个定理断言

$$\phi(m,k) \leq k!\, m^k \left(1 - \sum_{i=1}^{k-1} \frac{i}{(i+1)!\, m^i}\right). \tag{4.2}$$

括号中的那一项一开始可能看起来很棒，但是它并不能把上界降低太多：当 m 越来越大时它越来越接近 1。更精确地，我们有

$$\sum_{i=1}^{k-1} \frac{i}{(i+1)!\, m^i} < \sum_{i=1}^{k-1} \frac{1}{i!\, m^i} < \sum_{i=1}^{\infty} \frac{1}{i!\, m^i} = e^{1/m} - 1.$$

稍强的界 (4.2) 的证明基本和它在 (4.1) 中的对应部分的证明类似。只需要更仔细的计算：我们说明 X_0 中的某个 x^* 被 $\mathcal{F} - \mathcal{F}_0$ 的至少

$$\frac{|\mathcal{F} - \mathcal{F}_0|}{|X_0|}$$

个成员包含。这样

$$|\mathcal{F}^*| \geq 1 + \frac{|\mathcal{F} - \mathcal{F}_0|}{|X_0|} = 1 + \frac{|\mathcal{F} - \mathcal{F}_0|}{k|\mathcal{F}_0|}$$

$$= 1 + \frac{|\mathcal{F}|}{k|\mathcal{F}_0|} - \frac{|\mathcal{F}_0|}{k|\mathcal{F}_0|} = \frac{|\mathcal{F}|}{k|\mathcal{F}_0|} + \frac{k-1}{k},$$

从而，当 $|\mathcal{F}_0| \leq m$ 时，

$$|\mathcal{F}| > k!\, m^k \left(1 - \sum_{i=1}^{k-1} \frac{i}{(i+1)!\, m^i}\right)$$

$$\Rightarrow \quad |\mathcal{F}^*| > (k-1)!\, m^{k-1}\left(1 - \sum_{i=1}^{k-2} \frac{i}{(i+1)!\, m^i}\right).$$

Erdős 和 Rado ([146], 第 86 页) 写道：

> 有可能上界中的 $k!$ 那一项可以被替换为 c^k，其中 c 是某个正的常数。这样一个更紧的界会在数论中有一些应用，而事实上一开始正是这样的应用引发了我们这里的研究。

后来，Erdős [122] 悬赏 1000 瑞士法郎 (或者，如果更值钱的话，3 盎司黄金)

要一个对

$$\phi(2,k) \stackrel{?}{<} \alpha^k \quad \text{对某个常数 } \alpha \text{ 成立}$$

的证明或证伪。Ryan Alweiss、Shachar Lovett、Kewen Wu 和 Jiapeng Zhang [8] 为解决这一猜想取得了一个重要突破，他们证明了

$$\phi(m,k) < (\log k)^k (m \log \log k)^{\beta k} \quad \text{对某个常数 } \beta \text{ 成立}.$$

Anup Rao [325] 随后简化了他们的证明，并将上界改进至

$$\phi(m,k) < (\gamma m \log(mk))^k \quad \text{对某个常数 } \gamma \text{ 成立}.$$

4.2 Ramsey 定理和弱 Δ 系

提醒 像第 3.5 节中那样，$a \to (b)_r^k$ 表示命题：

> 无论怎样将一个 a 元集的所有 k 元子集染成 r 种颜色，
> 必定有一个 b 元集其所有的 k 元子集都是同色的。

定理 4.1 中 $\phi(m,k)$ 的存在性可以从 Ramsey 定理得到：

定理 4.2 ([73], 定理 7) 如果正整数 m, k, M 满足

$$M \to (m+1)_k^2, \tag{4.3}$$

并且

$$m \geq 1 + \max_{\lambda} \binom{k}{\lambda}(k-\lambda), \tag{4.4}$$

则每个由 M 个互不相同的 k 元集组成的集合族包含一个由超过 m 个集合组成的 Δ 系。

定理的证明基于一个其自身也有独立价值的结论：

引理 4.3 ([73], 引理 9) 对任何满足 $0 < \lambda < k$ 的整数 k 和 λ，存在一个正整数 m 具有下面的性质：

> 如果 $\mathcal{G}$ 是一个由超过 m 个 k 元集合组成的集合族，满足
>
> $$S, T \in \mathcal{G}, S \neq T \Rightarrow |S \cap T| = \lambda, \tag{4.5}$$
>
> 则 $\mathcal{G}$ 是一个 Δ 系。

记 $p_\lambda(k)$ 为最小的这样的 m，我们有

$$p_\lambda(k) \leq 1 + \binom{k}{\lambda}(k-\lambda).$$

证明 令 $\mathcal{G}$ 是一个满足 (4.5) 的、由超过 $1 + \binom{k}{\lambda}(k-\lambda)$ 个 k 元集组成的集合族。在 $\mathcal{G}$ 中取一个集合 S_0；对 S_0 的每一个 λ 元子集 C，令 $\mathcal{G}_C$ 为 $\mathcal{G}$ 中所有和 S_0 的交集是 C 的成员组成的集合族。由于 $\mathcal{G} - \{S_0\}$ 中的每个集合属于恰好一个 $\mathcal{G}_C$，$|\mathcal{G}|$ 的下界确保了有某个 C 满足 $|\mathcal{G}_C| > k - \lambda$；我们最后论证 $\mathcal{G} = \mathcal{G}_C \cup \{S_0\}$ 从而完成证明。

为此，考虑 $\mathcal{G}$ 中任意一个不同于 S_0 的成员 S：我们想要证明 $S \in \mathcal{G}_C$。由于 $|S - S_0| = k - \lambda < |\mathcal{G}_C|$，并且对所有 $T \in \mathcal{G}_C$ 集合 $T - S_0$ 是互不相同的，所以必定存在某个 $T \in \mathcal{G}_C$ 使得 $S - S_0$ 和 $T - S_0$ 不相交。但那样的话 $|S \cap T| = \lambda$ 决定了 $S \cap T = C$，从而 $S \in \mathcal{G}_C$。 □

定理 4.2 的证明 令 $\mathcal{F}$ 是任意一个由 M 个互不相同的 k 元集组成的集合族。考虑以 $\mathcal{F}$ 的成员为顶点组成的完全图；将它的边用整数 $0, 1, \ldots, k-1$ 染色，其中边 $\{S, T\}$ 的颜色是 $|S \cap T|$。条件 (4.3) 保证了 $\mathcal{F}$ 有一个子族 $\mathcal{G}$ 使得 $|\mathcal{G}| = m + 1$，并且，对某个整数 λ，$\mathcal{G}$ 中每两个不同成员相交在恰好 λ 点上。条件 (4.4) 和引理 4.3 在一起保证了 $\mathcal{G}$ 是一个 Δ 系。 □

一个弱 Δ 系是对某个 λ 满足 (4.5) 的一个集合族 $\mathcal{G}$。为了区分，最初由 Erdős 和 Rado 定义的一个 Δ 系被称为强 Δ 系。(在一个强 Δ 系中，任何两个不同集合的交集都是同一个集合；在一个弱 Δ 系中，任何两个不同集合的交集都有相同的大小。) 使用这些术语，

任何由超过 $\max_\lambda p_\lambda(k)$ 个 k 元集组成的弱 Δ 系是强的。

由一个 $k-1$ 阶有限射影平面 (见第 30 页) 中的所有线组成的集合族是一个弱且不强的 Δ 系；这个集合族包含 $k^2 - k + 1$ 个 k 元集。Paul Erdős 和 László Lovász 猜想 [122, 第 406 页] 没有比这更大的由 k 元集组成的弱且不强的 Δ 系：

$$\max_\lambda p_\lambda(k) \stackrel{?}{\leq} k^2 - k + 1. \tag{4.6}$$

Erdős 悬赏了 100 美元给这个猜想的一个证明或证伪；这个猜想被 Michel Deza (1939–2016) 证明 [98]。事实上，Deza 只是简单地观察到 Erdős-Lovász 猜

想的正确性可以从他自己的一个更早的在编码理论中的定理 [97] 推出；那个定理表明

$$p_k(2k) \leq k^2 + k + 1. \tag{4.7}$$

为了从 (4.7) 推出 (4.6)，他指出

$$p_\lambda(k) \leq p_{k-1}(2k-2): \tag{4.8}$$

给定集合 $S_1, S_2, \ldots, S_m$ 满足

对所有 i, $|S_i| = k$, 并且对所有 $i \neq j$, $|S_i \cap S_j| = \lambda$

(如 $p_\lambda(k)$ 的定义那样，这里 $0 < \lambda < k$) 并且不构成一个强 Δ 系，我们可以构建集合 $T_1, T_2, \ldots, T_m$ 满足

对所有 i, $|T_i| = 2k - 2$, 并且对所有 $i \neq j$, $|T_i \cap T_j| = k - 1$

并且不构成一个强 Δ 系。为了做到这点，取互不相交并且不和任何 $S_1, S_2, \ldots, S_m$ 相交的一组集合 $X, Y_1, Y_2, \ldots, Y_m$，其中 $|X| = k - 1 - \lambda$ 以及 $|Y_i| = \lambda - 1$ ($1 \leq i \leq m$)；然后对每个 i 取 $T_i = S_i \cup X \cup Y_i$。

用这个构造的变体可以把上界 (4.8) 加强为

$$p_\lambda(k) \leq \begin{cases} p_{k-\lambda}(2k - 2\lambda), & \text{当 } 2\lambda \leq k, \\ p_\lambda(2\lambda), & \text{当 } 2\lambda \geq k, \end{cases}$$

当 $2\lambda \leq k$ 时，用 $|X| = k - 2\lambda$, $Y_i = \emptyset$；而当 $2\lambda \geq k$ 时，用 $X = \emptyset$, $|Y_i| = 2\lambda - k$。

4.3 Deza 定理

定理 4.4 ([97]) 如果 $\mathcal{G}$ 是 $k^2 + k + 2$ 个大小为 $2k$ 的集合组成的集合族，并且满足

$$S, T \in \mathcal{G}, S \neq T \Rightarrow |S \cap T| = k, \tag{4.9}$$

则 $\mathcal{G}$ 是一个强 Δ 系.

让我们根据 [79] 的方法来阐述 Deza 的原始证明。

定理 4.4 的证明 记 $m = k^2 + k + 2$, 将 $\mathcal{G}$ 的成员列举为 $S_1, S_2, \ldots, S_m$，并且，

对 $\{1, 2, \ldots, m\}$ 的每个非空子集 A，用 x_A 表示 "原子"

$$\bigcap_{i \in A} S_i - \bigcup_{i \notin A} S_i$$

的大小。

对所有的 i 的条件 $|S_i| = 2k$ 可以被表达为

$$\text{对所有 } i, \quad \sum(x_A : i \in A) = 2k, \tag{4.10}$$

对所有的 $i \neq j$ 的条件 $|S_i \cap S_j| = k$ 可以被表达为

$$\text{当 } i \neq j \text{ 时}, \quad \sum(x_A : i \in A, j \in A) = k, \tag{4.11}$$

而我们想要的结论——$\mathcal{G}$ 是一个强 Δ 系——可以被表达为

$$x_B = 0 \text{ 对所有满足 } 2 \leq |B| \leq m-1 \text{ 的 } B \text{ 成立.} \tag{4.12}$$

给定任何满足 $1 < |B| < m$ 的 $\{1, 2, \ldots, m\}$ 的子集 B，设

$$v = \frac{1}{|B|}, \quad w = \frac{1}{m+1-|B|}.$$

用下面的系数对 (4.10) 和 (4.11) 进行线性组合，

每个满足 $i \in B$ 的方程 (4.10) 得到系数 v^2，
每个满足 $i \notin B$ 的方程 (4.10) 得到系数 w^2，
每个满足 $i \in B, j \in B$ 的方程 (4.11) 得到系数 v^2，
每个满足 $i \notin B, j \notin B$ 的方程 (4.11) 得到系数 w^2，
每个满足 $i \in B, j \notin B$ 的方程 (4.11) 得到系数 $-2vw$

得到

$$\sum \left((v \cdot |A \cap B| + w \cdot |A - B|)^2 x_A : A \subseteq \{1, 2, \ldots, m\}, A \neq \emptyset\right)$$
$$= \frac{k(m+1)}{|B|(m+1-|B|)}.$$

由于每个 x_A 的系数非负而 x_B 的系数等于 1，并且当 $k+2 \leq |B| \leq m-1-k$ 时右边严格小于 1，我们推出 (4.10), (4.11) 的任意非负整数解 x 满足

$$x_B = 0 \text{ 对所有满足 } k+2 \leq |B| \leq m-1-k \text{ 的 } B \text{ 成立.} \tag{4.13}$$

(这已经很接近但不完全是所需的结论 (4.12)。)

现在记 $d(x)$ 为 $\mathcal{G}$ 中包含点 x 的成员的个数，并令 C 为所有 $d(x) > k+1$ 的点 x 组成的集合。由 (4.13)，我们有

$$当 x \in C 时, \quad d(x) \geqslant m-k,$$
$$当 x \notin C 时, \quad d(x) \leqslant k+1.$$

我们将通过论证

$$对任何 X \in \mathcal{G}, \quad |X \cap C| \geqslant k, \tag{4.14}$$
$$|C| \leqslant k \tag{4.15}$$

来完成证明：(4.14)、(4.15) 和 (4.9) 在一起蕴涵了 $\mathcal{G}$ 是一个强 Δ 系。

为了证明 (4.14) 和 (4.15)，我们要用到每个集合 X 都满足的等式

$$\sum_{x \in X} d(x) = \sum_{S \in \mathcal{G}} |S \cap X|:$$

等式的左边和右边都在计算满足 $x \in X$、$S \in \mathcal{G}$ 以及 $x \in S$ 的有序对 (x, S) 的数量。

为了证明 (4.14)，考虑 $\mathcal{G}$ 中的任何一个 X：我们有

$$\sum_{S \in \mathcal{G}} |S \cap X| = 2k + (m-1)k,$$
$$\sum_{x \in X} d(x) \leqslant |X \cap C| \cdot m + (2k - |X \cap C|) \cdot (k+1),$$

从而

$$|X \cap C| \geqslant \frac{2k + (m-1)k - 2k(k+1)}{m-(k+1)} > k-1.$$

为了证明 (4.15)，考虑任何一个满足 $|X| = k+1$ 的 X：我们有

$$\sum_{S \in \mathcal{G}} |S \cap X| \leqslant (k+1) + (m-1)k,$$
$$\sum_{x \in X} d(x) \geqslant |X \cap C| \cdot (m-k),$$

从而

$$|X \cap C| \leqslant \frac{(k+1) + (m-1)k}{m-k} < k+1.$$

由此 $|C| \leqslant k$。 □

第四章 Delta 系

　　1965 年夏天，我在布拉格的导师 Zdeněk Hedrlín 给了我 Erdős-Rado 的论文以及含有他对 $\phi(m,k)$ 的界的小改进和其他关于 Δ 系的讨论的笔记。我在此基础上加上了自己的一些小改进和讨论。基于最后这篇手稿的质量，Hedrlín 为我策划了一次和 Erdős 见面的机会，他即将到访布拉迪斯拉发的斯洛伐克科学院。

　　接下来发生的事需要一种非同寻常的运气。由于一个天赐的日程安排失误，Erdős 的访问与学院的一个行政会议相冲突，作为权宜之计，我被叫来在 Erdős 逗留期间充当他的招待人。这份活还附带一辆配有司机的豪华轿车。

　　每天早上，我都要从简陋的宿舍出发，前往 Erdős 住的豪华酒店，开启一段从贫穷到富裕的旅程 —— 酒店露台上丰盛的早餐，银色的糖碗闪闪发光，亚麻布餐巾洁白无瑕。在我们前往 Erdős 母亲出生地的旅途中，汽车座椅柔软舒适，大型引擎低声轰鸣。

　　在这些背景下，他为我提供了一场令人眼花缭乱的猜想和定理的盛宴。他待我和蔼可亲，充满耐心和宽容。当火车将我送回布拉格时，我已经是这个家庭的一员了。

68 IX 24

McGILL UNIVERSITY MONTREAL

Dear Mr Chvátal,

My mother and I are in Canada since a few days. People here are trying to arrange a fellowship for you.

I enclosed three letters, Professors Hlawka and Prachar are at the University of Vienna Strudlhofgasse you probably know them by reputation. I write to both of them to give you 1000 shillings in case you need it and write them that I will return them the money immediately. The third letter (in Hungarian) is to a friend of our family (Jegi Laurig), she will also give you 1000 shillings if you need it. You can return the money to me when you no longer need it.

I see from your letter that you got captured. Did the girl capture you who gave you the 21 ball point pens for your birthday?

How is your work getting on?
How many subsets of a set of n elements can you give so that no three of them should have pairwise the same intersection? (this problem is not due to me)

Kind regards
P. Erdős

A (other?) mine will follow.
WG Brown.

由 Vašek Chvátal 提供

第五章 极值集合理论

5.1 Sperner 定理

Erdős-Rado 对 Δ 系的研究构成了极值集合理论的一部分，这一理论关心的是具有某种规定性质 (例如只能包含 k 元集并且不含大小超过 m 的 Δ 系) 的集合族的大小的极值。此理论的一个经典定理来自 Emanuel Sperner (1905–1980):

定理 5.1 (Sperner [347])   令 n 为一个正整数。如果 V 是一个 n 元集并且 $\mathcal{E}$ 是一个 V 的子集组成的集合族并满足

$$S, T \in \mathcal{E}, S \neq T \Rightarrow S \not\subseteq T, \tag{5.1}$$

那么

$$|\mathcal{E}| \leq \binom{n}{\lfloor n/2 \rfloor}. \tag{5.2}$$

此外，(5.2) 中等号成立当且仅当 $\mathcal{E}$ 由 V 的所有大小为 $\lceil n/2 \rceil$ 的子集组成，或由 V 的所有大小为 $\lfloor n/2 \rfloor$ 的子集组成。

一个满足性质 (5.1) 的集合族 $\mathcal{E}$ 称为一个反链。

定理 5.1 的原始证明涉及一个具有独立价值的中间结果：

引理 5.2   设整数 n 和 k 满足 $1 < k < n$; 令 V 为一个 n 元集，令 $\mathcal{F}$ 为一个 V 的 k 元子集组成的非空集合族，并定义 $\mathcal{F}^{(+)}, \mathcal{F}^{(-)}$ 为

$$\mathcal{F}^{(+)} = \{T \subseteq V : |T| = k+1 \text{ 并且对 } \mathcal{F} \text{ 中的某个 } S \text{ 有 } S \subset T\},$$
$$\mathcal{F}^{(-)} = \{R \subseteq V : |R| = k-1 \text{ 并且对 } \mathcal{F} \text{ 中的某个 } S \text{ 有 } R \subset S\}.$$

那么

   (i) 如果 $k < (n-1)/2$, 则 $|\mathcal{F}^{(+)}| > |\mathcal{F}|$;
   (ii) 如果 $k = (n-1)/2$ 且 $|\mathcal{F}| < \binom{n}{k}$, 则 $|\mathcal{F}^{(+)}| > |\mathcal{F}|$;

(iii) 如果 $k > (n+1)/2$, 则 $|\mathcal{F}^{(-)}| > |\mathcal{F}|$;

(iv) 如果 $k = (n+1)/2$ 且 $|\mathcal{F}| < \binom{n}{k}$, 则 $|\mathcal{F}^{(-)}| > |\mathcal{F}|$。

证明 记 N 为所有满足 $S \in \mathcal{F}$、$S \subset T \subseteq V$ 并且 $|T| = k+1$ 的 (S, T) 对的数量。$\mathcal{F}^{(+)}$ 中的每一个 T 在这些对中出现至多 $k+1$ 次, 从而 $N \leqslant |\mathcal{F}^{(+)}| \cdot (k+1)$; $\mathcal{F}$ 中的每一个 S 出现在恰好 $n-k$ 个这样的对中, 从而 $N = |\mathcal{F}| \cdot (n-k)$; 这样我们得到

$$\frac{|\mathcal{F}^{(+)}|}{|\mathcal{F}|} \geqslant \frac{N}{(k+1)|\mathcal{F}|} = \frac{n-k}{k+1}. \tag{5.3}$$

(i) 的证明: 在条件 $k < (n-1)/2$ 下, 我们有 $(n-k)/(k+1) > 1$, 由 (5.3) 得到结论。

(ii) 的证明: 这里, (5.3) 将要变成

$$\frac{|\mathcal{F}^{(+)}|}{|\mathcal{F}|} > \frac{N}{(k+1)|\mathcal{F}|} = 1 :$$

$k = (n-1)/2$ 的条件意味着 $(n-k)/(k+1) = 1$, 并且在条件 $|\mathcal{F}| < \binom{n}{k}$ 下, 我们来证明 $N < |\mathcal{F}^{(+)}| \cdot (k+1)$。为此, 我们要在 $\mathcal{F}^{(+)}$ 中找到一个 T 使得它在 $\mathcal{F}$ 外至少有一个 k 元子集。由于 $|\mathcal{F}| > 0$, 存在 V 的一个 k 元子集 S 使得 $S \in \mathcal{F}$; 由于 $|\mathcal{F}| < \binom{n}{k}$, V 有一个 k 元子集 S' 使得 $S' \notin \mathcal{F}$; 逐个把 $S - S'$ 中的点替换成 $S' - S$ 中的点, 我们构造一个 V 的 k 元子集组成的序列 $S_0, S_1, \ldots, S_t$, 满足 $S_0 = S, S_t = S'$, 并且对所有 $i = 1, 2, \ldots, t$, $|S_{i-1} \cap S_i| = k - 1$。如果 i 是使得 $S_i \notin \mathcal{F}$ 的最小下标, 则 $S_{i-1} \in \mathcal{F}$ 而我们可以取 $T = S_i \cup S_{i-1}$。

(iii) 和 (iv) 的证明: 在 (i) 和 (ii) 中, 将 $\mathcal{F}$ 替换为 $\{V - S : S \in \mathcal{F}\}$。 □

定理 5.1 的证明 令 n 为一个正整数, 设 V 是一个 n 元集, 并令 $\mathcal{E}$ 为 V 子集组成的任意一个最大反链; 记

$$k_{\min} = \min\{|S| : S \in \mathcal{E}\}, \quad k_{\max} = \max\{|S| : S \in \mathcal{E}\}$$

以及

$$\mathcal{E}_{\min} = \{S \in \mathcal{E} : |S| = k_{\min}\}, \quad \mathcal{E}_{\max} = \{S \in \mathcal{E} : |S| = k_{\max}\}.$$

由于 $\mathcal{E}$ 是一个反链, $\mathcal{E}_{\min}^{(+)}$ 和 $\mathcal{E}$ 不相交, 并且 $(\mathcal{E} - \mathcal{E}_{\min}) \cup \mathcal{E}_{\min}^{(+)}$ 是一个反链; 由于 $\mathcal{E}$ 是一个 V 的子集中的最大反链, 可推出 $|\mathcal{E}_{\min}^{(+)}| \leqslant |\mathcal{E}_{\min}|$; 现在引理 5.2 的 (i) 保证了

(i) $k_{\min} \geqslant (n-1)/2$,

而引理 5.2 的 (ii) 保证了

(ii) 如果 $k_{\min} = (n-1)/2$, 则 $|\mathcal{E}_{\min}| = \binom{n}{(n-1)/2}$。

类似的论证表明

(iii) $k_{\max} \leqslant (n+1)/2$

以及

(iv) 如果 $k_{\max} = (n+1)/2$, 则 $|\mathcal{E}_{\max}| = \binom{n}{(n+1)/2}$。

定理的结论由 (i), (ii), (iii), (iv) 可得。 □

5.1.1 Sperner 定理的一个简单证明

在相互独立的情况下, Koichi Yamamoto [376]、Lev Dmitrievich Meshalkin (1934–2000) [293] 和 David Lubell [280] 发现了下面这个不等式:

定理 5.3 (LYM 不等式) 如果 $\mathcal{E}$ 是一个 n 元集的子集组成的反链, 那么

$$\sum_{S \in \mathcal{E}} \binom{n}{|S|}^{-1} \leqslant 1. \tag{5.4}$$

证明 设 V 是任意一个给定的 n 元集, 并设 $\mathcal{E}$ 是任意一个给定的由 V 的子集组成的反链。一个长度为 n 的链是任一由 V 的子集组成的集合族 $S_0, S_1, \ldots, S_n$, 满足对所有 i, $|S_i| = i$, 并且 $S_0 \subset S_1 \subset \cdots \subset S_n$ (特别地, $S_0 = \emptyset$ 以及 $S_n = V$)。我们将用两种不同的方法计算所有满足下面条件的 $(\mathcal{C}, S)$ 对的数量 N: $\mathcal{C}$ 是一个长度为 n 的链并且 $S \in \mathcal{E} \cap \mathcal{C}$。

对 V 的每个 k 元子集 S, 恰好有 $k!$ 个 V 的子集序列 $S_0, S_1, \ldots, S_k$ 满足对所有 i 有 $|S_i| = i$ 并且 $S_0 \subset S_1 \subset \cdots \subset S_k = S$; 恰好有 $(n-k)!$ 个 V 的子集序列 $S_k, S_{k+1}, \ldots, S_n$ 满足对所有 i 有 $|S_i| = i$ 并且 $S = S_k \subset S_{k+1} \subset \cdots \subset S_n$; 由此我们的 $\mathcal{E}$ 中的每个成员 S 在我们的 $(\mathcal{C}, S)$ 对中参与了恰好 $|S|!(n - |S|)!$ 次, 从而

$$N = \sum_{S \in \mathcal{E}} |S|!(n - |S|)! \, .$$

由于每个链包含任意反链的至多一个元素, 每个 $\mathcal{C}$ 在我们的 $(\mathcal{C}, S)$ 对中参与至多一次, 从而 N 至多是长度为 n 的链的总数:

$$N \leqslant n! \, .$$

比较 N 的精确公式和这个上界，我们得到不等式

$$\sum_{S \in \mathcal{E}} \mathcal{E}|S|!(n-|S|)! \leq n!,$$

这只是 (5.4) 的另一种写法。 □

让我们沿着定理 5.3 来证明定理 5.1。定理 5.1 的第一部分——不等式 (5.2)——是定理 5.3 的直接推论：一个 n 元集的子集中的每个反链 $\mathcal{E}$ 满足

$$|\mathcal{E}| = \sum_{S \in \mathcal{E}} 1 \leq \sum_{S \in \mathcal{E}} \binom{n}{\lfloor n/2 \rfloor} \binom{n}{|S|}^{-1} = \binom{n}{\lfloor n/2 \rfloor} \sum_{S \in \mathcal{E}} \binom{n}{|S|}^{-1} \leq \binom{n}{\lfloor n/2 \rfloor}. \tag{5.5}$$

为了在这里继续证明定理 5.1 的第二部分，即刻画取到极值的那些反链，考虑任意一个由 n 元集 V 的子集组成的、满足 (5.5) 并且使其中的两个不等号都取等的反链 $\mathcal{E}$，其中的第一个等号蕴涵了，对所有 $\mathcal{E}$ 中的 S，$\binom{n}{|S|} = \binom{n}{\lfloor n/2 \rfloor}$，这意味着当 n 是偶数时 $|S| = n/2$，而当 n 是奇数时 $|S| = (n \pm 1)/2$。如果 n 是偶数，那么证明完成了；如果 n 是奇数，我们来讨论这个现在变成等式的不等式 (5.5)。这个等式意味着 (5.4) 取等号；检查定理 5.3 的证明，我们发现

- 每条长度为 n 的链包含一个 $\mathcal{E}$ 的成员，

从而 (由于 $\mathcal{E}$ 中所有的成员的大小为 $(n \pm 1)/2$)

- 对 V 的任何两个满足 $|S| = (n-1)/2$、$|T| = (n+1)/2$ 并且 $S \subset T$ 的子集 S, T，其中恰有一个属于 $\mathcal{E}$。

这立即可推出

- $|S| = |S'| = (n-1)/2$，$S \in \mathcal{E}$，$S' \subset V$，$|S \cup S'| = (n+1)/2 \Rightarrow S' \in \mathcal{E}$

(在上面考虑 $T = S \cup S'$) 然后通过对 $|S \cup S'|$ 进行归纳可证

- $|S| = |S'| = (n-1)/2$，$S \in \mathcal{E}$，$S' \subset V \Rightarrow S' \in \mathcal{E}$。

5.1.2 Bollobás 集合对不等式

在 Lubell 发表 [280] 之前一年，Béla Bollobás 证明了一个比 LYM 不等式更为一般的不等式 [34]：

第五章 极值集合理论

定理 5.4 如果 $A_1, A_2, \ldots, A_m$ 和 $B_1, B_2, \ldots, B_m$ 是有限集，并且对所有 i 都有 $A_i \cap B_i = \varnothing$，而对所有 $i \neq j$ 都有 $A_i \cap B_j \neq \varnothing$，则

$$\sum_{i=1}^{m} \binom{|A_i| + |B_i|}{|A_i|}^{-1} \leqslant 1.$$

为了看出定理 5.3 是定理 5.4 的一个特殊情况，把反链 $\mathcal{E}$ 中的集合列举为 $A_1, A_2, \ldots, A_m$ 并令 $B_i = V - A_i$，其中 V 是包含所有这些集合的 n 元集。Bollobás 的论文发表之后，定理 5.4 又被 François Jaeger 和 Charles Payan [223] 以及 Gyula Katona [237] 重新发现。

Katona 对定理 5.4 的证明. 令 V 为所有 $A_1, A_2, \ldots, A_m$ 以及所有 $B_1, B_2, \ldots, B_m$ 的并集。记 V 的大小为 n。我们将用两种不同方法对所有满足下面条件的有序对 $(\prec, i)$ 的数量 N 进行计数，其中 $\prec$ 是 V 上的一个线性序，并且它将 A_i 中的所有点排在 B_i 中的所有点前面。

在 V 上规定一个线性序相当于给 V 的每个点规定一个等级，这也就是将 V 的 n 个点和整数 $1, 2, \ldots, n$ 进行匹配。特别地，在 V 上规定一个把 A_i 的所有点排在 B_i 的所有点之前的线性序意味着，首先

1. 选择一个 $\{1, 2, \ldots, n\}$ 中的 $|A_i| + |B_i|$ 个整数构成的集合 Img，然后
2. 将 A_i 中的点和 Img 中最小的 $|A_i|$ 个数进行匹配，然后
3. 将 B_i 中的点和 Img 中剩下的 $|B_i|$ 个数进行匹配，最后
4. 将 $V - (A_i \cup B_i)$ 中的点和 $\{1, 2, \ldots, n\}$ - Img 中的数进行匹配。

这样做的方法数是

$$\binom{n}{|A_i| + |B_i|} \cdot |A_i|! \cdot |B_i|! \cdot (n - (|A_i| + |B_i|))!,$$

这等于

$$n! \binom{|A_i| + |B_i|}{|A_i|}^{-1}.$$

每个 i 在我们的有序对 $(\prec, i)$ 中出现了恰好这么多次，从而

$$N = n! \sum_{i=1}^{m} \binom{|A_i| + |B_i|}{|A_i|}^{-1}.$$

接下来，考虑 V 上的一个线性序 $\prec$ 以及任意两个不同的对 A_j, B_j 和 A_k, B_k。

由假设，存在一个点 x 在 $A_j \cap B_k$ 中并且存在一个点 y 在 $A_k \cap B_j$ 中。如果 $x \prec y$，那么 $\prec$ 没有把 A_k 的所有点排在 B_k 的所有点前面；如果 $y \prec x$，那么 $\prec$ 没有把 A_j 的所有点排在 B_j 的所有点前面。由此每个 $\prec$ 在我们的有序对 $(\prec, i)$ 中至多出现一次，从而

$$N \leqslant n!.$$

把 N 的确切表达式和这个上界进行比较，我们得到了定理。 □

Zsolt Tuza 写过一篇由两部分组成的关于集合对方法及其诸多应用的综述 [365, 366]。

5.2 Erdős-Ko-Rado 定理

在 1938 年，Paul Erdős、Chao Ko (柯召，1910–2002) 和 Richard Rado 证明了一个定理，他们直到 23 年后才将它发表 [142, 定理 1]。下面给出的它的简化版，被称为 *Erdős-Ko-Rado* 定理。

定理 5.5 设 n 和 k 是正整数并且 $2k \leqslant n$。如果 V 是一个 n 元集，$\mathcal{E}$ 是一个由 V 的 k 元子集组成的集合族，满足

$$S, T \in \mathcal{E} \Rightarrow S \cap T \neq \emptyset, \tag{5.6}$$

则

$$|\mathcal{E}| \leqslant \binom{n-1}{k-1}. \tag{5.7}$$

一个满足性质 (5.6) 的集合族 $\mathcal{E}$ 被称为相交集合族。

定理 5.5 的原始证明涉及一个具有独立价值的中间结果：

引理 5.6 设 V 是一个集合，$\mathcal{E}$ 是一个由 V 的子集组成的相交集合族。对于 V 中给定的两个元素 x, y，记

$$\mathcal{E}^* = \{S \in \mathcal{E} : x \in S, y \notin S, (S - \{x\}) \cup \{y\} \notin \mathcal{E}\}$$

并定义 $f : \mathcal{E} \to 2^V$ 为

$$f(S) = \begin{cases} (S - \{x\}) \cup \{y\}, & \text{如果 } S \in \mathcal{E}^*, \\ S, & \text{否则}. \end{cases}$$

那么 $\{f(S) : S \in \mathcal{E}\}$ 是一个大小为 $|\mathcal{E}|$ 的相交集合族。

第五章 极值集合理论

Erdős 和曼彻斯特大学的数论组，1937 年或 1938 年。
柯召在最右边。
Center for Excellence in Mathematical Education, Colorado Springs 惠允

证明 我们会检验 $S, T \in \mathcal{E} \Rightarrow f(S) \cap f(T) \neq \varnothing$ 以及 $S \neq T \Rightarrow f(S) \neq f(T)$。

情况 1：$S, T \in \mathcal{E} - \mathcal{E}^*$。在这一情况下，$f(S) = S$，$f(T) = T$，从而两个蕴涵关系都是平凡的。

情况 2：$S, T \in \mathcal{E}^*$。在这一情况下，因为 $y \in f(S) \cap f(T)$，我们有 $f(S) \cap f(T) \neq \varnothing$。此外，$S = (f(S) - \{y\}) \cup \{x\}$、$T = (f(T) - \{y\}) \cup \{x\}$，从而 $f(S) = f(T) \Rightarrow S = T$。

情况 3：$S \in \mathcal{E}^*, T \in \mathcal{E} - \mathcal{E}^*$。在这种情况下，$f(S) = (S - \{x\}) \cup \{y\} \notin \mathcal{E}$ 并且 $f(T) = T$；特别地，由于 $f(S) \notin \mathcal{E}$ 和 $f(T) \in \mathcal{E}$，所以 $f(S) \neq f(T)$。剩下的是证明 $f(S) \cap f(T) \neq \varnothing$。如果 $y \in T$，那么 $y \in f(S) \cap f(T)$ 而我们完成了证明；我们现在可以假设

$$y \notin T,$$

从而 $f(S) \cap f(T) = (S - \{x\}) \cap T$。如果 $x \notin T$，那么 $f(S) \cap f(T) = S \cap T$，我们还是完成了证明；现在我们可以假设

$$x \in T.$$

由于 $S \in \mathcal{E}^*$, 我们有

$$x \in S \quad 且 \quad y \notin S.$$

现在

$$f(S) \cap f(T) = (S - \{x\}) \cap T = S \cap (T - \{x\}) = S \cap ((T - \{x\}) \cup \{y\}).$$

由于 $x \in T$、$y \notin T$ 以及 $T \in \mathcal{E} - \mathcal{E}^*$, 我们必须有 $(T - \{x\}) \cup \{y\} \in \mathcal{E}$; 由于 $\mathcal{E}$ 是一个相交集合族, 我们推出

$$f(S) \cap f(T) = S \cap ((T - \{x\}) \cup \{y\}) \neq \emptyset. \qquad \square$$

定理 5.5 的证明 设 n 和 k 是满足 $2k \leqslant n$ 的正整数并设 $\mathcal{E}$ 是任何一个由 $\{1, 2, \ldots, n\}$ 的 k 元子集组成的相交集合族。我们将通过对 n 进行归纳证明 $|\mathcal{E}| \leqslant \binom{n-1}{k-1}$。归纳基础 $n = 2$ 是平凡的; 在归纳步骤中我们假设 $n \geqslant 3$。

如果 $k = 1$, 则我们立刻成功了: 一个由一元集组成的相交集合族 $\mathcal{E}$ 不可能包含两个成员。如果 $2k = n$, 那我们也成功了: 在这里, $\mathcal{E}$ 包含每一对集合 $(S, \{1, 2, \ldots, 2k\} - S)$ 中的至多一个, 从而 $|\mathcal{E}| \leqslant \frac{1}{2}\binom{2k}{k} = \binom{2k-1}{k-1}$。现在我们可以假设

$$k \geqslant 2 \quad 且 \quad 2k \leqslant n - 1.$$

对 $\{1, 2, \ldots, n\}$ 的子集组成的集合族 $\mathcal{F}$, 定义其权重 $w(\mathcal{F})$ 为 $\sum_{S \in \mathcal{F}} \sum_{x \in S} x$。我们可以假设在所有由 $\{1, 2, \ldots, n\}$ 的 k 元子集组成的、满足 $|\mathcal{F}| = |\mathcal{E}|$ 的相交集合族 $\mathcal{F}$ 中, 集合族 $\mathcal{E}$ 具有最小的权重。这个假设保证了

$$\begin{aligned}&对 \{1, 2, \ldots, n\} 中满足 x > y 的任意两个元素 x, y, 我们有\\ &S \in \mathcal{E}, x \in S, y \notin S \Rightarrow (S - \{x\}) \cup \{y\} \in \mathcal{E};\end{aligned} \qquad (5.8)$$

这是因为引理 5.6 将 $\mathcal{E}$ 变换到一个由 $\{1, 2, \ldots, n\}$ 的 k 元子集组成的相交集合族, 其大小是 $|\mathcal{E}|$ 并且权重是 $w(\mathcal{E}) - |\mathcal{E}^*| \cdot (x - y)$, $w(\mathcal{E})$ 的最小性蕴涵了 $\mathcal{E}^* = \emptyset$。

最后, 我们令

$$\mathcal{E}_k = \{S \in \mathcal{E} : n \notin S\} \quad 以及 \quad \mathcal{E}_{k-1} = \{S - \{n\} : S \in \mathcal{E}, n \in S\}.$$

我们将证明 $\mathcal{E}_{k-1}$ 是一个相交族, 从而完成整个证明: 这个断言以及归纳假设

蕴涵了
$$|\mathcal{E}| = |\mathcal{E}_k| + |\mathcal{E}_{k-1}| \leq \binom{n-2}{k-1} + \binom{n-2}{k-2} = \binom{n-1}{k-1}.$$

为了证明 $\mathcal{E}_{k-1}$ 是一个相交族，考虑 $\mathcal{E}_{k-1}$ 中的任意集合 A, B 并取 $\{1, 2, \ldots, n-1\} - (A \cup B)$ 中的任一元素 y。由定义，$A \cup \{n\}$ 和 $B \cup \{n\}$ 属于 $\mathcal{E}$；进而，(5.8) 中使用 $x = n$ 和 $S = B \cup \{n\}$ 保证了 $B \cup \{y\}$ 属于 $\mathcal{E}$；由于 $\mathcal{E}$ 是一个相交族，我们推出
$$A \cap B = (A \cup \{n\}) \cap (B \cup \{y\}) \neq \emptyset. \qquad \square$$

5.2.1 Erdős-Ko-Rado 定理的一个简单证明

Gyula Katona [236] 找到定理 5.5 的一个证明，它很像定理 5.3 的证明。我们将要阐述 Katona 的证明的一种写法，这来自 Chris Godsil 和 Gordon Royle [186]。这里，关键的概念是一种特定的 n 个 k 元集组成的集合族。

定义 一个 (n, k)-环由 n 元的全集 V 上的一个环形顺序定义：环的每个成员由 V 中在环形序中连续的 k 个点组成。正式地说，当 V 的元素被列举为 $v_1, v_2, \ldots, v_n$ 时，环的成员 $S_1, S_2, \ldots, S_n$ 由

$$S_i = \{v_i, v_{i+1}, \ldots, v_{i+k-1}\} \tag{5.9}$$

定义，其中下标的计算是在模 n 意义下进行的 (所以 $v_{n+1} = v_1$, $v_{n+2} = v_2$, 等等)。

引理 5.7 如果 n 和 k 是满足 $2k \leq n$ 的正整数，那么一个 (n, k)-环的每个相交子族包含至多 k 个集合。

证明 设 n 和 k 是满足 $2k \leq n$ 的正整数，设 $\mathcal{F}$ 是一个 (n, k)-环的相交子族；如 (5.9) 中那样记 $S_1, S_2, \ldots, S_n$ 为环的各成员。如果 $\mathcal{F} = \emptyset$，那么没什么需要证明的；否则 $\mathcal{F}$ 包含至少一个环的成员，而对称性允许我们假设 $\mathcal{F}$ 包含 S_k。由于 $\mathcal{F}$ 中的每个 S_i 有 $S_i \cap S_k \neq \emptyset$，其下标 i 必须是 $1, 2, \ldots, 2k-1$ 之一；由于

$$(S_1, S_{k+1}), (S_2, S_{k+2}), \ldots, (S_{k-1}, S_{2k-1})$$

这 $k-1$ 对集合的每一对中的两个集合不相交，$\mathcal{F}$ 包含至多两者之一，从而它包含 n 个集合 S_i 中的至多 k 个。 $\qquad \square$

定理 5.5 的另一个证明 给定任意满足 $2k \leq n$ 的正整数 n 和 k，并给定一个

任意的 n 元集合 V，用 M 表示 V 上 (n,k)-环 $\mathcal{R}$ 的数量，并对 V 的每个 k 元子集 S，用 $d(S)$ 表示 V 上满足 $S \in \mathcal{R}$ 的 (n,k)-环 $\mathcal{R}$ 的数量。由对称性，$d(S)$ 是一个依赖于 n 和 k、但不依赖于 S 的常数 d；用两种不同的方法对满足下面条件的有序对 $(\mathcal{R}, S)$ 计数，其中 $\mathcal{R}$ 是 V 上的一个 (n,k)-环并且 $S \in \mathcal{R}$，我们看到

$$Mn = \binom{n}{k} d. \tag{5.10}$$

接着，任意固定一个由 V 的 k 元子集组成的相交子集族 $\mathcal{E}$，我们将要用两种不同方法统计所有满足下面条件的有序对 $(\mathcal{R}, S)$ 的数量 N，其中 $\mathcal{R}$ 是 V 上的一个 (n,k)-环并且 $S \in \mathcal{E} \cap \mathcal{R}$：由于 $\mathcal{E}$ 中的每个 S 出现在 d 个这样的对中，以及由引理 5.7，每个 $\mathcal{R}$ 出现在最多 k 个这样的对中，我们有

$$|\mathcal{E}|d = N \leqslant Mk. \tag{5.11}$$

(5.11) 和 (5.10) 在一起蕴涵了 $|\mathcal{E}| \leqslant \frac{M}{d}k = \frac{k}{n}\binom{n}{k} = \binom{n-1}{k-1}$。 □

5.2.2　Erdős-Ko-Rado 定理中取到极值的族

如果有某个点属于一个集合族 $\mathcal{E}$ 的所有成员，则这个集合族 $\mathcal{E}$ 被称为一个星。

定理 5.8 ([186] 中的定理 7.8.1)　设 n 和 k 是满足 $2k < n$ 的正整数。如果 V 是一个 n 元集而 $\mathcal{E}$ 是一个由 V 的 k 元子集组成的相交族，并且

$$|\mathcal{E}| = \binom{n-1}{k-1},$$

则 $\mathcal{E}$ 是一个星。

定理 5.8 中的条件 $2k < n$ 不能被放宽到定理 5.5 中那样的 $2k \leqslant n$：例如，$\{1, 2, \ldots, 2k-1\}$ 的所有 k 元子集组成一个相交族，有 $\binom{2k-1}{k-1}$ 个集合，并且不是一个星。

我们用本节的剩余部分来证明定理 5.8。

引理 5.9 ([186] 中的引理 7.7.1)　如果 n 和 k 是满足 $2k < n$ 的正整数，则一个 (n,k)-环的每个由 k 个集合组成的相交子族都是一个星。

证明　和引理 5.7 的证明中一样设 $\mathcal{F}$ 和 $S_1, S_2, \ldots, S_n$；特别地，$\mathcal{F} \subset \{S_1, S_2, \ldots, S_{2k-1}\}$ 且 $S_k \in \mathcal{F}$。条件 $|\mathcal{F}| = k$ 蕴涵了：

第五章　极值集合理论　　79

(i) 在 (S_1, S_{k+1}), (S_2, S_{k+2}), ..., (S_{k-1}, S_{2k-1}) 这 $k-1$ 对的每一对中，$\mathcal{F}$ 包含 S_i, S_{k+i} 这两个集合中的恰好一个，

理由是这些对里每一对中的两个集合是不相交的，从而它们中至多有一个能被纳入 $\mathcal{F}$。此外

(ii) 在 (S_1, S_{k+2}), (S_2, S_{k+3}), ..., (S_{k-2}, S_{2k-1}) 这 $k-2$ 对的每一对中，$\mathcal{F}$ 包含 S_i, S_{k+i+1} 这两个集合中的至多一个，

这是因为每一对中的两个集合是不相交的。

如果所有的 k 个集合 $S_1, S_2, \ldots, S_k$ 属于 $\mathcal{F}$，则 $\mathcal{F}$ 是一个星（v_k 这个点属于所有成员），而我们的证明就完成了；现在我们可以假设至少存在一个下标 j，使得 $1 \leq j \leq k-1$ 并且 $S_j \notin \mathcal{F}$；令 j 是满足这些性质的最大下标。现在 $S_{j+1}, S_{j+2}, \ldots, S_k \in \mathcal{F}$；由 (i) 和 (ii)，我们有

$$S_i \notin \mathcal{F} \Rightarrow S_{k+i} \in \mathcal{F} \Rightarrow S_{i-1} \notin \mathcal{F};$$

对 $i = j, j-1, \ldots, 1$ 引用这些推导，我们得到 $S_{k+j}, S_{k+j-1}, \ldots, S_{k+1} \in \mathcal{F}$。所以 $\mathcal{F}$ 由 $S_{j+1}, S_{j+2}, \ldots, S_{j+k}$ 这 k 个集合构成，而这使得它是一个星（v_{j+k} 这个点属于它的所有成员）。　□

定理 5.8 证明中的另一个要素是：

引理 5.10　设正整数 n 和 k 满足 $2k < n$，设 V 是一个 n 元集，并设 A, B, X 为 V 的 k 元子集，其中 A 和 B 相交于恰好一点而 X 不包含这个点。那么有一个 (n, k)-环 $\mathcal{R}$ 满足下列性质：

(i) $X \in \mathcal{R}$,

(ii) 如果 $\mathcal{F} \subset \mathcal{R}$ 并且 $\mathcal{F}$ 是一个 k 个集合组成的星
并且 $\mathcal{F}$ 的每个成员都同时和 A 以及 B 相交，则 $X \notin \mathcal{F}$。

证明　用 w 表示 $A \cap B$ 中唯一的那个点，并记 $A_0 = A - \{w\}$，$B_0 = B - \{w\}$；让我们把

$A_0 - X$ 的元素	接着是
$X \cap A_0$ 的元素	接着是
$X - (A_0 \cup B_0)$ 的元素	接着是
$X \cap B_0$ 的元素	接着是
$B_0 - X$ 的元素	

列举为 $v_1, v_2, \ldots, v_t$。(由于 w 不在这个序列中，我们有 $t \leq n-1$；如果 $X \subseteq A_0 \cup B_0$，那么 $t = 2(k-1) \leq n-3$。) 然后让我们把 V 中其他的元素列举为 $v_{t+1}, v_{t+2}, \ldots, v_n$，使得

$$w = \begin{cases} v_n, & \text{如果 } X \not\subseteq A_0 \cup B_0, \\ v_{n-1}, & \text{如果 } X \subseteq A_0 \cup B_0. \end{cases}$$

最后，设 $\mathcal{R}$ 是由 (5.9) 定义的集合 $S_1, S_2, \ldots, S_n$ 组成的。由这个定义，$X \in \mathcal{R}$；为了证明 $\mathcal{R}$ 具有性质 (ii)，首先注意 $\mathcal{R}$ 的一个子族是一个由 k 个集合组成的星当且仅当它是 $\mathcal{F}_1, \mathcal{F}_2, \ldots, \mathcal{F}_n$ 之一，其中 $\mathcal{F}_i$ 定义为

$$\mathcal{F}_i = \{S_i, S_{i+1}, \ldots, S_{i+k-1}\},$$

下标的运算在模 n 下进行。证明 (ii) 意味着要证明

如果一个 $\mathcal{F}_i$ 包含 X，则它包含一个和 A 或 B (或同时和两者) 不相交的集合。

为了证明这点，我们分两种情况。

情况 1：$X \not\subseteq A \cup B$。在这种情况下，$w = v_n$。首先注意：

- 如果 i 是 $1, \ldots, k$ 之一，则 S_k (和 A 不相交) 在 $\mathcal{F}_i$ 中；
- 如果 i 是 $k, \ldots, n-k$ 之一，则 S_i (在 $\mathcal{F}_i$ 中) 和 A 不相交；
- 如果 i 是 $n-k+2, \ldots, n$ 之一，则 S_1 (和 B 不相交) 在 $\mathcal{F}_i$ 中。

总之，如果 $i \neq n-k+1$，则 $\mathcal{F}_i$ 包含一个和 A 或 B (或同时和两者) 不相交的集合；为了完成这一情况下的分析，我们将证明 $X \cap A = \emptyset$ 或者 $X \notin \mathcal{F}_{n-k+1}$。为此，考虑下标 j 使得 $X = S_j$。如果 $X \cap A \neq \emptyset$，则 (由于 $v_n \notin X$) 我们有 $1 \leq j \leq k-1$，从而 $S_j \notin \mathcal{F}_{n-k+1}$。

情况 2：$X \subseteq A \cup B$。在这种情况下，$w = v_{n-1}$。首先注意：

- 如果 i 是 $1, \ldots, k$ 之一，则 S_k (和 A 不相交) 在 $\mathcal{F}_i$ 中；
- 如果 i 是 $k, \ldots, n-k-1$ 之一，则 S_i (在 $\mathcal{F}_i$ 中) 和 A 不相交；
- 如果 i 是 $n-k+1, \ldots, n$ 之一，则 S_n (和 B 不相交) 在 $\mathcal{F}_i$ 中。

总之，如果 $i \neq n-k$，则 $\mathcal{F}_i$ 包含一个和 A 或 B (或同时和两者) 不相交的集合；为了完成这一情况下的分析，我们将证明 $X \cap A = \emptyset$ 或者 $X \notin \mathcal{F}_{n-k}$。为此，

考虑下标 j 使得 $X = S_j$。如果 $X \cap A \neq \varnothing$，则（由于 $v_{n-1} \notin X$）我们有 $j = n$ 或 $1 \leqslant j \leqslant k-1$，从而 $S_j \notin \mathcal{F}_{n-k}$。 □

定理 5.8 的证明　设 $n, k, V, \mathcal{E}$ 满足定理的假设。定理 5.5 的第二个证明中所使用的论证表明 V 上的每一个 (n, k)-环包含恰好 k 个 $\mathcal{E}$ 的成员（否则我们会在 (5.11) 中有 $N < Mk$ 从而 $|\mathcal{E}| < \binom{n-1}{k-1}$）；这与引理 5.9 一起蕴涵了：

($\star$) 如果 $\mathcal{R}$ 是 V 上的一个 (n, k)-环，则 $\mathcal{R} \cap \mathcal{E}$ 是由 k 个集合组成的一个星。

特别地，$\mathcal{E}$ 包含相交于恰好一个点的不同的集合；将它们用 A, B 表示，并令 w 表示它们交集中的唯一元素。

我们将证明 w 属于 $\mathcal{E}$ 的所有成员从而完成定理的证明：给定 V 的任意一个不含 w 的 k 元子集 X，我们要证明 $X \notin \mathcal{E}$。为此，考虑 V 上的一个具有引理 5.10 中的性质 (i) 和 (ii) 的 (n, k)-环 $\mathcal{R}$。($\star$) 所含事实保证了 $\mathcal{R} \cap \mathcal{E}$ 是一个由 k 个集合组成的星；由于 $\mathcal{R} \cap \mathcal{E}$ 的每个成员同时和 A 以及 B 相交，由引理 5.10 可得 $X \in \mathcal{R}$ 以及 $X \notin \mathcal{R} \cap \mathcal{E}$。 □

5.3　Turán 数

定义　一个超图是一个集合 V 以及一个由 V 的某些子集组成的集合 E。V 中的元素是这个超图的顶点，而 E 的成员是它的超边。如果对某个整数 k，每条超边由 k 个顶点组成，则这个超图被称为 k 一致的。Paul Turán [364] 问的是在 n 个顶点上、每 ℓ 个顶点组成的集合包含至少一条超边的 k 一致超图的最少超边数。现在，这些数被称为 Turán 数并被记为 $T(n, \ell, k)$。

Turán [362] 计算了所有 Turán 数 $T(n, \ell, 2)$；我们将在第 7.1 节中考虑它们。当 $k \geqslant 3$ 时，Turán 数 $T(n, \ell, k)$ 难以计算。Turán [364] 提出了

猜想 5.11
$$T(n, 4, 3) = \begin{cases} (2s-1)(s-1)s, & \text{如果 } n = 3s, \\ (2s-1)s^2, & \text{如果 } n = 3s+1, \\ (2s+1)s^2, & \text{如果 } n = 3s+2 \end{cases}$$

并构造了一系列超图表明这个猜想中等式的左边不超过其右边。在这个构造中，顶点集被分成大小尽量相同的三部分 V_1、V_2、V_3；三个顶点构成一条超边当且仅当它们属于同一个 V_i，或者其中两个属于同一个 V_i 而第三个属于 V_{i+1}，其中 $V_4 = V_1$。随着时间的推移，越来越大的这样的超图族由 Alexandr

Kostochka 在 [261] 中,由 William Brown 在 [60] 中,并由 Dmitrii Germanovich Fon-Der-Flaass (1962–2010) 在 [166] 中构造出。这样的例子大量存在似乎预示着这个猜想是困难的。Gyula Katona、Tibor Nemetz (1941–2006) 和 Miklós Simonovits [238] 对 $n \leqslant 10$ 验证了这个猜想。

在同一篇论文 [238] 中,三位作者证明了

$$\text{当 } n > \ell \geqslant k \text{ 时,} \quad \frac{T(n,\ell,k)}{\binom{n}{k}} \geqslant \frac{T(n-1,\ell,k)}{\binom{n-1}{k}}. \tag{5.12}$$

为了验证 (5.12),考虑一个有 n 个顶点和 $T(n,\ell,k)$ 条超边的 k 一致超图,其中每 ℓ 个顶点组成的集合包含至少一条超边;记 N 为满足下述条件的有序对 (H,v) 的数量,H 为一条超边并且 v 是 H 之外的一点。由于每条超边出现在 $n-k$ 个这样的对中,我们有

$$N = T(n,\ell,k)(n-k);$$

由于每个顶点至少出现在 $T(n-1,\ell,k)$ 个我们的有序对中,从而

$$N \geqslant nT(n-1,\ell,k).$$

我们得到 $T(n,\ell,k)(n-k) \geqslant nT(n-1,\ell,k)$,这只是(5.12) 中不等式的另一种写法。

对任何满足 $\ell \geqslant k$ 的正整数 ℓ 和 k,序列 $T(n,\ell,k)/\binom{n}{k}$ ($n = \ell, \ell+1, \ell+2, \ldots$) 由 (5.12) 保证是非降的,并且有上界 1,从而它趋向于一个极限;记 $t(\ell,k)$ 为这个极限的值。在 [326] 中,Gerhard Ringel (1919–2008) 构造了一系列 3 一致超图,表明对所有 ℓ,

$$t(\ell,3) \leqslant 4/(\ell-1)^2. \tag{5.13}$$

在他的构造中,顶点集被分为大小尽量相同的 $\ell-1$ 部分,然后这些部分被排成环状顺序;现在三个顶点组成一条超边当且仅当它们或者属于同一部分,或者其中两个属于同一部分而第三个属于环状顺序中的下一个部分。(当 ℓ 为奇数时, (5.13) 也可以从另一个构造得到:把顶点集分为大小尽量相同的 $\lfloor(\ell-1)/(k-1)\rfloor$ 部分,并且 k 个顶点组成一条超边当且仅当它们属于同一部分。) Turán 关于 $T(n,4,3)$ 的猜想蕴涵了 $t(4,3) = 4/9$;此外,他猜想 $t(5,3) = 1/4$ (见 [132, 第 13 页]);Erdős 为确定哪怕一个 $\ell > k \geqslant 3$ 时的 $t(\ell,k)$

第五章 极值集合理论　　　　　　　　　　　　　　　　　　　　　　83

的值悬赏了 500 美元 [127, 第 30 页]。

5.3.1 $T(n,\ell,k)$ 的一个下界

记号　当 f 和 g 是定义在正整数上的两个实值函数时，我们用 $f(n) \sim g(n)$ 表示 $\lim_{n\to\infty} f(n)/g(n) = 1$。

对任意满足 $r \leqslant q \leqslant n$ 的正整数 q, r, n，Erdős 和 Hanani [141] 定义：

$\overline{\overline{m}}(q,r,n)$ 为 n 个顶点上的、

每 r 个顶点组成的集合包含于至多一条超边的、

q 一致的超图的最大边数

以及

$\overline{\overline{M}}(q,r,n)$ 为 n 个顶点上的、

每 r 个顶点组成的集合包含于至少一条超边的、

q 一致的超图的最小边数。

他们注意到 [141, 不等式 (1)]

$$\text{当 } r \leqslant q \leqslant n \text{ 时，} \quad \overline{\overline{m}}(q,r,n) \leqslant \frac{\binom{n}{r}}{\binom{q}{r}} \leqslant \overline{\overline{M}}(q,r,n),$$

并且他们表示可以有猜想

$$\text{当 } r \leqslant q \text{ 时，} \quad \overline{\overline{m}}(q,r,n) \sim \overline{\overline{M}}(q,r,n) \sim \frac{\binom{n}{r}}{\binom{q}{r}}.$$

这个猜想在二十多年的时间里未被解决，直到 Vojtěch Rödl [330] 用一个绝妙的半随机的构造证明了它。他的方法后来被称为 *Rödl 蚕食*，并对组合数学有重大的影响 (见 [240] 及其第 1.2 节中的引用)。

定义　对一个具有顶点集 V 和超边集 E 的超图，它的补是以 V 为顶点集以及 $\{V - B : B \in E\}$ 为超边集合的超图。

由于

在一个 n 顶点上的 k 一致超图中，

每 ℓ 个顶点组成的集合包含至少一条超边

当且仅当

在这个超图的补中,
每 $n-\ell$ 个顶点构成的集合被包含于至少一条超边中,

我们有
$$T(n,\ell,k) = \overline{\overline{M}}(n-k, n-\ell, n).$$

由于
$$\binom{n}{n-\ell}\binom{\ell}{k} = \binom{n}{k}\binom{n-k}{n-\ell}$$

(两边都在对满足 $A \subseteq B \subseteq \{1, 2, \ldots, n\}$ 并且 $|A| = k$、$|B| = \ell$ 的 (A, B) 对进行计数),$\overline{\overline{M}}(q, r, n)$ 的下界表明

$$\text{当 } n \geq \ell \geq k \text{ 时,} \quad T(n, \ell, k) \geq \frac{\binom{n}{k}}{\binom{\ell}{k}} \tag{5.14}$$

(除了可以从 (5.12) 对 n 进行归纳得到, 这也可以被简单地直接证明)。Rödl 的定理表明, 从下面的角度来说这个界在渐近意义上是紧的:

$$\text{对任意 } q \geq r, \quad T(n, n-r, n-q) \sim \frac{\binom{n}{n-q}}{\binom{n-r}{n-q}}. \tag{5.15}$$

5.3.2 Turán 数和 Steiner 系

一个具有参数 (n, q, r) (其中 $n \geq q \geq r$) 的 Steiner 系是一个 n 个顶点上的 q 一致超图, 其中每 r 个顶点组成的集合恰好包含于一条超边中。对一个给定的参数三元组, 确定相应的一个 Steiner 系是否存在可以是一个很难的问题, 这个问题相当于确定一个 Turán 数:

定理 5.12 我们有

$$T(n, \ell, k) = \frac{\binom{n}{k}}{\binom{\ell}{k}} \tag{5.16}$$

当且仅当存在一个以 $(n, n-k, n-\ell)$ 为参数的 Steiner 系。

证明 给定 n, ℓ, k, 将 (5.16) 的右边记为 M。一方面, 下界 (5.14) 使得 (5.16) 和下面的断言等价: 存在一个具有 n 个顶点和 M 条超边的 k 一致超图, 其中每 ℓ 个顶点组成的集合包含至少一条超边。另一方面, 一个以 $(n, n-k, n-\ell)$ 为参数的 Steiner 系的补是一个具有 n 个顶点的 k 一致超图, 其中每 ℓ 个顶点组成的集合包含恰好一条超边。

现在考虑一个在 n 个顶点上并且每 ℓ 个顶点组成的集合包含至少一条超边的 k 一致超图 $\mathcal{H}$。为了完成证明，我们将说明 $\mathcal{H}$ 恰有 M 条超边当且仅当每 ℓ 个顶点组成的集合包含恰好一条超边。为此，用 m 代表 $\mathcal{H}$ 的超边的数量，记 N 为所有满足下面条件的有序对 (A, B) 的数量，其中 A 是一条超边，B 是 ℓ 个顶点组成的集合，并且 $A \subseteq B$；此外，给定 ℓ 个顶点组成的集合 B，用 $w(B)$ 表示 B 中包含的超边的数量。在这些记号下，

$$N = m\binom{n-k}{\ell-k}$$

且

$$N = \sum_B w(B),$$

其中 B 取遍所有由 ℓ 个顶点组成的集合。由此，

$$m = \frac{\sum_B w(B)}{\binom{n-k}{\ell-k}} = \frac{\binom{n}{\ell} + \sum_B (w(B)-1)}{\binom{n-k}{\ell-k}} = M + \frac{\sum_B (w(B)-1)}{\binom{n-k}{\ell-k}}.$$

由于对所有 B 有 $w(B) - 1 \geqslant 0$，我们推出 $m = M$ 当且仅当对所有 B 有 $w(B) - 1 = 0$。 □

一个以 $(k^2+k+1, k+1, 2)$ 为参数的 Steiner 系是一个 k 阶的射影平面 (见第 30 页)。对哪些 k 值存在一个 k 阶的射影平面呢？一方面，Oswald Veblen (1880–1960) 和 William H. Bussey (1879–1962) 找到了一种在 k 是素数或者素数的幂时构造 k 阶射影平面的方法 [370] (另见 [335, 第 93 页, 定理 4.2])；特别地，2, 3, 4, 5, 7, 8, 9 阶的射影平面都存在。另一方面，Richard H. Bruck (1914–1991) 和 Herbert J. Ryser (在第 34 页被提到过) 证明了 [62]，当 $k \bmod 4$ 是 1 或者 2 时，如果 k 阶射影平面存在，则必定有整数 x, y 满足 $k = x^2 + y^2$ (这成立当且仅当每个模 4 余 3 的素数在 k 的素因子分解中出现偶数次)；特别地，6 阶射影平面不存在。

在很长一段时间，大家认为 Bruck-Ryser 定理中的条件作为某个给定阶的射影平面存在性的必要条件，可能同时也是充分的；特别地，这意味着存在一个 10 阶的射影平面。如 John Conway (1937–2020) 和 Vera Pless (1931–2020) 在 [88] 中所说：

> 一个长时间使数学界着迷的问题是
> 10 阶的射影平面是不是能够存在。

定理 5.12 表明这个问题相当于是在问 $T(111, 109, 100) = 111$ 是否成立。在 1957 年到 1989 年之间，约有 100 篇论文在研究这个问题。由 Clement Lam、Larry Thiel 和 Stan Swiercz 发表的通告 [270] (另见 [269]) 宣告了这个时代的结束：他们的计算机搜索表明这样的射影平面不存在。

除了这些结果，我们对于哪些 k 值有 k 阶射影平面存在一无所知。而这还只是冰山一角：对哪些 n, q, r 值存在一个以 (n, q, r) 为参数的 Steiner 系呢？

定理 5.13 仅当

$$\text{对所有 } i = 0, 1, \ldots, r-1, \quad \binom{q-i}{r-i} \text{ 整除 } \binom{n-i}{r-i} \tag{5.17}$$

时，存在一个以 (n, q, r) 为参数的 Steiner 系。

证明 我们将会证明更多：在每个以 (n, q, r) 为参数的 Steiner 系中，每 i 个点组成的集合 (其中 $0 \leqslant i < r$) 被包含在恰好

$$\frac{\binom{n-i}{r-i}}{\binom{q-i}{r-i}}$$

条超边中。为此，给定一个 i 个顶点组成的集合 S，其中 $0 \leqslant i < r$，令 R 为所有包含 S 的 r 元顶点集组成的族，令 Q 为所有包含 S 的超边组成的族，并令 N 为满足 $A \in R$、$B \in Q$ 以及 $A \subseteq B$ 的有序对 (A, B) 的数量。一方面，对每个 R 中的 A，存在唯一的超边 B 使得 $A \subseteq B$；由于 $S \subseteq A \subseteq B$，我们有 $B \in Q$。由此

$$N = |R| = \binom{n-i}{r-i}.$$

另一方面，对 Q 中每个 B 有 R 中的恰好 $\binom{q-i}{r-i}$ 个集合满足 $A \subseteq B$；由此

$$N = |Q|\binom{q-i}{r-i}.$$

比较 N 的两个表达式，我们推得

$$|Q| = \frac{\binom{n-i}{r-i}}{\binom{q-i}{r-i}}. \qquad \square$$

以 $(n, 3, 2)$ 为参数的 Steiner 系被称为 Steiner 三元系。由定理 5.13，只有当 $n \bmod 6$ 是 1 或 3 时它们存在。Thomas Penyngton Kirkman (1806–1895) 证

明了 [248] 这个存在性的必要条件也是充分的。Haim Hanani 在 [207] 中证明了定理 5.13 中的必要条件在 $(q,r) = (4,3)$ 时也是充分的，并在 [208] 中加上了 $(q,r) = (4,2)$ 以及 $(q,r) = (5,2)$ 的情况。然而，定理 5.13 中的必要条件并不总是充分的：我们已经看到 Bruck-Ryser 定理可推出以 $(43,7,2)$ 为参数的 Steiner 系不存在。Peter Keevash 的一个定理 [240] 包含了下面的特殊情况：

对每对正整数 q, r，其中 $q \geqslant r$，
存在一个正整数 $n_0(q,r)$ 使得
对所有满足 (5.17) 并且 $n \geqslant n_0(q,r)$ 的 n，
以 (n,q,r) 为参数的 Steiner 系存在。

这一结论的出现是一个重大的突破：在那之前，我们只知道有限多个 $r \geqslant 4$ 的 Steiner 系，并且其中没有一个 $r \geqslant 6$ 的。关于 Steiner 系的更多内容，见 [85]。

5.3.3　$T(n,\ell,k)$ 的一个上界

提醒　我们用 $\ln x$ 表示自然对数 $\log_e x$。

定理 5.14

$$\text{当 } n \geqslant \ell \geqslant k \text{ 时,} \quad T(n,\ell,k) \leqslant 1 + \frac{\binom{n}{k}}{\binom{\ell}{k}} \ln \binom{n}{\ell}.$$

证明　我们将沿用 [75, 第 435–436 页] 给出的证明。让我们首先证明不等式

$$T\left(\binom{n}{k}, \binom{n}{k} - T(n,\ell,k) + 1, \binom{\ell}{k}\right) \leqslant \binom{n}{\ell}, \tag{5.18}$$

方法是展示一个具有 $\binom{n}{k}$ 个顶点和 $\binom{n}{\ell}$ 条边的 $\binom{\ell}{k}$ 一致超图 $\mathcal{H}$，其中每 $\binom{n}{k} - T(n,\ell,k) + 1$ 个顶点组成的集合包含至少一条超边。为了描述 $\mathcal{H}$，记 $\binom{S}{i}$ 为一个集合 S 的所有 i 元子集组成的集合。用这样的记号，$\mathcal{H}$ 的顶点集是 $\binom{Y}{k}$，其中 Y 是某个 n 元集，而 $\mathcal{H}$ 的超边集和 $\binom{Y}{\ell}$ 有一个一一对应：对应到 $\binom{Y}{\ell}$ 中的一个集合 X 的超边是 $\binom{X}{k}$。给定 $\mathcal{H}$ 中任意 $\binom{n}{k} - T(n,\ell,k) + 1$ 个顶点组成的集合 A，考虑以 Y 为顶点、$\binom{Y}{k} - A$ 为超边集合的 k 一致超图 $\mathcal{H}_0$。由于 $|\binom{Y}{k} - A| < T(n,\ell,k)$，$\mathcal{H}_0$ 有某 ℓ 个顶点组成的集合 X 不含 $\mathcal{H}_0$ 的超边，这意味着 $\binom{X}{k}$ 和 $\binom{Y}{k} - A$ 不相交，从而 $\binom{X}{k} \subseteq A$，故 A 包含 $\mathcal{H}$ 的一条超边。这个结论完成了 (5.18) 的证明。

不等式 (5.18) 是一个把 Turán 数的下界转化为 Turán 数的上界的装置。

特别地, 下界 (5.14) 保证了

$$T\left(\binom{n}{k}, \binom{n}{k} - T(n,\ell,k) + 1, \binom{\ell}{k}\right) \geqslant \frac{\binom{\binom{n}{k}}{\binom{\ell}{k}}}{\binom{\binom{n}{k} - T(n,\ell,k)+1}{\binom{\ell}{k}}};$$

比较这个不等式和 (5.18), 我们发现

$$\binom{n}{\ell} \geqslant \frac{\binom{\binom{n}{k}}{\binom{\ell}{k}}}{\binom{\binom{n}{k} - T(n,\ell,k)+1}{\binom{\ell}{k}}}, \qquad 从而$$

$$\binom{n}{\ell} \geqslant \left(\frac{\binom{n}{k}}{\binom{n}{k} - T(n,\ell,k)+1}\right)^{\binom{\ell}{k}}, \qquad 从而$$

$$\frac{\binom{n}{k} - T(n,\ell,k)+1}{\binom{n}{k}} \geqslant \binom{n}{\ell}^{-1/\binom{\ell}{k}}, \qquad 从而$$

$$T(n,\ell,k) \leqslant 1 + \binom{n}{k}\left(1 - \binom{n}{\ell}^{-1/\binom{\ell}{k}}\right).$$

由于对所有正的 x, $\ln x \leqslant x - 1$, 我们有

$$1 - \binom{n}{\ell}^{-1/\binom{\ell}{k}} \leqslant -\ln\left(\binom{n}{\ell}^{-1/\binom{\ell}{k}}\right) = \frac{1}{\binom{\ell}{k}}\ln\binom{n}{\ell};$$

这一结论完成了定理的证明。 □

对于定理 5.14 的改进以及更多关于 Turán 数的内容可以在 [342] 和 [239] 中看到。

5.4 Turán 函数

记号 给定一个 k-一致超图 F, 记 $\text{ex}(F,n)$ 为 n 个顶点上不包含 F 的 k-一致超图的最大超边数。

计算 Turán 函数 $\text{ex}(F,n)$ 的任务包含了计算 Turán 数: 当 F 是 ℓ 个顶点、$\binom{\ell}{k}$ 条超边的 k-一致超图时, 我们有 $T(n,\ell,k) = \binom{n}{k} - \text{ex}(F,n)$。

当 F 是 $2k$ 个顶点上仅含两条不相交的超边的 k 一致超图时，Erdős-Ko-Rado 定理表明

$$\text{当 } n \geqslant 2k \text{ 时}, \quad \text{ex}(F, n) = \binom{n-1}{k-1}.$$

Erdős [115] 将其扩展：如果 F 是 tk 个顶点上的 k 一致超图，并含有且仅含有 t 条两两不交的超边，则

$$\text{当 } n \text{ 相对于 } t \text{ 和 } k \text{ 足够大时}, \quad \text{ex}(F, n) = \binom{n}{k} - \binom{n-t+1}{k}.$$

(对于 $k = 2$，这在更早被 Erdős 和 Gallai 证明 [137]。) 这里，取到极值的超图 (也就是 n 个顶点上有 $\text{ex}(F, n)$ 条超边且不含 F 的 k 一致超图) 的构造是：首先规定一个 $t - 1$ 顶点组成的集合，然后某 k 个顶点组成的集合是一条超边当且仅当它包含那 $t - 1$ 个顶点中的至少一个。

对于某些给定的一致超图 F，确定或者至少估计 $\text{ex}(F, n)$ 的值的问题构成了一个迅速发展的领域，其中有丰富的成果。以下是一些小的例子：

- 当 F 是 Fano 平面时，我们有

$$\text{ex}(F, n) = \binom{n}{3} - \binom{\lfloor n/2 \rfloor}{3} - \binom{\lceil n/2 \rceil}{3}.$$

  取到极值的超图的构造是，把顶点集分为大小尽量接近的两部分 (也就是说它们的大小为 $\lfloor n/2 \rfloor$ 和 $\lceil n/2 \rceil$)，然后某三个顶点构成的集合是一条超边当且仅当它在两部分都至少有一个顶点。这是由 Vera Sós 在 1973 年提出的猜想 [345]，并在至少三十年之后同时并独立地由两对研究者 (Peter Keevash 和 Benny Sudakov [242] 以及 Zoltán Füredi 和 Miklós Simonovits [179]) 对所有充分大的 n 给出了证明。又过了大约十三年，Louis Bellmann 和 Christian Reiher [24] 去掉了对 n 的限制：他们对所有 $n \geqslant 7$ 的 n 证明了这个猜想。

- Peter Keevash 和 Benny Sudakov [241] 对 F 是 "扩展的三角形" 的情况确定了 $\text{ex}(F, n)$，这里 F 是在顶点集 $V_1 \cup V_2 \cup V_3$ 上的一个 $2k$ 一致超图，其中 V_1, V_2, V_3 是两两互不相交的三个 k 元集，超边恰好有三条：$V_1 \cup V_2$、$V_2 \cup V_3$ 和 $V_3 \cup V_1$。对所有相对 k 来说足够大的 n，取到极值的超图构造如下：将顶点集分为两部分，并且让一个由 $2k$ 个顶点组成的集合成为一条超边当且仅当它在每一部分中都有奇数个顶点。(为了最大化超边的数量，需要正确地选择两部分的大小，大约是 $(n + \sqrt{3n-4})/2$ 和 $(n - \sqrt{3n-4})/2$。) 这证明了 Frankl [170] 的一个猜想。

- 当 F 由顶点 $1, 2, 3, 4, 5$ 和超边 $\{1, 2, 3\}$、$\{1, 2, 4\}$、$\{3, 4, 5\}$ 组成时，我们有

  当 $n \geqslant 3000$ 时， $\operatorname{ex}(F, n) = \left\lfloor \frac{n}{3} \right\rfloor \cdot \left\lfloor \frac{n+1}{3} \right\rfloor \cdot \left\lfloor \frac{n+2}{3} \right\rfloor$；

这是 Peter Frankl 和 Zoltán Füredi [171] 的一个定理。取到极值的超图可以如下构造：把顶点集分为大小尽量相等的三部分 (也就是说它们的大小为 $\lfloor n/3 \rfloor$、$\lfloor (n+1)/3 \rfloor$ 和 $\lfloor (n+2)/3 \rfloor$) 然后让一个三个顶点组成的集合成为一条超边当且仅当它在三个部分中各有一个顶点。

更多关于 $\operatorname{ex}(F, n)$ 的信息可以在 [239] 中以及其他地方找到。

5.5 超图的色数

1937 年，E. W. Miller [294] 建议称一个集合族有 B 性质 (property B)，如果有一个集合和它的每个成员都相交，但又不包含其中的任何一个；他用字母 B 来致意 Felix Bernstein (1878–1956)，后者在 20 世纪初期的工作涉及相关概念。后来，Paul Erdős 和 András Hajnal (1931–2016) 在 [138, 第 119 页] 中提出求最小的 $m(k)$ 使得存在一个 k 一致、$m(k)$ 条边且不具有 B 性质的超图；他们注意到一个 $(2k-1)$ 点集的所有 k 元子集构成的族给出了上界 $m(k) \leqslant \binom{2k-1}{k}$，另外 $m(3) = 7$，后者的上界由 Fano 平面给出。(大约十年之后，Paul Seymour [339] 和 Bjarne Toft [361] 证明了 $m(4) \leqslant 23$；在那之后又过了大约四十年，Patric Östergård [309] 用计算机的穷举搜索证明了 $m(4) \geqslant 23$。)

Erdős [112, 114] 证明了

$$k \geqslant 2 \Rightarrow 2^{k-1} < m(k) < k^2 2^{k+1} \tag{5.19}$$

并且随后他和 László Lovász [143, p. 610] 写道：

看上去有可能 $m(k)/2^k \to \infty$。

这一直觉被 József Beck [22] 所证实：他证明了对 $k \geqslant 2^{100}$ 有 $m(k) \geqslant \frac{1}{5} 2^k \lg k$ 并在 [23] 中改进了这个下界。更新的，Jaikumar Radhakrishnan 和 Aravind Srinivasan [319, 定理 2.1] 进一步改进了 Beck 的界到 $m(k) \geqslant \frac{7}{10} 2^k \sqrt{k/\ln k}$ 对所有足够大的 k 成立。之后，Danila D. Cherkashin 和 Jakub Kozik [68] 发现了他们这一结果的一个简单的证明。

在 [114] 中，Erdős 写道：

一个合理的猜测看来是，$m(k)$ 的量级是 $k\, 2^k$；

这个猜想仍未被解决。Jaikumar Radhakrishnan 和 Saswata Shannigrahi 证明了每个不具有 B 性质并且少于 $k2^k$ 条超边的 k 一致超图必定有超过 $k^2/4\ln 2k$ 个顶点 [318, 引理 2]。

定义 一个超图 H 的色数 $\chi(H)$ 是最小的 t 使得 H 的顶点集可以被划分为 t 个集合,其中没有任何一个包含一条超边。

这个定义来自 Erdős 和 Hajnal [140],他们用了术语"集合系"而不是"超图",并指出了 [140, 第 61 页] $\chi(H) \leqslant 2$ 当且仅当 H 的超边具有 B 性质。

记号 记 $m(k,s)$ 一个色数大于 s 的 k 一致超图中所能包含的最小的超边数量。

用这个记号,$m(k) = m(k,2)$。我们将在更一般的 $m(k,s)$ 的情景下给出 Erdős 的界 (5.19)。

定理 5.15 $k,s \geqslant 2 \Rightarrow s^{k-1} < m(k,s) < 1 + k^2 s^{k+1}\ln s.$

证明 证明 $m(k,s)$ 的下界也就是证明任何一个不超过 s^{k-1} 条超边的 k 一致超图的顶点集可以被染成 s 种颜色,使得没有一条超边是单色的。为此,记 Ω 为用颜色 $1, 2, \ldots, s$ 对 H 的顶点进行染色的所有方案组成的集合,称 Ω 中的一种染色是坏的,如果它使得至少一条边是单色的,令 B 为所有坏的染色组成的集合。使用这些记号,我们的任务是证明 $|B| < |\Omega|$。为此,令 n 为 H 的顶点数,令 m 为 H 的超边数。由于 $m = 1$ 时显然 $|B| < |\Omega|$,我们可以假设 $m > 1$。在这一假设下,我们将要证明

$$|B| < ms^{n-k+1}, \tag{5.20}$$

由于 $m \leqslant s^{k-1}$ 并且 $s^n = |\Omega|$,这蕴涵了我们想要的结论。为了证明 (5.20),考虑下面的构建坏染色的方案。

第一步:选一条超边 E。
第二步:在 s 种颜色中选一种,并将 E 的所有顶点染成这种颜色。
第三步:将 H 的剩下的 $n-k$ 个顶点用 s 种颜色染色。

第一步有 m 种实现方法,第二步有 s 种实现方法,第三步有 s^{n-k} 种实现方法;由此,(5.20) 右边统计的是这种方案的不同的实现方法数。我们指出,每个坏的染色被这些实现方法中的至少一种构建出来,并且 (因为 $m > 1$) 把所有顶点染成 1 号的染色在所有方法中被构建出不止一次,从而 (5.20) 得证。

为了证明 $m(k,s)$ 的上界, 记 $\mu(n,k,s)$ 为当一个 n 元集的点被染成 s 种颜色时同色的 k 元子集个数的最小可能值。Erdős [114] 中的论证的组合成分可以被提炼为断言: 只要 $\mu(n,k,s) > 0$, 我们有

$$T\left(\binom{n}{k}, \binom{n}{k} - m(k,s) + 1, \mu(n,k,s)\right) \leqslant s^n. \tag{5.21}$$

为了证明(5.21), 我们将给出一个 $\mu(n,k,s)$ 一致超图 $\mathcal{H}$, 它有 $\binom{n}{k}$ 个顶点和 s^n 条超边, 其中每 $\binom{n}{k} - m(k,s) + 1$ 个顶点构成的集合包含至少一条超边。为了描述 $\mathcal{H}$, 用 $\binom{S}{i}$ 表示一个集合 S 的所有 i 元子集组成的集合。使用这一记号, $\mathcal{H}$ 的顶点集是 $\binom{Y}{k}$, 其中 Y 是某个 n 元集, $\mathcal{H}$ 的超边集一一对应于用 s 种颜色对 Y 的所有染色构成的集合: 对每一种这样的染色, 其对应的超边由在这一染色下 $\binom{Y}{k}$ 中被染成单色的 (至少 $\mu(n,k,s)$ 个集合中的) 某 $\mu(n,k,s)$ 个集合组成。给定 $\mathcal{H}$ 的任意 $\binom{n}{k} - m(k,s) + 1$ 个顶点组成的集合 A, 考虑以 Y 为顶点集、$\binom{Y}{k} - A$ 为超边集组成的 k 一致超图 $\mathcal{H}_0$。由于 $\left|\binom{Y}{k} - A\right| < m(k,s)$, $\mathcal{H}_0$ 的色数不超过 s, 这意味着 $\mathcal{H}$ 有某条超边和 $\binom{Y}{k} - A$ 不相交, 从而 A 包含 $\mathcal{H}$ 的这条超边。这一结论结束了(5.21) 的证明。

剩下的工作是计算。其组成部分是

(i) 对所有满足 $n > s(k-1)$ 的 n, 有 $m(k,s) \leqslant 1 + \dfrac{\binom{n}{k} n \ln s}{\mu(n,k,s)}$,

(ii) 若 s 整除 n 并且 $n \geqslant sk$, 则 $\mu(n,k,s) = s\binom{n/s}{k}$,

(iii) $\binom{sk^2}{k} \leqslant s^{k+1}\binom{k^2}{k}$;

当 $n = sk^2$ 时, 这三点蕴涵了

$$m(k,s) \leqslant 1 + \frac{\binom{sk^2}{k} sk^2 \ln s}{\mu(sk^2,k,s)} = 1 + \frac{\binom{sk^2}{k} k^2 \ln s}{\binom{k^2}{k}} \leqslant 1 + k^2 s^{k+1} \ln s.$$

为了证明 (i), 我们注意到 $n > s(k-1)$ 蕴涵了 $\mu(n,k,s) > 0$, 所以 (5.21) 和

Katona-Nemetz-Simonovits 对 Turán 数的下界 (5.14) 一起推出了

$$s^n \geqslant \frac{\binom{\binom{n}{k}}{\mu(n,k,s)}}{\binom{\binom{n}{k}-m(k,s)+1}{\mu(n,k,s)}}, \quad 从而$$

$$s^n \geqslant \left(\frac{\binom{n}{k}}{\binom{n}{k}-m(k,s)+1}\right)^{\mu(n,k,s)}, \quad 从而$$

$$\frac{\binom{n}{k}-m(k,s)+1}{\binom{n}{k}} \geqslant s^{-n/\mu(n,k,s)}, \quad 从而$$

$$m(k,s) \leqslant 1 + \binom{n}{k}\left(1 - s^{-n/\mu(n,k,s)}\right).$$

由于对所有正的 x 有 $\ln x \leqslant x-1$, 我们有

$$1 - s^{-n/\mu(n,k,s)} \leqslant -\ln\left(s^{-n/\mu(n,k,s)}\right) = \frac{n\ln s}{\mu(n,k,s)};$$

这一结论结束了 (i) 的证明。

为了证明 (ii), 注意 $\mu(n,k,s)$ 是取遍所有满足 $\sum_{r=1}^{s} d_r = n$ 的非负整数 $d_1, \ldots, d_s$ 时 $\sum_{r=1}^{s}\binom{d_r}{k}$ 的最小值。因此 (ii) 是引理 A.1 的一个特殊情况, 但是这一特殊情况也可以被如下直接证明。考虑一列非负整数 $d_1, \ldots, d_s$, 其平均值为一个不小于 k 的整数。假设这些整数不全相等, 我们将要找到非负整数 $c_1, \ldots, c_s$ 满足 $\sum_{r=1}^{s} c_r = \sum_{r=1}^{s} d_r$ 并且 $\sum_{r=1}^{s}\binom{c_r}{k} < \sum_{r=1}^{s}\binom{d_r}{k}$; 这当然会推出 (ii)。由条件, 存在 d_i 小于平均值也存在 d_j 大于平均值; 由于平均值是一个整数, 因此 $d_j \geqslant d_i + 2$。设

$$c_r = \begin{cases} d_r + 1, & \text{如果 } r = i, \\ d_r - 1, & \text{如果 } r = j, \\ d_r, & \text{对其他所有 } r, \end{cases}$$

借助 $d_j \geqslant k$ 的条件, 我们得到

$$\sum_{r=1}^{s}\binom{d_r}{k} - \sum_{r=1}^{s}\binom{c_r}{k} = \binom{d_i}{k} + \binom{d_j}{k} - \binom{d_i+1}{k} - \binom{d_j-1}{k} = \binom{d_j-1}{k-1} - \binom{d_i}{k-1} > 0.$$

为了证明 (iii)，注意

$$\frac{s^{k+1}\binom{k^2}{k}}{\binom{sk^2}{k}} = s^{k+1}\prod_{i=0}^{k-1}\frac{k^2-i}{sk^2-i} = s^k\prod_{i=1}^{k-1}\frac{k^2-i}{sk^2-i}$$

$$= s\prod_{i=1}^{k-1}\frac{sk^2-si}{sk^2-i} = s\prod_{i=1}^{k-1}\left(1-\frac{(s-1)i}{sk^2-i}\right) \geqslant s\left(1-\frac{(s-1)(k-1)}{sk^2-k+1}\right)^{k-1},$$

并且，由于当 $0 \leqslant x < 1$ 时有 $(1-x)^{k-1} \geqslant 1-(k-1)x$，

$$s\left(1-\frac{(s-1)(k-1)}{sk^2-k+1}\right)^{k-1} \geqslant s\left(1-\frac{(s-1)(k-1)^2}{sk^2-k+1}\right).$$

证明的最后一步是注意不等式

$$s\left(1-\frac{(s-1)(k-1)^2}{sk^2-k+1}\right) \geqslant 1$$

只是下面这个显然事实的另一种写法：

$$(s-1)(ks+(k-1)(s-1)) \geqslant 0. \qquad \square$$

Noga Alon [3] 猜想，对所有的 k，$\lim_{s\to\infty} m(k,s)/s^k$ 都存在。

Erdős 的关于对角线上的 Ramsey 数的下界可以从定理 5.15 中的 $m(k,2)$ 的下界得到。为了看到这点，考虑下面的超图 H，它的 $\binom{n}{2}$ 个顶点是一个 n 阶完全图 G 的所有边，而 $\binom{n}{k}$ 条超边中的每一条由 G 的某个 k 阶完全子图的 $\binom{k}{2}$ 条边组成。如果

$$\binom{n}{k} \leqslant 2^{\binom{k}{2}-1},$$

则 $\chi(H) \leqslant 2$，这意味着 $R(k,k) > n$。

更多关于 $m(k,s)$ 以及相关的问题可以在 [319] 中找到。

第五章　极值集合理论

1975 XI 26

IMPERIAL COLLEGE OF SCIENCE AND TECHNOLOGY
Department of Mathematics
Exhibition Road, London SW7 2RH
Telephone: 01-589 5111 Telex: 261503

Dear Vaclav,

I hope you + your son are both well and your work is progressing satisfactorily. I leave for Granie the day after tomorrow and from Dec 10 until Jan 15 my address Technion Math Dept Haifa Israel. I hope to see you at the San Antonio meeting and (or) at the meeting at Baton Rouge February 9-12. What about your post in Montreal? What about our problems on games?

I thought about your paper London Math Soc J. Vol 9 dedicated to my memory. Perhaps the following problem is interesting: Denote by $f(n, \ell, m, t)$ the largest cardinality of an (n, ℓ, m) set where $|A_i \cap A_j| \leq t$. For $t = \ell-1$ of course $f(n, \ell, m, t) = f(n, \ell, m)$. For example $f(n, 3, 2, 1)$ is the largest family of triples no two of which have two elements in common and every set of 6 elements contain at most two triples ({1,2,3}, {3,4,5}, {3,5,6} is forbidden and the only forbidden thing). Szemerédi and Ruzsa proved $f(n, 3, 2, 1) = o(n^2)$ but $> n^{2-\epsilon}$ this was an old problem of mine. Nothing is known about other values of $f(n, \ell, m, t)$.

I saw Szemerédi in Oberwolfach early in November, he swore eternal obedience and soon they will have a new ϵ.

I may be going to Prague late in Aug for a topology meeting.

Kind regards to all, au revoir

E. P.

Don't you think $f(n, \ell, m, t) = o(n^{k-1})$ if $t < k-1$. In fact perhaps it should be $o(n^{t+1})$.

极值集合理论和 Szemerédis 的 ε (结果是双胞胎)。

由 Vašek Chvátal 提供

第六章　Van der Waerden 定理

6.1 这个定理

1926 年的某一天，Bartel van der Waerden (1903–1996) 和 Emil Artin (1898–1962) 以及 Otto Schreier (1901–1929) 共进午餐。在那之前一天，他把一个从荷兰数学家 Han Baudet (1891–1921) 那里听到的猜想告诉了他们：

(i) 对每个正整数 k，
　　不管怎样将所有的正整数染成红色和白色，
　　总存在一个由 k 个不同项组成的算术级数
　　其中所有项的颜色相同。

午饭之后，三个人来到 Artin 在汉堡大学数学系的办公室并试图证明这个猜想。追忆那个在汉堡的愉快的下午，van der Waerden [372] 叙述了证明是怎样被一步步得出的。

首先，Schreier 建议考虑猜想的一个有限版本：

(ii) 对每个正整数 k，
　　存在一个正整数 n 使得
　　不管怎样将前 n 个正整数染成红色和白色，
　　总存在一个由 k 个不同项组成的算术级数
　　其中所有项的颜色相同。

当然，(ii) 蕴涵了 (i)；Schreier 证明了相反的方向，(i) 蕴涵 (ii)，也是成立的。从那时开始，三人小组试图通过对 k 的归纳来证明 (ii)。

随后，Artin 观察到 (ii) 蕴涵了其本身的一个多色的版本：

(iii) 对任意的正整数 k 和 r，
　　存在一个正整数 n 使得
　　不管怎样将前 n 个正整数染成 r 种颜色，
　　总存在一个由 k 个不同项组成的算术级数
　　其中所有项的颜色相同。

猜想 (iii) 提供了一个更强的归纳假设: 在对特定的 k 和 r 的组合进行证明时, 人们可以假设对所有更小的 k 值配上所有的 r 值命题都已经被证明。此外, Artin 有一个想法是对连续整数组成的块而不仅是单个整数应用归纳假设: 前 MN 个正整数可以被看成 N 个连续的块, 每块由 M 个连续整数组成。当这 MN 个整数被染成 r 种颜色时, N 块中的每一块被染成了 r^M 种可能方式中的一种; 当 N (相对 k 和 r^M) 足够大时, r^M 种颜色情况下的归纳假设保证了 $k-1$ 个被同样方式染色的块构成一个算术级数; 当 M (相对于 k 和 r) 足够大时, r 种颜色情况下的归纳假设保证了在每一块中有 $k-1$ 个染成同色的点构成一个算术级数。

接着, van der Waerden 占据了主导。首先, 他对 $k=3, r=2$ 这一特殊情况给出了证明; 接着, 他证明了 $k=3, r=3$ 的情况; 然后他从 $k=3$ 以及所有 r 的归纳假设推出了 $k=4, r=2$ 的情况。

定义 Van der Waerden 数 $W(k,r)$ 定义为最小的 n 使得任意对前 n 个正整数用 r 种颜色的染色中总存在 k 个不同项构成一个算术级数, 并且其各项颜色相同。

显然, 对所有 k 有 $W(k,1) = k$, 而对所有的 r 有 $W(1,r) = 1, W(2,r) = r+1$。

6.1.1 Van der Waerden 对 $W(3,2) \leqslant 325$ 的证明

(直接的分情况讨论可以得出 $W(3,2) = 9$, 但这样对处理任意的 k 和 r 的情况并没有什么启示作用。Van der Waerden 的证明给出了一个弱得多的上界, 但却有这样的启示作用。) 设前 325 个正整数的每一个被染成了红色或白色。将这些整数排成 5 行 65 列:

$$
\begin{array}{ccc}
1 & 6 \ldots & \ldots 321 \\
2 & 7 \ldots & \ldots 322 \\
3 & 8 \ldots & \ldots 323 \\
4 & 9 \ldots & \ldots 324 \\
5 & 10 \ldots & \ldots 325
\end{array}
$$

由于对一列中的五个数染色的不同方法数只有 2^5 种, 在前 33 列中必定有两列被以相同方式染色。设它们为 c 和 $c + \Delta$, 其中 $\Delta > 0$。第 c 列的前三个数中有两个被染成了相同的颜色。设它们为 a 和 $a + b_1$, 其中 $b_1 > 0$。如果需要的

话对换两种颜色，我们可以假设：

a 和 $a + b_1$ 是红色的。

由于 a 和 $a + b_1$ 位于第 c 列的五个位置的前三个中，这一列也包含 $a + 2b_1$。如果这个数是红色的，那么 $a, a + b_1, a + 2b_1$ 是一个红色的算术级数，这样就成功了；现在我们可以假设：

$a + 2b_1$ 是白色的。

接着，记 $b_2 = 5\Delta$，这样第 c 列的每个数 i 以及第 $c + \Delta$ 列中与之对应的数 $i + b_2$ 有相同的颜色。特别地，

$$a, \quad a + b_2,$$
$$a + b_1, \quad a + b_1 + b_2 \quad \text{是红色的，并且}$$

$$a + 2b_1, a + 2b_1 + b_2 \quad \text{是白色的。}$$

由于第 c 列和第 $c + \Delta$ 列位于我们的阵列的 65 列中的前 33 列中，这个阵列中也存在第 $c + 2\Delta$ 列。特别地，$a + 2b_1 + 2b_2 \leqslant 325$。不管 $a + 2b_1 + 2b_2$ 被染成什么颜色，它会产生一个单色的三项算术级数：

红色的 $\quad a, \quad\quad a + b_1 + b_2, \quad a + 2b_1 + 2b_2 \quad$ 或者
白色的 $\quad a + 2b_1, \quad a + 2b_1 + b_2, \quad a + 2b_1 + 2b_2$。

此时 van der Waerden [372] 曰：

找到这个 $r = 2$ 以及 $k = 3$ 情况下的证明之后，我向 Artin 和 Schreier 解释了它。我觉得同样的证明应该在一般情况下都成立。他们并不相信是这样，所以我继续给出下一个情况，$r = 3, k = 3$ 的证明。

6.1.2　Van der Waerden 对 $W(3, 3) \leqslant MN$ 的证明，其中 $M = 7(2 \cdot 3^7 + 1), N = 2 \cdot 3^M + 1$

($W(3, 3)$ 的真实值是 27，这是在 1969 年用计算机搜索 [74] 得出的。) 设前 MN 个正整数被染成了红、白、绿三色。将这些整数排成一个三维阵列，其

中有 N 个水平层，第 c 层是一个 7 行、$2 \cdot 3^7 + 1$ 列的二维阵列，

$$
\begin{array}{llll}
(c-1)M+1 & (c-1)M+8 & \ldots & \ldots\ cM-6 \\
(c-1)M+2 & (c-1)M+9 & \ldots & \ldots\ cM-5 \\
(c-1)M+3 & (c-1)M+10 & \ldots & \ldots\ cM-4 \\
(c-1)M+4 & (c-1)M+11 & \ldots & \ldots\ cM-3 \\
(c-1)M+5 & (c-1)M+12 & \ldots & \ldots\ cM-2 \\
(c-1)M+6 & (c-1)M+13 & \ldots & \ldots\ cM-1 \\
(c-1)M+7 & (c-1)M+14 & \ldots & \ldots\ cM
\end{array}
$$

由于只有 3^M 种不同方式对一层中的 M 个数进行染色，在前 3^M+1 层中必定有两层被以同样的方式染色。设它们为第 c_3 层和第 $c_3+\Delta_3$ 层，其中 $\Delta_3 > 0$。由于只有 3^7 种不同方式对一层中的每一列的 7 个数进行染色，在第 c_3 层的前 3^7+1 列中必定有两列被以同样的方式染色。设它们为第 c_2 列和第 $c_2+\Delta_2$ 列，其中 $\Delta_2 > 0$。由于只有 3 种方式对每一层每一列中的任一个数进行染色，第 c_3 层第 c_2 列中的前四个数中必定有两个颜色相同。设它们是第 a 个和第 $a+b_1$ 个，其中 $b_1 > 0$.

如果需要的话交换颜色，我们可以假设：

a 和 $a+b_1$ 是红色的。

由于 a 和 $a+b_1$ 位于第 c_3 层第 c_2 列的七个位置中的前四个，这一列也包含 $a+2b_1$。如果这个数是红色的，那么 $a, a+b_1, a+2b_1$ 是一个红色的算术级数，证明完成；需要的话再交换颜色，现在我们可以假设：

$a+2b_1$ 是白色的。

接下来，记 $b_2 = 7\Delta_2$，这样第 c_3 层第 c_2 列的每个数 i 和与之对应的第 c_3 层第 $c_2+\Delta_2$ 列中的 $i+b_2$ 同色。特别地，

$$
\begin{array}{ll}
a, & a+b_2, \\
a+b_1, & a+b_1+b_2
\end{array}
\text{ 是红色的，并且}
$$

$$a+2b_1, a+2b_1+b_2 \text{ 是白色的。}$$

如果 $a+2b_1+2b_2$ 是红色的，那么 $a, a+b_1+b_2, a+2b_1+2b_2$ 是一个红色的算术级数，证明完成；如果 $a+2b_1+2b_2$ 是白色的，那么 $a+2b_1, a+2b_1+b_2, a+2b_1+2b_2$ 是一个白色的算术级数，证明完成；现在我们可以假设：

$a+2b_1+2b_2$ 是绿色的。

最后，记 $b_3 = M\Delta_3$，这样第 c_3 层的每一个数 i 和与之对应的第 $c_3 + \Delta_3$ 层中的 $i + b_3$ 同色。特别地，

$$a, \qquad a + b_3,$$
$$a + b_1, \qquad a + b_1 + b_3,$$
$$a + b_2, \qquad a + b_2 + b_3,$$
$$a + b_1 + b_2, \quad a + b_1 + b_2 + b_3 \quad \text{是红色的，并且}$$

$$a + 2b_1, \qquad a + 2b_1 + b_3,$$
$$a + 2b_1 + b_2, \ a + 2b_1 + b_2 + b_3 \quad \text{是白色的，并且}$$

$$a + 2b_1 + 2b_2, a + 2b_1 + 2b_2 + b_3 \quad \text{是绿色的。}$$

由于第 c_3 层和第 $c_3 + \Delta_3$ 层在我们的三维阵列的 $2 \cdot 3^M + 1$ 层中位于前 $3^M + 1$ 层，我们的阵列也包含第 $c_3 + 2\Delta_3$ 层。特别地，$a + 2b_1 + 2b_2 + 2b_3 \leqslant MN$。无论 $a + 2b_1 + 2b_2 + 2b_3$ 是什么颜色，它将完成一个单色的三项算术级数：

红色的 $\quad a, \qquad\qquad a + b_1 + b_2 + b_3, \quad a + 2b_1 + 2b_2 + 2b_3 \quad$ 或者

白色的 $\quad a + 2b_1, \qquad a + 2b_1 + b_2 + b_3, \quad a + 2b_1 + 2b_2 + 2b_3 \quad$ 或者

绿色的 $\quad a + 2b_1 + 2b_2, \ a + 2b_1 + 2b_2 + b_3, a + 2b_1 + 2b_2 + 2b_3$。

还是来自 Van der Waerden [372]：

> 在此之后，我们三个人都同意，对任意的 r 都应该可以给出同样类型的证明。不过，Artin 和 Schreier 还是想要看到 $k = 4$ 的证明。

6.1.3 Van der Waerden 对 $W(4, 2) \leqslant MN$ 的证明，其中 $M = \lfloor \frac{3}{2} W(3, 2) \rfloor, N = \lfloor \frac{3}{2} W(3, 2^M) \rfloor$

($W(4, 2)$ 的真实值是 35，这是在 1969 年用计算机搜索 [74] 得出的。) 设前 MN 个正整数被染成了红色和白色。将这些整数排成一个 M 行、N 列的阵列：

$$
\begin{array}{ccccc}
1 & M+1 & \ldots & \ldots & (N-1)M+1 \\
2 & M+2 & \ldots & \ldots & (N-1)M+2 \\
\ldots & \ldots & \ldots & \ldots & \\
M & 2M & \ldots & \ldots & NM
\end{array}
$$

在这个阵列的前 $W(3, 2^M)$ 列中,有三个等间距的列被以同样的方式染色。设这些列为

$$c, \ c + \Delta, \ c + 2\Delta,$$

其中 $\Delta > 0$。在第 c 列的前 $W(3, 2)$ 个数中,有三个等间距的数同色。设它们为

$$a, \ a + b_1, \ a + 2b_1,$$

其中 $b_1 > 0$。如果需要的话交换颜色,我们可以假设:

$a, a + b_1, a + 2b_1$ 是红色的。

由于 a 和 $a + 2b_1$ 在第 c 列的 $\lfloor \frac{3}{2} W(3, 2) \rfloor$ 个数中位于前 $W(3, 2)$ 个位置,这一列也包含 $a + 3b_1$。如果这个数是红色的,那么 $a, a + b_1, a + 2b_1, a + 3b_1$ 是一个红色的四项算术级数,证明完毕;现在我们可以假设:

$a + 3b_1$ 是白色的。

接着,记 $b_2 = M\Delta$,这样第 c 列的每个数 i 和第 $c + \Delta$ 列中与之对应的 $i + b_2$ 以及第 $c + 2\Delta$ 中与之对应的 $i + 2b_2$ 同色。特别地,

$$\begin{array}{lll} a, & a + b_2, & a + 2b_2, \\ a + b_1, & a + b_1 + b_2, & a + b_1 + 2b_2, \\ a + 2b_1, & a + 2b_1 + b_2, & a + 2b_1 + 2b_2 \end{array}$$ 是红色的,并且

$$a + 3b_1, \ a + 3b_1 + b_2, \ a + 3b_1 + 2b_2 \quad \text{是白色的。}$$

由于第 c 列和第 $c+2\Delta$ 列在我们阵列的 $\lfloor \frac{3}{2} W(3, 2^M) \rfloor$ 列中位于前 $W(3, 2^M)$ 列,这个阵列也包含第 $c + 3\Delta$ 列。特别地,$a + 3b_1 + 3b_2 \leqslant MN$。无论 $a + 3b_1 + 3b_2$ 是什么颜色,它将完成一个四项的单色算术级数:

红色的 $\quad a, \qquad a + b_1 + b_2, \quad a + 2b_1 + 2b_2, \ a + 3b_1 + 3b_2 \quad$ 或者
白色的 $\quad a + 3b_1, \ a + 3b_1 + b_2, \ a + 3b_1 + 2b_2, \ a + 3b_1 + 3b_2$。

然后 van der Waerden [372] 说道:

这时,我们每个人都清楚了对任意的 k 和任何固定的 r,从 $k - 1$ 到 k 的归纳证明是成立的

并且,在稍后处:

第六章　Van der Waerden 定理

在与 Artin 和 Schreier 的讨论之后，我完成了详细的证明并把它发表在 [371] 中。

详细证明的一个尤为悦人的陈述由 Ron Graham 和 Bruce Rothschild 所编撰 [195]。其略微精简的版本是我们的下一个主题。

6.2　一个证明

6.2.1　热身的例子

让我们先用 $W(3,3) \leq MN$ 的例子 (其中 $M = 7(2 \cdot 3^7 + 1)$ 以及 $N = 2 \cdot 3^M + 1$) 比较一下 van der Waerden 追忆中的证明和他最后完成的证明 [371]。

给定前 MN 个正整数的任意一个用三种颜色的染色，van der Waerden 找到正整数 a, b_1, b_2, b_3 使得 $a + 2b_1 + 2b_2 + 2b_3 \leq MN$ 并且

$$
\begin{array}{ll}
a, & a + b_3, \\
a + b_1, & a + b_1 + b_3, \\
a + b_2, & a + b_2 + b_3, \\
a + b_1 + b_2, & a + b_1 + b_2 + b_3
\end{array}
\quad \text{同色，并且}
$$

$$
\begin{array}{ll}
a + 2b_1, & a + 2b_1 + b_3, \\
a + 2b_1 + b_2, & a + 2b_1 + b_2 + b_3
\end{array}
\quad \text{同色，并且}
$$

$$
a + 2b_1 + 2b_2, a + 2b_1 + 2b_2 + b_3 \quad \text{同色。}
$$

他论证这六个算术级数

$$
\begin{array}{lll}
(a, & a + b_1, & a + 2b_1), \\
(a, & a + b_1 + b_2, & a + 2b_1 + 2b_2), \\
(a, & a + b_1 + b_2 + b_3, & a + 2b_1 + 2b_2 + 2b_3), \\
(a + 2b_1, & a + 2b_1 + b_2, & a + 2b_1 + 2b_2), \\
(a + 2b_1, & a + 2b_1 + b_2 + b_3, & a + 2b_1 + 2b_2 + 2b_3), \\
(a + 2b_1 + 2b_2, a + 2b_1 + 2b_2 + b_3, a + 2b_1 + 2b_2 + 2b_3)
\end{array}
$$

之一必定是单色的。$(a + b_3, a + b_1 + b_3, a + b_2, a + b_2 + b_3, a + 2b_1 + b_3$ 的颜色在他的论证中是无关紧要的。) 在 [371] 中，他用了一种比他在追忆中所概述的更直接也更简洁的方法得到了同样的结论。

发表在 [372] 中的追忆：称 a 的颜色为红。如果 $a+2b_1$ 是红的，那么 a，$a+b_1$，$a+2b_1$ 是一个红色的算术级数，证明完成；现在我们可以假设 $a+2b_1$ 不是红的。称它的颜色为白。如果 $a+2b_1+2b_2$ 是红的，那么 a，$a+b_1+b_2$，$a+2b_1+2b_2$ 是一个红色的算术级数，证明完成；如果 $a+2b_1+2b_2$ 是白的，那么 $a+2b_1$，$a+2b_1+b_2$，$a+2b_1+2b_2$ 是一个白色的算术级数，证明完成；现在我们可以假设 $a+2b_1+2b_2$ 不是红的也不是白的。称它的颜色为绿。如果 $a+2b_1+2b_2+2b_3$ 是红的，那么 a，$a+b_1+b_2+b_3$，$a+2b_1+2b_2+2b_3$ 是一个红色的算术级数；如果 $a+2b_1+2b_2+2b_3$ 是白的，那么 $a+2b_1$，$a+2b_1+b_2+b_3$，$a+2b_1+2b_2+2b_3$ 是一个白色的算术级数；如果 $a+2b_1+2b_2+2b_3$ 是绿的，那么 $a+2b_1+2b_2$，$a+2b_1+2b_2+b_3$，$a+2b_1+2b_2+2b_3$ 是一个绿色的算术级数。

发表在 [371] 中的证明：由鸽巢原理，

$$a, \quad a+2b_1, \quad a+2b_1+2b_2, \quad a+2b_1+2b_2+2b_3$$

这四个整数中的两个必定同色，这意味着存在 s 和 t 满足 $0 \leqslant s < t \leqslant 3$，并且

$$a+2\sum_{i=1}^s b_i \quad \text{和} \quad a+2\sum_{i=1}^t b_i \quad \text{同色}。 \tag{6.1}$$

三项的算术级数

$$a+2\sum_{i=1}^s b_i, \quad a+2\sum_{i=1}^s b_i + \sum_{i=s+1}^t b_i, \quad a+2\sum_{i=1}^s b_i + 2\sum_{i=s+1}^t b_i$$

是单色的：它的前两项是下面这些单色对

$$(a, \quad a+b_1),$$
$$(a, \quad a+b_1+b_2),$$
$$(a, \quad a+b_1+b_2+b_3),$$
$$(a+2b_1, \quad a+2b_1+b_2),$$
$$(a+2b_1, \quad a+2b_1+b_2+b_3),$$
$$(a+2b_1+2b_2, a+2b_1+2b_2+b_3)$$

之一，而性质 (6.1) 保证了最后一项和第一项同色。

6.2.2 证明概览

记号 对每一对正整数 k 和 d，用 $C(k,d)$ 表示下面的断言：

> 对每个正整数 r，存在一个正整数 n，使得
> 对前 n 个正整数的任意 r 染色，
> 总存在正整数 $a, b_1, b_2, \ldots, b_d$ 具有下面的性质：
>
> (i) $a + k \sum_{i=1}^{d} b_i \leqslant n$，
>
> (ii) 对所有满足 $0 \leqslant s < t \leqslant d$ 的 s 和 t，算术级数
>
> $$(a + k\sum_{i=1}^{s} b_i) + x \sum_{i=s+1}^{t} b_i \quad (x = 0, 1, \ldots, k-1)$$
>
> 是单色的。

用 $GR(k,d,r)$ 表示具有 $C(k,d)$ 中所述性质的最小的 n。

由于 $C(k,1)$ 断言

> 对每个正整数 r，存在一个正整数 n，使得
> 对前 n 个正整数的任意 r 染色，
> 总存在正整数 a 和 b 具有下面的性质：
>
> (i) $a + kb \leqslant n$，
>
> (ii) 算术级数 $a, a+b, \ldots, a+(k-1)b$ 是单色的，

van der Waerden 定理相当于断言对所有 k 有 $C(k,1)$ 成立。我们有 $W(1,r) = 1$，$GR(1,1,r) = 2$，以及

$$\text{当 } k \geqslant 2 \text{ 时,} \quad W(k,r) \leqslant GR(k,1,r) < \frac{k}{k-1} \cdot W(k,r):$$

$GR(k,1,r) - W(k,r)$ 这个宽裕只是为了容纳占位的 $a+kb$，其颜色是无所谓的。

我们将要通过双重归纳证明 $C(k,d)$ 的正确性：我们会

- 注意到 $C(1,d)$ 对所有 d 成立，
- 对每个 $k \geqslant 1$，从对所有 d 的 $C(k,d)$ 推出 $C(k+1,1)$，并且
- 对每个 $d \geqslant 1$，从 $C(k,d)$ 推出 $C(k,d+1)$。

6.2.3 $C(1,d)$ 对所有 d 成立

断言 $C(1,d)$ 相当于

对每个正整数 r, 存在一个正整数 n, 使得

对前 n 个正整数的任意 r 染色,

总存在正整数 $a, b_1, b_2, \ldots, b_d$ 满足 $a + \sum_{i=1}^{d} b_i \leq n$,

从而, 对所有 r, $GR(1, d, r) = d + 1$。

6.2.4 $C(k, d)$ 对所有 d 成立蕴涵 $C(k+1, 1)$

给定正整数 r, 注意由断言 $C(k, r)$ 可得 $GR(k, r, r)$ 存在。我们将要证明

$$GR(k+1, 1, r) \leq 2GR(k, r, r):$$

给定前 $GR(k, r, r)$ 个正整数的任意 r 染色, 我们会在 $\{1, 2, \ldots, GR(k, r, r)\}$ 中找到一个单色的算术级数 $\alpha, \alpha+\beta, \ldots, \alpha+k\beta$ (当然, $\alpha+(k+1)\beta \leq 2GR(k, r, r)$)。(当 $k=2$ 且 $r=3$ 时, 我们的论证相当于第 6.2.1 节中给出的论证。)

存在正整数 $a, b_1, b_2, \ldots, b_r$ 使得 $a + k\sum_{i=1}^{r} b_i \leq GR(k, r, r)$, 并且对所有满足 $0 \leq s < t \leq r$ 的 s 和 t, 算术级数

$$a + k\sum_{i=1}^{s} b_i + x\sum_{i=s+1}^{t} b_i \quad (x = 0, 1, \ldots, k-1) \tag{6.2}$$

是单色的。由鸽巢原理,

$$a + k\sum_{i=1}^{j} b_i \quad (j = 0, 1, \ldots, r)$$

这 $r+1$ 个整数中必定有两个同色, 这意味着有 s 和 t ($0 \leq s < t \leq r$) 使得

$$a + k\sum_{i=1}^{s} b_i \quad \text{和} \quad a + k\sum_{i=1}^{t} b_i \quad \text{同色。} \tag{6.3}$$

$k+1$ 项的算术级数

$$(a + k\sum_{i=1}^{s} b_i) + x\sum_{i=s+1}^{t} b_i \quad (x = 0, 1, \ldots, k)$$

是单色的: 它的 k 项前缀是 (6.2) 中的算术级数之一, 而性质 (6.3) 保证了它的最后一项也和第一项同色。

6.2.5 $C(k, d)$ 蕴涵 $C(k, d+1)$

给定正整数 r, 注意由断言 $C(k, d)$ 有 $GR(k, d, r)$ 存在, 记 $M = GR(k, d, r)$。然后注意, 由 $C(k, d)$ 所包含的断言 $C(k, 1)$, $GR(k, 1, r^M)$ 存在, 记 $N = GR(k, 1,$

第六章 Van der Waerden 定理

r^M)。我们将证明

$$GR(k, d+1, r) \leqslant MN, \quad \text{其中 } M = GR(k, d, r), N = GR(k, 1, r^M):$$

给定前 MN 个正整数的任意 r 染色，我们会找到正整数 $a, b_1, b_2, \ldots, b_{d+1}$ 满足 $a + k \sum_{i=1}^{d+1} b_i \leqslant MN$，并且对所有满足 $0 \leqslant s < t \leqslant d+1$ 的 s 和 t，算术级数

$$a + k \sum_{i=1}^{s} b_i + x \sum_{i=s+1}^{t} b_i \quad (x = 0, 1, \ldots, k-1)$$

是单色的。

为此，让我们将这 MN 个整数排成 M 行、N 列的阵列：

$$\begin{array}{ccccc} 1 & M+1 & \ldots & \ldots & (N-1)M+1 \\ 2 & M+2 & \ldots & \ldots & (N-1)M+2 \\ \ldots & \ldots & \ldots & \ldots & \ldots \\ M & 2M & \ldots & \ldots & NM \end{array}$$

当这个阵列中的数被用 r 种颜色染色时，每一列被以 r^M 种不同方式之一染色。由于 $N = GR(k, 1, r^M)$，存在正整数 α, β 使得 $\alpha + k\beta \leqslant N$ 并且构成算术级数的 $\alpha, \alpha+\beta, \ldots, \alpha+(k-1)\beta$ 这 k 列被以同样的方式染色。用 b_{d+1} 表示 βM，这意味着

(i) 对第 α 列中的每个数 c 和 $\{0, 1, \ldots, k-1\}$ 中的每个 x，
c 和 $c + xb_{d+1}$ 这两个整数同色。

由于 $M = GR(k, d, r)$，在第 α 列中存在一个整数 a 及正整数 $b_1, b_2, \ldots, b_d$ 使得整数 $a + k \sum_{i=1}^{d} b_i$ 属于第 α 列，并且

(ii) 对所有满足 $0 \leqslant s < t \leqslant d$ 的 s 和 t，算术级数
$a + k \sum_{i=1}^{s} b_i + x \sum_{i=s+1}^{t} b_i \quad (x = 0, 1, \ldots, k-1)$ 是单色的。

由于 $a + k \sum_{i=1}^{d} b_i$ 这个整数属于第 α 列，整数 $a + k \sum_{i=1}^{d+1} b_i$ 属于第 $\alpha + k\beta$ 列，从而它至多是 NM。最后还需要证明

(iii) 对所有满足 $0 \leqslant s < t \leqslant d+1$ 的 s 和 t，算术级数
$a + k \sum_{i=1}^{s} b_i + x \sum_{i=s+1}^{t} b_i \quad (x = 0, 1, \ldots, k-1)$ 是单色的。

如果 $t \leq d$, 那么 (iii) 归约为 (ii); 如果 $t = d+1$, 那么对 $x = 0, 1, \ldots, k-1$, 在 (i) 中把 c 替换为整数

$$a + k\sum_{i=1}^{s} b_i + x\sum_{i=s+1}^{d} b_i,$$

这样 (iii) 可以从 (ii) 推得。

6.3 Van der Waerden 数

6.3.1 确切值

除了平凡的情况 $W(k, 1) = k, W(1, r) = 1$ 和 $W(2, r) = r + 1$ 之外，我们只知道七个 $W(k, r)$ 的值。这些值收集在表 6.1 中。

表 6.1 已知的 $W(k, r)$ 值。

	$r = 2$		$r = 3$		$r = 4$	
$k = 3$	9	(见 [74])	27	(见 [74])	76	(见 [21])
$k = 4$	35	(见 [74])	293	(见 [264])		
$k = 5$	178	(见 [349])				
$k = 6$	1132	(见 [265])				

6.3.2 上界

下面这种处理大数的方法是由 Don Knuth [252] 引入的。

记号 $a \uparrow b$ 表示 a^b 并且 $a \uparrow b \uparrow c \uparrow \cdots \uparrow f$ 理解为

$$a \uparrow (b \uparrow (c \uparrow (\cdots \uparrow f))).$$

Timothy Gowers [190] 证明了

$$W(k, r) < 2 \uparrow 2 \uparrow r \uparrow 2 \uparrow 2 \uparrow (k+9). \tag{6.4}$$

Ron Graham [191] 为下述猜想的证明悬赏了 1000 美金：

$$W(k, 2) < 2 \uparrow k \uparrow 2.$$

Thomas Bloom 和 Olof Sisask 的一个定理 [32, 定理 1.1] 蕴涵了

$$W(3, r) \leq \exp\left(r^{1-\varepsilon}\right), \quad \text{其中 } \varepsilon \text{ 为某个正的常数}。 \tag{6.5}$$

6.3.3 下界

记号 当 f 和 g 是两个定义在正整数上的非负实值函数时，我们用 $f(n) = \Omega(g(n))$ 表示，对某个正的常数 c 和所有足够大的 n，$f(n) \geqslant cg(n)$。

定理 6.1 (Erdős 和 Rado [145])

$$W(k+1, r) > (2k)^{1/2} r^{k/2}. \tag{6.6}$$

证明 给定满足 $k < n$ 的正整数 k 和 n，考虑这样的超图 H，其顶点集是 $1, 2, \ldots, n$，其超边是 $k+1$ 项的算术级数。每一个这样的算术级数

$$a, a+d, \ldots, a+kd$$

由其首项 a 以及相邻两项之间的公差 d 确定；条件 $1 \leqslant a < a+kd \leqslant n$ 将 d 的选择范围限制在 $1, 2, \ldots, D$，其中 D 是满足 $1 + kD \leqslant n$ 的最大整数，并且一旦 d 被选定，同样的条件把 a 的选择范围限制在 $1, 2, \ldots, n - kd$。因此 H 的超边数 m 满足

$$m = \sum_{d=1}^{D} (n - kd) = nD - k\frac{D(D+1)}{2}.$$

由于 D 约为 n/k，m 的值约为 $n^2/2k$。事实上，这个粗略的估计其实是 m 的一个严格的上界：我们有

$$nD - k\frac{D(D+1)}{2} < nD - \frac{kD^2}{2} = \frac{n^2}{2k} - \frac{k}{2}\left(D - \frac{n}{k}\right)^2 \leqslant \frac{n^2}{2k}.$$

如果 $n \leqslant (2k)^{1/2} r^{k/2}$，那么 $m \leqslant r^k$，这时定理 5.15 中的下界保证了 $\chi(H) \leqslant r$，这意味着 $W(k+1, r) > n$。 □

Van der Waerden 数的下界的这个非构造性证明挺像 Erdős 早先对 Ramsey 数的下界的非构造性证明。但是，和定理 3.4 中的界不同的是，定理 6.1 中的界并没有处处优于已知的构造性下界。例如，Leo Moser (1921–1970) 在 [296] 中用一个明确的构造证明了

$$W(k+1, r) > kr^{\Omega(\log r)};$$

当 r 相对 k 足够大时，这个界优于 (6.6)。类似地，Thomas Blankenship、Jay

Cummings 和 Vladislav Taranchuk 在 [31] 中用明确的构造证明了

$$\text{当 } k \text{ 是素数并且 } k \geqslant r \text{ 时,} \quad W(k+1,r) > k^{r-1} 2^k. \tag{6.7}$$

(他们的证明依赖于 Elwyn Berlekamp (1940-2019) 的一个更早的结果 [26], 即 (6.7) 限制在 $r = 2$ 时的情况。) 当 k 是素数并且 $r \leqslant 4$ 时, 下界 (6.7) 优于 (6.6)。

Jakub Kozik 和 Dmitry Shabanov [267] 证明了

$$W(k+1,r) = \Omega(r^k).$$

6.4 Szemerédi 定理

记号 当 f 和 g 是两个定义在正整数上的实值函数时, 我们用 $f(n) = o(g(n))$ 表示 $\lim_{n \to \infty} f(n)/g(n) = 0$。

1936 年, Erdős 和 Turán [159] 定义了 $r_k(n)$ 为 $\{1, 2, \ldots, n\}$ 中不含任何 k 项算术级数的最大子集的大小。对任意正的 ε 以及所有相对 ε 充分大的 n, 他们确立了上界 $r_3(n) \leqslant (\frac{3}{8} + \varepsilon)n$, 并且评论道, 有可能 $r_3(n) = o(n)$。此外, 他们也指出了 $r_k(n)$ 和 van der Waerden 数之间的关系。二十一年后, Erdős [109] 回忆道:

> 我们的一个出发点是, 不等式 $r_k(n) < n/2$ 将会推出 van der Waerden 定理 [⋯]; 但这个问题本身似乎要久远得多 (有可能 Schur 在 1920 年代把它给过 Hildegard Ille)。

最终, Erdős 和 Turán 提出了猜想:

$$\text{对所有 } k, \quad r_k(n) = o(n). \tag{6.8}$$

Erdős [124, 第 287 页] 为这个猜想的证明或证伪悬赏了 1000 美元。Klaus Roth (1925-2015) [334] 证明了 $r_3(n) = o(n)$, 然后 Szemerédi [355] 证明了 $r_4(n) = o(n)$, 并且最终, Szemerédi [356] 证明了完整的 (6.8), 这是一项非凡的杰作。由于 "他对离散数学和理论计算机科学根本性的贡献, 并作为对这些贡献在加性数论和遍历理论中的深远持久影响的承认", 挪威国王将 2012 年的 Abel 奖授予 Endre Szemerédi。在一个简要的生平介绍之后, 新闻稿继续说道:

> 他的许多发现以他的名字命名。最重要的之一是 Szemerédi 定理, 它表明在任何有正密度的整数集合中存在任意长的算术级数。Szemerédi 的证明是组合推理的一项杰作, 并立即被认识到具有非凡的深度和重要性。

Szemerédi 在 1975 年发表了他的定理的一个证明。两年之后，Harry Furstenberg 发表了另一个证明 [181]，在那二十四年之后，Timothy Gowers 发表了第三个证明。事实上，Gowers [190, 定理 18.1] 证明了 $r_k(n) < \delta n$，如果 $0 < \delta \leqslant 1/2$ 并且

$$2 \uparrow 2 \uparrow \delta^{-1} \uparrow 2 \uparrow 2 \uparrow (k+9) \leqslant n.$$

上界 (6.4) 是这一定理的立即推论：正如 Erdős 和 Turán [159] 提到的，

$$r_k(n) < n/c \Rightarrow W(k,c) \leqslant n. \tag{6.9}$$

类似地，上界 (6.5) 也可以从上界

$$r_3(n) < \frac{n}{(\log n)^{1+\delta}}, \quad \text{其中 } \delta \text{ 为某个正的常数}$$

得到。关于 $W(k,r)$ 和 $r_k(n)$ 的更多信息可以在 [198]、[61]、[306] 中找到。

自 2001 年以来，Szemerédi 定理的更多证明由 Vojtěch Rödl 和 Jozef Skokan [332, 333]，由 Brendan Nagle、Vojtěch Rödl 和 Mathias Schacht [302]，由 Terence Tao [357, 358]，以及其他人发现。

没有一个定理对于 Ramsey 定理的关系像 Szemerédi 定理对于 van der Waerden 定理那样。准确地说，用 $s_k(n)$ 表示一个不包含 k 阶团的 n 阶图所能包含的最大边数，我们对所有 n 有 $s_3(n) > \binom{n}{2}/2$。为了看到这点，考虑这样一个图，其顶点被分为两个大小相等或几乎相等的部分，并且两个顶点相邻当且仅当它们属于不同的部分。

6.5　Ramsey 理论

定义　一条 $\{1,2,\ldots,k\}^d$ 中的组合线是一个由 $\{1,2,\ldots,k\}^d$ 中不同的点组成的集合

$$\{x + t\Delta : t = 0, 1, \ldots, k-1\},$$

其中 $\Delta \in \{0,1\}^d$。

例如，在 $\{1,2,3\}^2$ 中有七条组合线：

$\{(1,1),(1,2),(1,3)\}, \{(2,1),(2,2),(2,3)\}, \{(3,1),(3,2),(3,3)\}$，这里 $\Delta = (0,1)$，
$\{(1,1),(2,1),(3,1)\}, \{(1,2),(2,2),(3,2)\}, \{(1,3),(2,3),(3,3)\}$，这里 $\Delta = (1,0)$，
$\{(1,1),(2,2),(3,3)\}$, 这里 $\Delta = (1,1)$。

集合 $\{(1,3),(2,2),(3,1)\}$ 是共线的（其中 $\Delta = (1,-1)$），它不是一条组合线。

1961 年，Alfred Hales 和 Robert Jewett [204] 证明了：

定理 6.2 对任何正整数 k 和 r，存在一个正整数 d 使得在任何 $\{1, 2, \ldots, k\}^d$ 的元素的 r 染色中，总有一条组合线其元素都是同色的。 □

定理 6.2 比 van der Waerden 定理更强，因为 $\{1, 2, \ldots, k\}^d$ 和 $\{1, 2, \ldots, k^d\}$ 之间的双射

$$(x_1, x_2, \ldots, x_d) \mapsto 1 + \sum_{i=0}^{d-1}(x_i - 1)k^i$$

将每条组合线映射到一个算术级数。

使用遍历理论的手段，Harry Furstenberg 和 Yitzhak Katznelson 证明了一个定理 [182]，它对于 Hales-Jewett 定理的关系就像 Szemerédi 定理对于 van der Waerden 定理那样。之后，Furstenberg-Katznelson 定理的初等证明由 Polymath [314]，以及 Pandelis Dodos、Vassilis Kanellopoulos 和 Konstantinos Tyros [102] 发现。

1970 年，Ron Graham 和 Bruce Rothschild 发现了 Hales-Jewett 定理和 Ramsey 定理共有的一个影响深远的推广。他们关于 n-参数集的宏大定理 [194] 涵盖了一系列其他定理和对一些之前未解决的猜想的解答。这成为 *Ramsey* 理论 [196, 192] 的基石。

> 在 1970 年代中期的一个好日子，Paul Erdős、Ernst Straus (1922–1983)、Endre Szemerédi 和我一起步行前往斯坦福教工俱乐部吃午餐。当时新闻中热议的一起事件是，一位年轻的以色列外交官因涉嫌在奥利机场与一名外国政府成员发生性行为而受到训诫。当我们穿过主广场时，Erdős 告诉我们最新发现：这位年轻外交官在机场的出现时间与她所谓的情人只重叠了 20 分钟，这使得指控有些站不住脚。我们都同意，现在谁也不能相信，到处都是假新闻。"不过，有种东西叫 quickie。" 我从嘴角对 Straus 冒出一句，他轻声笑了一下。"什么是 quickie？" Erdős 问。由于知道他对性话题的羞涩 (每当类似话题让他感到尴尬时，他就会把头后仰，用手帕盖住脸)，我觉得还是不回答这个问题为好。然而，Erdős 没有罢休。他再次问道："什么是 quickie？" 我稍作迟疑，他便提高了语调，并加快了提问的节奏，如同机关枪一般连续发问："什么是 quickie？什么是 quickie？什么是 quickie？" 我在这种攻势下放弃抵抗，告诉他道，"一次快速的交欢。" 手帕立刻被拿出来，一直盖在他脸上，直到我们走到教工俱乐部门前的台阶。

第六章　Van der Waerden 定理

和 Paul Erdős 以及 Endre Szemerédi 在旧金山国际机场

由 Vašek Chvátal 提供

第七章　极值图论

7.1 Turán 定理

7.1.1 两个定理

提醒　一个图的阶是它的顶点个数。图中的一个团是一组两两相邻的顶点组成的集合；一个图 G 的团值 $\omega(G)$ 是其最大团中的顶点数。

定义　一个完全 k-部图是这样一个图，其顶点集可被分为 k 个两两不交的部分 (不需要所有部分都非空) 使得两个顶点相邻当且仅当它们属于不同的部分。

1940 年，还被囚禁在匈牙利的劳改营时，Paul Turán 证明了一个开创性的定理：

定理 7.1 (Turán [362])　设 n, r 是整数，$r \geq 2$。在所有的 n 阶并且团值小于 r 的图中，唯一的具有最多边数的图是一个完全 $(r-1)$-部图，其 $r-1$ 个部分的大小尽可能接近相等 (也就是说任何两部分的大小相差至多为 1)。

(后来 Erdős [123] 告诉我们，Turán 在完成了他的论文之后得知，$r = 3$ 的特殊情况在 1907 年被 W. Mantel 和其他人证明过 [290]。)

提醒　在第 5.4 节中，我们定义了 Turán 函数 $\mathrm{ex}(F, n)$ 为在 n 个顶点上且不含超图 F 的 k-一致超图所能有的最大超边数。

在本章，我们考虑的是 $k = 2$ 的情况，这时 F 是一个图。

记号　K_r 表示 r 阶完全图。

Turán 的定理 7.1 简洁地从组合上表述了 $\mathrm{ex}(K_r, n)$ 的值。这个表述可以被转换成一个算术公式，有人会觉得这就不那么简洁了：

$$\mathrm{ex}(K_r, n) = \left(1 - \frac{1}{r-1}\right)\frac{n^2}{2} - \frac{b(r-1-b)}{2(r-1)}, \quad \text{其中 } b = n \bmod (r-1). \tag{7.1}$$

我们来验证定理 7.1 蕴涵着等式 (7.1)。

定义 在一个图中，相邻的顶点被称为邻居。

给定整数 r 和 n，其中 $2 \leqslant r \leqslant n$，考虑由 $n = a(r-1)+b$ 以及 $0 \leqslant b < r-1$ 定义的整数 a, b。在那个 n 阶的、$r-1$ 个部分的大小尽量相等的完全 $(r-1)$-部图中，b 个部分的大小是 $a+1$ 而 $r-1-b$ 个部分的大小是 a；因此，$b(a+1)$ 个顶点各有恰好 $n-(a+1)$ 个邻居，而 $(r-1-b)a$ 个顶点各有恰好 $n-a$ 个邻居。边的总数是

$$\frac{b(a+1)(n-a-1) + (r-1-b)a(n-a)}{2};$$

可以直接验证这个量和 (7.1) 的右边相等。

三十年之后，Erdős 找到了 Turán 定理的一个漂亮的细化：

记号 $d_G(v)$ 表示一个图 G 中顶点 v 的度数，其定义为 G 中 v 的邻居的数量。

定理 7.2 (Erdős [118]) 设 r 为一个大于 1 的整数。对每个团值小于 r 的图 G，存在一个图 H 满足：

(i) G 和 H 有公共的顶点集 V，

(ii) H 是完全 $(r-1)$-部图，

(iii) 对 V 中的每个 v 都有 $d_G(v) \leqslant d_H(v)$，

(iv) 如果对 V 中的所有 v 都有 $d_G(v) = d_H(v)$，则 $H = G$。

为了从定理 7.2 推导出定理 7.1，考虑任何一个团值小于 r 的 n 阶图 G。定理 7.2 确保了有一个完全 $(r-1)$-部图 H 使得要么 $H = G$，要么 G 的边数少于 H。特别地，如果 G 在所有的团值小于 r 的 n 阶图中具有最大的边数，那么 G 是一个完全 $(r-1)$-部图。最后，G 的 $r-1$ 部分中任意两部分的大小最多差 1：否则从大的那部分移一个点到小的那部分会增加 G 的边数。

7.1.2 一个贪心算法

Erdős 的定理 7.2 其实是对下面这个算法的分析：

算法 7.3 (在一个以 V 为顶点集的图中找一个大团的尝试。)

$V_1 = V, k = 1;$

while $V_k \neq \varnothing$

    do 在 V_k 中选一个顶点 w_k，使得其在 V_k 中的邻居数最多；

第七章 极值图论

$$V_{k+1} = V_k \text{ 中 } w_k \text{ 的邻居组成的集合}, k = k+1;$$
end
return $\{w_1, w_2, \ldots, w_{k-1}\};$

启发式算法 7.3 的理由是，度数较大的顶点更容易属于大的团。指令"在 V_k 中选一个顶点 w_k，使得其在 V_k 中的邻居数最多"中的自由度可能会对输出的团的大小产生影响。这一现象如图 7.1 所示。

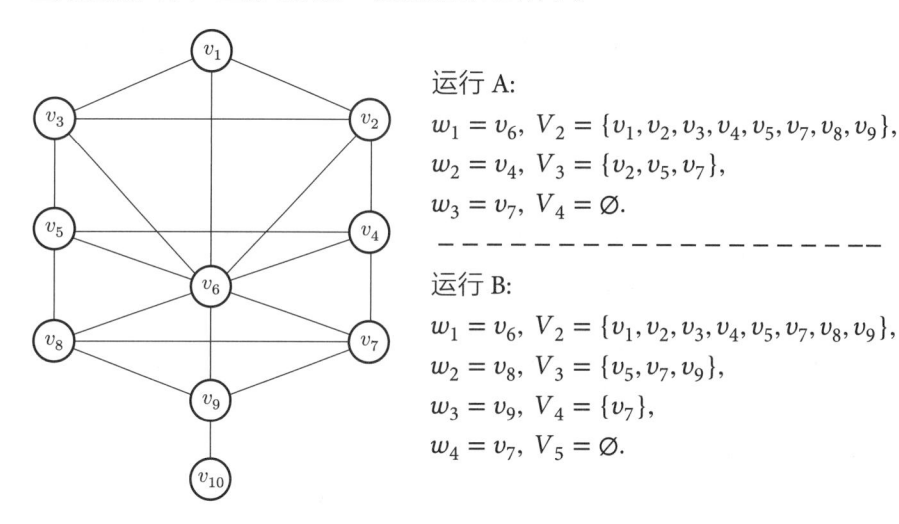

运行 A:
$w_1 = v_6, V_2 = \{v_1, v_2, v_3, v_4, v_5, v_7, v_8, v_9\},$
$w_2 = v_4, V_3 = \{v_2, v_5, v_7\},$
$w_3 = v_7, V_4 = \emptyset.$

运行 B:
$w_1 = v_6, V_2 = \{v_1, v_2, v_3, v_4, v_5, v_7, v_8, v_9\},$
$w_2 = v_8, V_3 = \{v_5, v_7, v_9\},$
$w_3 = v_9, V_4 = \{v_7\},$
$w_4 = v_7, V_5 = \emptyset.$

图 7.1 算法 7.3 的两次运行。

在它的每次循环里，算法 7.3 选择一个在当时看上去最有希望的 w_k，而不考虑这一草率决定之后会产生的所有后果。Jack Edmonds 把关于另一个问题的这一类型的算法称为贪心 (greedy)[a] 算法，并在 [104] 中证明了那个算法总能给出最优输出。

术语和记号 $G \oplus H$ 表示图 G 和 H 的直和 (direct sum)，它由没有公共点的一份 G 和一份 H 组成；$G - H$ 表示 G 和 H 的连接 (join)，它是在 $G \oplus H$ 的基础上加上连接 G 中每个点和 H 中每个点的所有边得到的图。

哪怕在每一次循环中都深谋远虑地选取一个 w_k，算法 7.3 还是会表现得很差劲。例如，考虑 $(K_1 - \overline{K_d}) \oplus K_d$，这个图有两个连通分支，一个度数为 d 的顶点以及它的所有邻居，还有一个大小为 d 的团。对于这个输入，算法 7.3 返回一个大小为 2 的团。

---
[a]或许"近视 (myopic)"是一个更贴切的术语。

7.1.3 定理 7.2 的一个证明

除了给出一个大小为 $k-1$ 的团，可以修改算法 7.3 给出完全 $(k-1)$-部图，其各部分是 $V_1 - V_2, V_2 - V_3, \ldots, V_{k-1} - V_k (= V_{k-1})$。记这个图为 H。例如，图 7.1 中的运行 A 给出 H 的各部分为

$$\{v_6, v_{10}\}, \quad \{v_1, v_3, v_4, v_8, v_9\}, \quad \{v_2, v_5, v_7\},$$

并当输入的图是 G 时，我们有，对所有 V 中的 v，$d_G(v) \leqslant d_H(v)$：具体地说，

$d_G(v_1) = 3, d_G(v_2) = 4, d_G(v_3) = 4, d_G(v_4) = 4, d_G(v_5) = 4,$
$d_H(v_1) = 5, d_H(v_2) = 7, d_H(v_3) = 5, d_H(v_4) = 5, d_H(v_5) = 7,$

$d_G(v_6) = 8, d_G(v_7) = 4, d_G(v_8) = 4, d_G(v_9) = 4, d_G(v_{10}) = 1,$
$d_H(v_6) = 8, d_H(v_7) = 7, d_H(v_8) = 5, d_H(v_9) = 5, d_H(v_{10}) = 8.$

现在设 G 是任意一个团值小于 r 的图。我们将要证明算法 7.3 给出的图 H 具有定理 7.2 中所描述的四条性质。

(i) 的证明：由定义，H 满足这一性质。

(ii) 的证明：算法 7.3 中的 **while** 循环保持

$$\text{顶点 } w_1, w_2, \ldots, w_{k-1} \text{ 两两相邻并且和 } V_k \text{ 中所有顶点相邻}$$

这个不变条件，从而算法所返回的集合 $\{w_1, w_2, \ldots, w_{k-1}\}$ 是一个团。因此 $k - 1 \leqslant \omega(G)$；由假设 $\omega(G) < r$，我们推出 $k \leqslant r$。由于 H 是完全 $(k-1)$-部图，它也是完全 $(r-1)$-部图：$r > k$ 时只需要加 $r - k$ 个空的部分。

(iii) 的证明：我们有

$$\text{对 } v \in V_j - V_{j+1}, \quad d_H(v) = (n - |V_j|) + |V_{j+1}|.$$

在输入的图 G 中，V_j 中任何顶点在 V_j 中的邻居数不大于 w_j 在 V_j 中的邻居数，即 $|V_{j+1}|$；因此

$$\text{当 } v \in V_j \text{ 时}, \quad d_G(v) \leqslant |V_{j+1}| + (n - |V_j|), \tag{7.2}$$

从而对所有 V 中的 v 有 $d_G(v) \leqslant d_H(v)$。

第七章 极值图论

(iv) 的证明：如果对 $V_j - V_{j+1}$ 中的某个顶点 v 有 $d_G(v) = d_H(v)$ 成立，则 v 使得 (7.2) 取等号，从而它必定和 V_j 之外的所有点相连。由于 $i < j \Rightarrow (V_i - V_{i+1}) \cap V_j = \varnothing$，可推出，对所有 v 都有 $d_G(v) = d_H(v)$ 的必要条件是

$$u \in V_i - V_{i+1}, v \in V_j - V_{j+1}, i < j \Rightarrow u \text{ 和 } v \text{ 相邻},$$

在这时 H 的每条边都是 G 的边。这和 (iii) 一起蕴涵了 $G = H$。 □

7.1.4 Turán 定理和 Turán 数

提醒 一个图 G 的补图 $\overline{G}$ 和 G 有相同的顶点集；两个顶点在 $\overline{G}$ 中相邻当且仅当它们在 G 中不相邻。一个图中的稳定集是一组两两不相邻的顶点组成的集合；图 G 的稳定值 $\alpha(G)$ 是图中的最大稳定集中的顶点数量。

在第 5.3 节中，我们将 Turán 数 $T(n, r, k)$ 定义为 n 个顶点的、每 r 个顶点组成的集合包含至少一条超边的、k-一致的超图所能包含的最小超边数量。特别地，$T(n, r, 2)$ 是满足 $\alpha(G) < r$ 的 n 阶图 G 的最小边数。由定义，Turán 函数 $\mathrm{ex}(K_r, n)$ 是满足 $\omega(G) < r$ 的 n 阶图 G 的最大边数。由于 $\alpha(G) = \omega(\overline{G})$，我们得到

$$T(n, r, 2) = \binom{n}{2} - \mathrm{ex}(K_r, n). \tag{7.3}$$

我们在第 5.3 节评述过，Turán 计算了所有的 Turán 数 $T(n, r, 2)$。由于定理 7.1 确定了所有 $\mathrm{ex}(K_r, n)$ 的值，结论 (7.3) 证实了那个评述。

7.2 Erdős-Stone 定理

记号 $K_r(s)$ 表示每部分恰有 s 个顶点的完全 r-部图。

1941 年 8 月 14 日，Paul Erdős 和两位来自普林斯顿的研究生——Shizuo Kakutani (角谷静夫, 1911–2004) 以及 Arthur Stone (1916–2000)——在长岛的南安普敦散步。在一个事后方知是秘密雷达站的地方，Kakutani 给 Erdős 和 Stone 拍了几张照片，这时一个警卫叫他们离开，并在事后报告"三个日本人拍了设施的照片，然后匆忙离开，看上去很可疑"。这三位数学家在午餐时一起被逮捕，接受了 FBI 的隔离审问，并最终在当晚被释放；第二天，纽约的《每日新闻》在头版头条中以"三名外国人在短波站被抓获"为题对此事进行了报道。(又过一天，南卡罗来纳的《格林维尔新闻》补充报道"日本人、英国人和匈牙利人拍照"，而肯塔基州路易维尔的《信使报》则称"这三个人携带了十个炸药胶卷"。)

三名外国人

来源: 纽约《每日新闻》，通过 Getty Images 提供。

五年之后，这三名外国人中的两位发表了关于 Turán 定理这一主题的一个强大的变奏。这个变体给出了 $\text{ex}(K_r(s), n)$ 的上界；它的简化版本如下：

定理 7.4 (Erdős 和 Stone [154])   对任何整数 r, s 和实数 ε，满足 $r \geq 2, s \geq 1, \varepsilon > 0$，存在一个正整数 $n_0(r, s, \varepsilon)$ 使得

$$n \geq n_0(r, s, \varepsilon) \quad \Rightarrow \quad \text{ex}(K_r(s), n) < \left(1 - \frac{1}{r-1} + \varepsilon\right)\binom{n}{2}.$$

为了证明定理 7.4，我们将沿着 Béla Bollobás 和 Paul Erdős [43] 所采用的推理线路。想法是对 r 进行归纳：在 G 中找到一个大的 $K_{r-1}(t)$ 之后，我们将继续在 G 中找一个 $K_r(s)$，满足对每个 $i = 1, 2, \ldots, r-1$，$K_r(s)$ 的第 i 部分是 $K_{r-1}(t)$ 的第 i 部分的一个子集。论证的核心内容如下。

引理 7.5   设正整数 r, s, t 满足 $r \geq 2$ 以及 $s \leq t$。如果一个图 F 包含两两互不相交的顶点集合 $T_1, \ldots, T_r$ 使得

- $T_1, T_2, \ldots, T_{r-1}$ 是一个完全 $(r-1)$-部图的各部分，
- $|T_1| = |T_2| = \cdots = |T_{r-1}| = t$ 并且 $|T_r| > (s-1)\binom{t}{s}^{r-1}$，
- T_r 中的每个顶点在 $\bigcup_{i=1}^{r-1} T_i$ 中至少有 $(r-2)t + s$ 个邻居，

第七章 极值图论

则 F 包含一个 $K_r(s)$，其中各部分 $S_1, S_2, \ldots, S_r$ 满足对所有 $i = 1, 2, \ldots, r$ 有 $S_i \subseteq T_i$。

证明 由于 T_r 中的每个顶点在 $\cup_{i=1}^{r-1} T_i$ 中至少有 $(r-2)t + s$ 个邻居，它在 $T_1, T_2, \ldots, T_{r-1}$ 的每一个中都至少有 s 个邻居，从而 T_r 中的每个顶点 w 可以用多元组 $(S_1(w), \ldots, S_{r-1}(w))$ 标号，其中每个 $S_i(w)$ 是一个由 w 在 T_i 中的 s 个邻居组成的集合。由于可能的标号有 $\binom{t}{s}^{r-1}$ 种，$|T_r|$ 的下界保证了至少一个标号出现在至少 s 个不同顶点上；任意 s 个这样的顶点可以组成 S_r。 □

提醒 图 G 的一个子图是以 G 的顶点集的某个子集为顶点集的图，其中两个顶点只有在 G 中相邻时才可以连边。(两个顶点可能在 G 中相邻而在 G 的一个子图中不相邻。)

定理 7.4 的证明 我们记

$$c = 1 - \frac{1}{r-1}.$$

给定 r, s, ε，我们需要给出一个 $n_0(r, s, \varepsilon)$ 的值；然后，对任意阶数 n 至少为 $n_0(r, s, \varepsilon)$ 并且边数至少为 $(c+\varepsilon)\binom{n}{2}$ 的图 G，我们需要在 G 中找到 $K_r(s)$。在此期间，我们可以假设

$$c + \varepsilon \leqslant 1;$$

事实上，这个不等式可以从 G 的边数的下界得到。

我们会用对 r 的归纳。在 G 中，我们会首先找到一个完全 $(r-1)$-部图，其各部分 $T_1, T_2, \ldots, T_{r-1}$ 具有更大的点数 t，然后找到一个满足引理 7.5 的假设的集合 T_r。其中的第一步在 $r = 2$ 时是平凡的，在 $r > 2$ 时由归纳假设保证。如果我们可以假设 G 的每个顶点有很大的度数，第二步会变得容易实施。不幸的是，这不一定是成立的：G 的边数至少是 $(c+\varepsilon)\binom{n}{2}$ 的条件只表明 G 中顶点的平均度数至少是 $(c+\varepsilon)(n-1)$，而有可能有单个顶点的度数非常小。幸运的是，我们能够在 G 中找到一个子图 F，其阶数 m 较大，并且 F 中的每个顶点的度数大于 $(c+\varepsilon/2)(m-1)$。我们将在证明开始时用 F 来替代 G，并对 F 实施上述的两个步骤。

下面是修改后的概要。给定 r, s 和 ε，我们将

- 先选一个对于 r, s, ε 来说足够大的正整数 t，
- 再选一个对于 r, s, ε 和 t 来说足够大的正整数 m_0，
- 最后选一个对于 ε 和 m_0 来说足够大的正整数 n_0。

然后我们分阶段论证：

第一阶段：只要 n_0 相对 ε 和 m_0 足够大，我们可以在 G 中找到一个子图 F，其阶 m 满足 $m \geq m_0$，并且 F 的每个顶点的度数大于 $(c + \varepsilon/2)(m - 1)$。

第二阶段：只要 m_0 相对 r 和 t 足够大，我们可以在 F 中找到一个完全 $(r-1)$-部图 K，其各部分大小为 t。

第三阶段：只要 t 相对 r, s, ε 足够大并且 m_0 相对 r, s, ε 和 t 足够大，我们可以在 F 中找到多于 $(s-1)\binom{t}{s}^{r-1}$ 个顶点使得其中的每一个在 K 中至少有 $(r-2)t + s$ 个邻居。

现在来看细节。第一阶段可以用下面的算法来实施，其中 $|F|$ 表示 F 的阶：

$F = G$;
while F 有一个顶点 v 的度数不超过 $(c + \varepsilon/2)(|F| - 1)$
do 从 F 中删去 v（以及所有以 v 为端点的边）；
end

在这个算法最终产生的图 F 中，每个顶点的度数大于 $(c + \varepsilon/2)(|F| - 1)$。然而，也许 F 包含任何顶点这一事实都不显然：当我们逐个剥除不符条件的顶点时，我们把 F 变得越来越小，就像一只小猫解开一个绒线球。难道最后 F 不会整个解体而消失吗？下面的计算显示了答案是一个确定的"不会"：这个算法在从输入的图 G 构造输出的图 F 的过程中移除的边的总数至多是 $\sum_{i=1}^{n} (c + \varepsilon/2)(i - 1)$，从而至少为 F 留下了 $(\varepsilon/2) \cdot \binom{n}{2}$ 条边。记 $m = |F|$，我们推出

$$\binom{m}{2} \geq (\varepsilon/2) \cdot \binom{n}{2} \geq (\varepsilon/2) \cdot \binom{n_0}{2},$$

从而，只要 n_0 相对于 ε 和 m_0 足够大，就有 $m \geq m_0$。（这里，"足够大"意味着 $n_0 \geq 1 + (\sqrt{2/\varepsilon})m_0$。）

对于第二阶段，我们分两种情况讨论。在 $r = 2$ 的情况下（归纳基础），只要 $m_0 \geq t$ 就可以保证 F 包含 t 个顶点组成的集合。在 $r > 2$ 的情况下（归纳步骤），只要

$$m_0 \geq n_0\left(r - 1, t, \frac{1}{(r-1)(r-2)}\right)$$

就足够保证 F 包含一个 $K_{r-1}(t)$：为了看到这点，注意 F 有多于 $c\binom{m}{2}$ 条边，并且

$$c = \left(1 - \frac{1}{r-2}\right) + \frac{1}{(r-1)(r-2)}.$$

第七章 极值图论

对于第三阶段，设 L 为 F 的在 K 之外并且在 K 中至少有 $(r-2)t+s$ 个邻居的顶点组成的集合。为了得到 $|L|$ 的一个下界，我们用两种不同方法估计 F 中一端在 K 中、另一端在 K 外的边数 x。由于 K 中每个顶点在 F 中有多于 $(c+\varepsilon/2)(m-1)$ 个邻居，它在 K 外有多于 $(c+\varepsilon/2)(m-1)-(|K|-1)$ 个邻居，从而

$$x > |K| \cdot ((c+\varepsilon/2)(m-1) - (|K|-1)) \geqslant |K| \cdot ((c+\varepsilon/2)m - |K|).$$

由于 L 中的每个顶点在 K 中邻居数至多是 $|K|$，而每个 $K \cup L$ 之外的顶点在 K 中的邻居少于 $(r-2)t+s$ 个，我们有

$$x \leqslant |L| \cdot |K| + |F-(K \cup L)|((r-2)t+s) \leqslant |L| \cdot |K| + m((r-2)t+s).$$

比较 x 的上界和下界，得到

$$|L| \cdot |K| + m((r-2)t+s) > |K|((c+\varepsilon/2)m - |K|),$$

从而

$$|L| > ((c+\varepsilon/2)m - |K|) - \frac{m((r-2)t+s)}{|K|} = m\left(\frac{\varepsilon}{2} - \frac{s}{(r-1)t}\right) - (r-1)t.$$

只要 t 大到确保 $s/(r-1)t < \varepsilon/8$ 并且 m 大到确保 $m\varepsilon/8 > (r-1)t$，我们就可以得到 $|L| > m\varepsilon/4$。为了完成证明，注意到，只要 m 相对 r,s,ε 和 t 来说足够大，就有 $m\varepsilon/4 > (s-1)\binom{t}{s}^{r-1}$。 □

记 $s(r,\varepsilon,n)$ 为满足下面条件的最大非负整数 s：每个包含至少

$$\left(1 - \frac{1}{r-1} + \varepsilon\right)\binom{n}{2}$$

条边的 n 阶图都包含一个 $K_r(s)$。用这一记号，Erdős-Stone 定理表明

$$当 n \to \infty 时, \quad s(r,\varepsilon,n) \to \infty.$$

目前知道最好的 $s(r,\varepsilon,n)$ 的界是

$$(1-\delta)\frac{\log n}{\log(1/\varepsilon)} < s(r,\varepsilon,n) < (2+\delta)\frac{\log n}{\log(1/\varepsilon)}$$

(见 [221])；对每个正的 δ，只要 ε 相对 δ,r 来说足够小，并且 n 相对 δ,r,ε 来说足够大，上述的界都成立。

7.3 Erdős-Stone-Simonovits 公式

定义 一个图 F 的色数 $\chi(F)$ 是 F 的顶点可以染成的最少颜色数，使得每两个相邻的顶点得到不同的颜色。(这一定义和第 5.5 节中超图的色数的定义是一致的。) 等价地，$\chi(F)$ 是最小的 r 使得 F 是某个完全 r-部图的子图。满足 $\chi(F) \leqslant 2$ 的图称为二部图。

Paul Erdős 和 Miklós Simonovits 指出了 Erdős-Stone 定理的一个本质性的推论：

推论 7.6 (Erdős 和 Simonovits [152])　对每个至少有一条边的图 F，我们有

$$\lim_{n\to\infty} \frac{\mathrm{ex}(F,n)}{\binom{n}{2}} = 1 - \frac{1}{\chi(F) - 1}. \tag{7.4}$$

证明　记 $r = \chi(F)$, $s = |F|$，我们断言

$$\left(1 - \frac{1}{r-1}\right)\binom{n-r+2}{2} \leqslant \mathrm{ex}(F,n) \leqslant \mathrm{ex}(K_r(s), n); \tag{7.5}$$

公式 (7.4) 可以从 (7.5) 应用定理 7.4 推得。为了验证 (7.5) 中 $\mathrm{ex}(F,n)$ 的下界，注意它是各部分大小为 $\lfloor n/(r-1) \rfloor$ 的完全 $(r-1)$-部图的边的下界，并且没有一个完全 $(r-1)$-部图有一个同构于 F 的子图。为了验证上界，注意 F 是 $K_r(s)$ 的一个子图。　□

提醒　当 f 和 g 是两个定义在正整数上的实值函数时，我们用 $f(n) \sim g(n)$ 表示 $\lim_{n\to\infty} f(n)/g(n) = 1$。

Erdős-Stone-Simonovits 公式 (7.4) 表明

$$\text{当 } \chi(F) \geqslant 3 \text{ 时,} \quad \mathrm{ex}(F,n) \sim \left(1 - \frac{1}{\chi(F) - 1}\right)\binom{n}{2}.$$

7.4 当 F 是二部图

提醒　当 f 和 g 是两个定义在正整数上的实值函数时，我们用 $f(n) = o(g(n))$ 表示 $\lim_{n\to\infty} f(n)/g(n) = 0$。

当 $\chi(F) = 2$ 时，Erdős-Stone-Simonovits 公式 (7.4) 没有给出 Turán 函数 $\mathrm{ex}(F,n)$ 的渐近公式：它只显示了

$$\mathrm{ex}(F,n) = o(n^2).$$

第七章 极值图论

7.4.1 一个 Erdős-Simonovits 猜想

Erdős 和 Simonovits [117, 第 119 页] 猜想即使在 $\chi(F) = 2$ 时也存在一个简单的 $\mathrm{ex}(F, n)$ 的渐近公式:

猜想 7.7 对每个二部图 F 存在常数 c 和 α 使得 $1 \leqslant \alpha < 2$ 并且

$$\mathrm{ex}(F, n) \sim cn^\alpha. \tag{7.6}$$

在 [127, 第 6 页] 中, Erdős 为对此的一个证明或证伪悬赏了 500 美金。

定义 顶点 u 和 v 之间的一条长度为 $k-1$ 的路径是一串互不相同的顶点 $w_1 w_2 \ldots w_k$, 其中 $w_1 = u$, $w_k = v$, 并且对每个 $i = 1, 2, \ldots, k-1$, w_i 和 w_{i+1} 相邻。如果 w_k 也和 w_1 相邻, 则 $w_1 w_2 \ldots w_k w_1$ 这一串顶点是一个长度为 k 的圈。我们说一条 u 和 v 之间的路径连接 u 和 v。

有时候我们稍稍挪用一下这些术语: 长为 $k-1$ 的路径, 记为 P_k, 也用来表示以 $w_1, \ldots, w_k$ 为顶点、以 $w_1 w_2, \ldots, w_{k-1} w_k$ 为边的那个图。类似地, 长为 k 的圈, 记为 C_k, 也用来表示以 $w_1, \ldots, w_k$ 为顶点、以 $w_1 w_2, \ldots, w_{k-1} w_k, w_k w_1$ 为边的那个图。

一个图是连通的当且仅当对其中的任何两个顶点 u 和 v 存在一条 (任意长度的) 路径连接 u 和 v; 否则这个图是不连通的。一个树是一个不包含圈的连通图。一个星是包含一个与所有其他顶点相邻的顶点的树。

猜想 7.7 在一些特殊的 F 上被证实是正确的。让我们在这里展开。

Erdős 和 Sós 猜想每个 k 阶的树 T 满足

$$\mathrm{ex}(T, n) \sim \frac{k-2}{2} n. \tag{7.7}$$

更准确地, Erdős-Sós 猜想 [113, 第 30 页] 是:

猜想 7.8 每个 k 阶树 T 满足

$$\mathrm{ex}(T, n) \leqslant \frac{k-2}{2} n. \tag{7.8}$$

由于当 n 是 k 的倍数时每个 k 阶树 T 满足 $\mathrm{ex}(T, n) \geqslant (k-2)n/2$ (为了看到这点, 考虑不相交的若干 $k-1$ 阶完全图的并), 不等式 (7.8) 蕴涵了 (7.7)。

如果 T 是 k 阶的星, 那么很清楚 $\mathrm{ex}(T, n) = \lfloor(k-2)n/2\rfloor$, 这蕴涵了 (7.8)。Erdős 和 Gallai 的一个古老的结果 [137, 定理 (2.6)] 断言, 如果将 T 取为 k 阶

的路径，(7.8) 也成立。关于更多类型的满足 Erdős-Sós 猜想的树，见 [103, 360, 162]。Miklós Ajtai、János Komlós、Miklós Simonovits 和 Endre Szemerédi 宣布他们对所有的 k 阶树和相对 k 足够大的 n 证明了 (7.8)。

记号 $K_{r,s}$ 表示在一部分中有 r 个顶点、在另一部分中有 s 个顶点的完全二部图。

已知的另一类满足 Erdős-Simonovits 猜想的图是一些特殊的完全二部图：Zoltán Füredi [178] 证明了

$$\text{当 } r \geq 2 \text{ 时}, \quad \text{ex}(K_{r,2}, n) \sim \frac{\sqrt{r-1}}{2} n^{3/2}.$$

($r = 2$ 这一特殊情况在此前约三十年由 William Brown [59] 建立，同时也独立地由 Erdős、Alfréd Rényi (1921–1970)[b] 和 Vera Sós [151] 得到。）此外，

$$\text{ex}(K_{3,3}, n) \sim \frac{1}{2} n^{5/3},$$

Brown 在 [59] 中建立了下界，Füredi 在 [177] 中给出与之匹配的上界。

7.4.2 当 F 是一个完全二部图

Turán 是用匈牙利语写他的开创性论文 [362] 的。十三年之后，他在一篇用英语写成的论文 [363] 中复现了这个定理和它的证明，并把它们放到更广的背景之中。与此同时，他和 Tamás Kővári 以及 Vera Sós 联合发表了另一个经典定理：

定理 7.9 (Kővári, Sós 和 Turán [266])

$$\text{ex}(K_{r,s}, n) \leq \tfrac{1}{2}(r-1)^{1/s} n^{2-1/s} + \tfrac{1}{2}(s-1)n. \tag{7.9}$$

证明 给定一个不含 $K_{r,s}$ 的 n 阶图 G，我们想要证明它的边数 m 至多是 (7.9) 的右边。为此，我们可以假设

$$m > (s-1)n/2: \tag{7.10}$$

---

[b] "数学家是一部把咖啡转化成定理的机器"，这一经常被归于 Erdős 的说法的原创者是 Rényi。

否则我们已经完成了。在这一假设下，考虑所有满足下面条件的有序对 (v, S) 组成的集合 **P**，其中 v 是 G 的一个顶点，S 是由 v 的 s 个邻居组成的一个集合。由于每个 v 参与了 $\binom{d(v)}{s}$ 个这样的有序对，我们有 $|\mathbf{P}| = \sum_v \binom{d(v)}{s}$；由于 $\sum_v d(v) = 2m$，由 (7.10) 和引理 A.1 推得

$$|\mathbf{P}| \geq n\binom{2m/n}{s}.$$

因为 G 不包含 $K_{r,s}$，每个 S 参与了至多 **P** 中的 $r-1$ 对，从而

$$|\mathbf{P}| \leq \binom{n}{s}(r-1).$$

比较 $|\mathbf{P}|$ 的这两个界，我们得到

$$n\binom{2m/n}{s} \leq \binom{n}{s}(r-1). \tag{7.11}$$

由于

$$\frac{\binom{2m/n}{s}}{\binom{n}{s}} \geq \left(\frac{\frac{2m}{n} - (s-1)}{n}\right)^s,$$

不等式 (7.11) 蕴涵了 m 不大于 (7.9) 的右边。 $\square$

提醒 当 f 和 g 是两个定义在正整数上的非负实值函数时，我们用 $f(n) = O(g(n))$ 表示对某个常数 c 和所有充分大的 n 都有 $f(n) \leq cg(n)$；我们用 $f(n) = \Omega(g(n))$ 表示对某个正的常数 c 和所有充分大的 n 都有 $f(n) \geq cg(n)$。

对任意 r 和 s，Kővári-Sós-Turán 定理 7.9 表明

$$\mathrm{ex}(K_{r,s}, n) = O(n^{2-1/s}). \tag{7.12}$$

如我们在第 7.4.1 节结尾处所说，这个上界在 $r \geq s = 2$ 以及 $r \geq s = 3$ 时是紧的（因为当 $r \geq 3$ 时，$\mathrm{ex}(K_{r,3}, n) \geq \mathrm{ex}(K_{3,3}, n)$）。János Kollár、Lajos Rónyai 和 Tibor Szabó 证明了 (7.12) 当 r 相对 s 足够大时都是紧的：

$$r > (s-1)! \quad \Rightarrow \quad \mathrm{ex}(K_{r,s}, n) = \Omega(n^{2-1/s}) \tag{7.13}$$

(见 [256] 结尾处"证明添加的注解"，也见 [6])。

然而，对于 $r \geqslant 4$，我们知道的最好的 $\mathrm{ex}(K_{r,r}, n)$ 的下界只有

$$\mathrm{ex}(K_{r,r}, n) = \Omega(n^{2-2/(r+1)}),$$

不和上界 (7.12) 相匹配。这构成了一个更一般的下界的某个特殊情况：

定理 7.10 (Erdős 和 Joel Spencer [153]) 如果 F 是一个具有 t 条边的 s 阶图，$t \geqslant 2$，那么

$$\mathrm{ex}(F, n) = \Omega(n^{2-(s-2)/(t-1)}).$$

证明 给定正整数 n 和 m，记 $\mathbf{G}$ 为所有以 $1, 2, \ldots, n$ 为顶点、边数为 m 的图组成的集合。记 $\mathbf{P}$ 为所有这样的有序对 (G, H) 组成的集合，其中 $G \in \mathbf{G}$ 并且 H 是 G 的一个同构于 F 的子图。从 F 的顶点集到 $\{1, 2, \ldots, n\}$ 的单射的数量是 $n(n-1)\cdots(n-s+1)$，所以以 $\{1, 2, \ldots, n\}$ 为顶点的图中至多有 n^s 个和 F 同构。由于每个这样的图参与了 $\mathbf{P}$ 中的

$$\binom{\binom{n}{2} - t}{m - t}$$

对，我们有

$$|\mathbf{P}| \leqslant n^s \binom{\binom{n}{2} - t}{m - t}.$$

由于

$$|\mathbf{G}| = \binom{\binom{n}{2}}{m},$$

因此存在 $\mathbf{G}$ 中的图 G，它包含至多 M 个与 F 同构的子图，其中

$$M = n^s \frac{\binom{\binom{n}{2} - t}{m - t}}{\binom{\binom{n}{2}}{m}} = n^s \frac{\binom{m}{t}}{\binom{\binom{n}{2}}{t}} \leqslant n^s \left(\frac{2m}{n^2}\right)^t.$$

令 $m = \lfloor \frac{1}{8} n^{2-(s-2)/(t-1)} \rfloor$，我们得到 $n^{s-2t}(2m)^{t-1} \leqslant (1/4)^{t-1}$，从而 $M \leqslant m/2$。从 G 的每个同构于 F 的子图中去掉一条边，我们得到一个至少有 $m/2$ 条边的 n 阶图，其中没有任何子图和 F 同构。 □

7.4.3 当 F 的每个子图有一个度数不超过 r 的顶点

Erdős [117, 第 120 页] 猜想了 (7.12) 可以被推广为：

猜想 7.11 如果 F 是二部图并且 F 的每个子图都有一个度数至多为 s 的顶点，则
$$\mathrm{ex}(F, n) = O(n^{2-1/s}).$$

在 [134, 第 68 页] 中，Erdős 提到 Simonovits 和他自己联合给出了这个猜想以及下面这个伴随的猜想。

猜想 7.12 如果 F 是一个最小度数大于 s 的二部图，则
$$\mathrm{ex}(F, n) = \Omega(n^{2+\varepsilon-1/s}).$$

他为上面每个猜想的证明或证伪悬赏了 500 美元。对于 $s = 2$ 这个特殊情况，他早先在 [125, 第 14 页] 中写道：

> Simonovits 和我问了：是否 [猜想 7.11 在 $s = 2$ 时成立]？我们现在预计 [这] 是不成立的，但什么也证明不了。

以及 [129, 第 64-65 页]：

> 我来叙述一些和 Simonovits 一起做出的我们喜爱的猜想 [……] 我们的猜想 (也许应该更谦逊地称其为猜测) 是 $\mathrm{ex}(F, n) = O(n^{3/2})$ 成立当且仅当 F 是二部图并且没有任何每个顶点度数都大于 2 的子图。不幸的是，对这个诱人且华丽 (不过或许是误导人) 的猜想，我们既不能证明必要性也不能证明充分性。

Noga Alon、Michael Krivelevich 和 Benny Sudakov [5] 证明了存在一个正的常数 c，使得对任何每个子图都有一个顶点度数至多为 s 的二部图 F，
$$\mathrm{ex}(F, n) = O(n^{2-c/s}).$$

7.4.4 当 F 是一个圈

在 [114, 第 33 页] 中，Erdős 写道：

> 我还可以证明 $[\mathrm{ex}(C_{2k}, n) = O(n^{1+1/k})]$。

并在之后 [119, 第 78 页] 评论道：

> 我从没发表过 $[\mathrm{ex}(C_{2k}, n) = O(n^{1+1/k})]$ 的证明，因为我的证明是凌乱甚或不是非常准确的；而我缺乏修复一切的动力，因为我始终无法解决各种

相关的更严格的猜想——现在所有这些都被 Bondy 和 Simonovits 证明了，他们的论文马上会被发表。

这个上界的首个被发表的证明确实来自 Adrian Bondy 和 Miklós Simonovits [49]；目前知道的最好的上界是 Oleg Pikhurko [312] 的

$$\text{ex}(C_{2k}, n) \leq (k-1)n^{1+1/k} + 16(k-1)n.$$

Erdős 和 Simonovits 猜想 [180, 猜想 4.10]，对每个常数 k，$n^{1+1/k}$ 是 $\text{ex}(C_{2k}, n)$ 的量级：

猜想 7.13 $\text{ex}(C_{2k}, n) = \Omega(n^{1+1/k})$.

我们已经看到，这一猜想对 $k = 2$ 成立。当 $k = 3$ 以及当 $k = 5$ 时已知它也成立 (这两个下界由 Clark Benson [25] 在一个稍有不同的背景下建立)。当 k 为任意值时，定理 7.10 给出了 $\text{ex}(C_{2k}, n) = \Omega(n^{1+1/(2k-1)})$，目前所知最好的下界来自 Felix Lazebnik、Vasiliy Ustimenko 和 Andrew Woldar [272]：

$$\text{ex}(C_{2k}, n) = \Omega(n^{1+2/(3k-2)}).$$

你也可以考虑排除所有长度小于某个阈值的圈，而不是只排除长度为单独一个值的圈。这样的考虑导致了 $\text{ex}(F, n)$ 这一概念的推广：当 $\mathcal{F}$ 是一族图时，$\text{ex}(\mathcal{F}, n)$ 表示不含任何 $\mathcal{F}$ 中成员的 n 阶图所能具有的最大边数。特别地，$\text{ex}(\{C_3, C_4, \ldots, C_\ell\}, n)$ 是每个圈长度至少为 $\ell+1$ 的 n 阶图的最大边数。Noga Alon、Shlomo Hoory 和 Nathan Linial [4] 证明了

$$\text{ex}(\{C_3, C_4, \ldots, C_{2k}\}, n) \leq \frac{1}{2}n^{1+1/k} + \frac{1}{2}n.$$

更多的关于图 F 的 Turán 函数 $\text{ex}(F, n)$ 以及关于图族 $\mathcal{F}$ 的 $\text{ex}(\mathcal{F}, n)$ 的内容可以在 (例如) [176]、[47] 和 [180] 中看到。

7.5 史前

这里是 Erdős 的论文 [123] 的一段节选 (一些记号被作了修改以和本章的其余部分保持统一)：

众所周知，极值图论真正开始于 Turán 确定了 $\text{ex}(K_r, n)$ 并提出了若干具有开创性问题的时候。在 1935 年，我需要 (这里的 c 将代表正的确定的

常数)
$$\mathrm{ex}(C_4, n) < c_1 n^{3/2} \qquad (7.14)$$

来研究下面这个数论问题 [……] 证明 (7.14) 并没有让我碰到太多困难 [……] 我问了是否 (7.14) 是最优的，E. Klein 小姐证明了，对任意 $c_2 > 2^{-3/2}$ 以及 $n > n_0(c_2)$，
$$\mathrm{ex}(C_4, n) > c_2 n^{3/2}.$$

由于奇怪的盲目和缺乏想象力，当时我没有将这个问题从 C_4 推广到其他图，也因此失去了开创图论中一个有趣并且充满成果的新领域的机会。

当 Erdős 在他的讲座中追忆这段往事时，他也喜欢加上 [343, 第 153–154 页]：

Crookes 观察到，将感光胶片放在阴极射线管附近会对胶片造成损害：它会被曝光。他得出结论：人们不应该把胶片放在阴极射线管附近。几年后，Röntgen 观察到了同样的现象，并得出结论，这可以用于拍摄各种物体的内部。[……] 仅仅在正确的时间出现在正确的地点是不够的。你还应该在正确的时间有一个开放的心态。

7.6 Turán 函数之外

"极值图论" 这一术语表示的是一个很大的领域，其中的结论和问题关心的是在某些图的参数被限制的情况下，最大化或最小化另一个参数。这里是两个例子：

定理 7.14（[144] 中定理 $1'$ 的推论[c]） 设 G 是一个有 n 个顶点和 m 条边的图。如果 k 是一个正整数，$n > 24k$ 并且 $m \geq (2k-1)n - 2k^2 + k + 1$，则 G 包含 k 个相互没有公共顶点的圈。 □

这个定理中 m 的下界不能再被减小。为了看到这点，考虑这样一个图，其中 $2k-1$ 个顶点的度数是 $n-1$，$n-2k+1$ 个顶点的度数是 $2k-1$。

猜想 7.15（[130] 中猜想 2 的 $k=2$ 的情况） 每个不含三角形的 n 阶图可以在删除至多 $n^2/25$ 条边之后成为一个二部图。

---

[c]当时十三岁的 Lajos Pósa 对定理 7.14 的贡献是给出一个别出心裁 (并在之后被推广) 的证明，当 $n \geq 6$ 时，每个 n 阶、$3n-5$ 条边的图包含两个没有公共顶点的圈：见 [116, 第 4 页]。

这个猜想中的常数 1/25 不能被减少。为了看到这点，考虑这样一个图，其顶点集是大小相等且互不相交的集合 V_1, V_2, V_3, V_4, V_5 的并集，一个 V_i 中顶点和一个 V_j 中的顶点相邻当且仅当 $|i-j|$ 是 1 或 4。猜想 7.15 的一个弱化版本将常数 1/25 提升为 1/18，由 Erdős、Ralph Faudree (1940–2015)、János Pach 和 Joel Spencer 证明 [136, 定理 2]。

有许多综述文章、书籍章节以及整本书专门讨论极值图论。这包括 [39]、[343]、[189, 第 10 章]、[41, 第 IV 章] 和 [35]。

"无政府主义者"一词会造成误解 (一种普遍的陈词滥调认为，无政府主义者是旨在用暴力手段将混乱和无序引入社会的人)，因此称 Erdős 为一个无政府主义者会引起争议。他是一个无政府主义者，但是一个在这一词最崇高意义下的无政府主义者。他奉行 Louis-Auguste Blanqui 的 "没有上帝，没有主人"[1]。他承认自己的座右铭 "财产是一种祸害" 是 Pierre-Joseph Proudhon[2] 的主旨的一个变体。他接受了在 1954 年于阿姆斯特丹举行的国际数学家大会上作报告的邀请，尽管重新回美国的许可被拒绝了：他后来这样说，他 "选择了自由从而离开美国"。他对这一事件的评论的结语是 "你不能让政府对你发号施令"。Blanqui 本人会支持这些言论。

像许多优秀的无政府主义者一样，他是势利和虚荣的对立面。在他的一次访问斯坦福期间，我向他提议，让他和我以及我的女朋友 Mari Eckstein 一起住在我们的一居室公寓里，那里有一台完全可以正常使用的浓缩咖啡机。他接受后，Mari 和我去了住房办公室，租了一张折叠床，并把它一路推到 Hoskins 公寓。就这样，PGOM 像任何普通的嬉皮士那样，(用当时的说法) 瘫在了我们的客厅里。在这个安排的第一个晚上，我在凌晨 3 点被惊醒，感觉床边有个东西。"Chvátal? 有橙汁吗？" 他问道。

---

[1] 原文为法语 "ni Dieu ni maître"，是一份由法国社会主义者 Louis-Auguste Blanqui (1805–1881) 于 1880 年出版的报纸。——译者注

[2] Pierre-Joseph Proudhon (1809–1865)，法国社会主义者，其著名的格言是 "财产就是盗窃"。——译者注

第七章 极值图论

随着日子一天天过去，圣诞节越来越近，使我们陷入两难的境地。我们想向 Erdős 表达我们的爱意，但对于一个宣称"财产是一种祸害"的人，你能送什么样的圣诞礼物呢？最终，Mari 想到了一个绝妙的主意。和毁谤性报道相反，Erdős 爱的不只是数。他对政治也充满热情，这种兴趣在他不断穿梭不同政府体制的不同国家的过程中只增不减。Mari 说，让我们给他买一台便携式收音机吧，这样他不管到哪里都可以了解时事。Erdős 很喜欢他的礼物，而我要向众多未来留宿他的主人们默默道歉，因为他们的睡眠会时时被新闻和古典音乐交替打断，就像我们在接下来的几个晚上经历的那样。

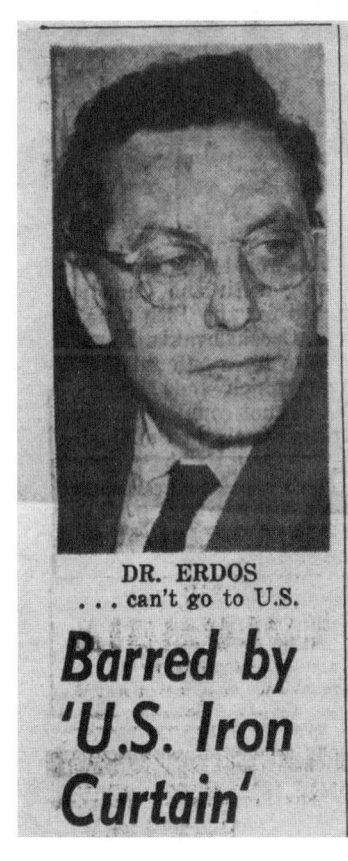

来自一张温哥华的报纸

由 János Pach 提供

第八章 友谊定理

1970 年代，加拿大的范畴论学者往往具有革命精神。在一次他们在蒙特利尔的聚会上，我无意中听到了关于"反动的数学"和"革命的数学"的谈话。我询问了这些术语的含义，被告知"反动的数学"用难以理解的阐述使真理变得晦涩，而"革命的数学"使它的论证易于被大众所接受。我觉得这一分类很有道理。而锦上添花的是，告知我这些的人习惯于用纤维丛和 Banach 分析 Lie 群的微分同胚语言来解释二项式定理。

在这一参照系下，可以说 Ryser 对定理 2.10 的证明是有点"反动的"：它基于 $\mathbf{R}^m$ 中不能有多于 m 个线性无关的向量这一大众可能不熟悉的事实。相比之下，de Bruijn 和 Erdős 的原始证明毫无疑问是"革命的"，因为它由零开始前进。我们将用 Erdős 的成果中的另一个例子来展示这一对立。

8.1 友谊定理

Erdős、Rényi 和 Sós 证明了下面的定理 ([151], 定理 6)：

定理 8.1 如果在一个有限图 G 中每两个顶点恰好有一个公共邻居，则 G 中的某个顶点和除其本身的所有顶点相邻。

一个满足这一定理假设的图如图 8.1 所示。

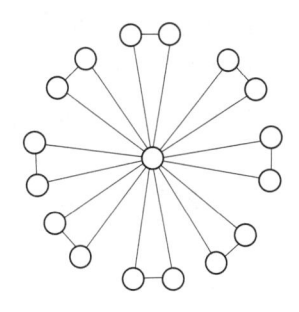

图 8.1 每两个顶点恰好有一个公共邻居。

定理 8.1 有时候被表述为如下形式：

> 如果在一群人中每两个人恰好有一个公共朋友，
> 那么这群人中有一个政治家，他是所有人的朋友。

由于这个原因，它被称为*友谊定理*。

定理 8.1 的证明　设 G 满足定理的假设，并记 V 为 G 的顶点集。

定义　我们用 $N(v)$ 表示一个顶点 v 的所有邻居组成的集合；我们记 $d(v) = |N(v)|$，并称 $d(v)$ 为 v 的*度数*。一个所有顶点有相同度数的图称为*正则的*。

情况 1: G 不是正则的。由这一情况下的假设，G 中有顶点 x 和 y 使得 $d(x) < d(y)$。将 V 划分成不相交的集合 S, L 如下

$$S = \{w \in V : d(w) \leqslant d(x)\} \quad \text{以及} \quad L = \{w \in V : d(w) > d(x)\},$$

这样 $x \in S, y \in L$。我们断言

$$S \text{ 中所有顶点和 } L \text{ 中所有顶点相邻。} \tag{8.1}$$

为了证实这一断言，考虑任意不相邻的顶点 v, w，其中 $w \in L$：我们要证明 $d(v) \geqslant d(w)$，从而 $v \in L$。w 的每个邻居 u 都不是 v，所以 u 和 v 有一个唯一确定的公共邻居 $f(u)$；由于 w 的两个不同的邻居除了 w 之外没有公共的邻居，映射 $f : N(w) \to N(v)$ 是单射；由此 $d(v) \geqslant d(w)$。

由于 $x \in S$，我们从 (8.1) 得到 $d(x) \geqslant |L|$。由于 $y \in L$，可得

$$|L| \leqslant d(x) < d(y) \leqslant |V| - 1,$$

从而 $|S| = |V| - |L| > 1$，这意味着 S 包含一个不同于 x 的顶点。记这个顶点为 x'。由于 x 和 x' 恰有一个公共邻居，(8.1) 蕴涵了 $|L| < 2$，从而 $L = \{y\}$。现在，再一次由 (8.1)，y 和 G 中除其本身之外的所有顶点相邻。

情况 2: G 是正则的。令 d 为 G 中顶点的公共度数，记 G 的阶为 n。G 的顶点中有多少个有序三元组 x, y, z 满足 y 和 z 是 x 的不同邻居？先选 x 得到的答案是 $nd(d-1)$，最后选 x 得到的答案是 $n(n-1)$。由于这两个答案必定是相同的，我们推出

$$n = d(d-1) + 1. \tag{8.2}$$

情况 2.1: $d \leqslant 2$。满足 (8.2) 的正则图只有两个：仅含一个顶点的图以及由三个两两相邻的顶点组成的图。在这两个图里，每个顶点都和 (除本身之

第八章　友谊定理

外的) 所有顶点相邻。

情况 2.2: $d \geq 3$。我们将证明这种情况不会发生。为此，注意到 G 可以诱导出一个 $d-1$ 阶射影平面：G 的顶点和 $N(v)$ ($v \in V$) 这些集合分别具有第 30 页所规定的点和线的性质。映射 $v \mapsto N(v)$ 保持关联关系，也就是说，一个点 p 属于一条线 L 当且仅当 p 映射到的线包含映射到 L 的那个点。在一个射影平面中每个这样的点和线之间的双射被称为这个平面的一个配极 (polarity)。

Reinhold Baer (1902–1979) 证明了 [14]

在一个有限射影平面中，

每个配极把某个点映射到一条包含这个点的线；

由于对所有 $v, v \notin N(v)$，G 所诱导出的平面和 Baer 定理矛盾。 □

那么，我们的同事们会把这个证明归于哪一类？如果"革命的"意味着"自我完备的"，那么这个证明是彻头彻尾"反动的"。情况 1 和情况 2.1 的简单论证把任务归约为证明：

引理 8.2　设 G 是一个 d 正则的有限无向图。如果 G 的每两个顶点都恰好有一个公共邻居，那么 $d \leq 2$，

引用一下 Baer 定理，事情就了结了。为了使得这个证明成为"革命的"，人们可以从 Baer 的论文中提取出足够证明引理 8.2 的那一部分论证。这似乎就是 Judith Longyear (1938–1995) 和 Tory Parsons (1941–1987) 所做的：

引理 8.2 的证明，来自 [276]。

定义　G 中一个长度为 k 的漫游 (walk) 是一个由 (不一定互不相同的) 顶点组成的序列 $w_0, w_1, \ldots, w_k$，其中对每个 $0 \leq i < k$，w_i 和 w_{i+1} 相邻。如果 $w_k \neq w_0$，那么称这个漫游为开放的；如果 $w_k = w_0$，称这个漫游为闭合的。

记 n 为 G 的阶数，让我们来研究长度为 k 的闭合漫游的个数 c_k，其中 k 是一个大于 1 的整数。满足 $w_{k-2} \neq w_k$ 的闭合漫游 $w_0, w_1, \ldots, w_{k-2}, w_{k-1}, w_k$ 的条数等于 $nd^{k-2} - c_{k-2}$：有这么多种方法可以选择开放的漫游 $w_0, w_1, \ldots, w_{k-2}$，然后 w_{k-1} 是被唯一确定的。满足 $w_{k-2} = w_k$ 的闭合漫游 $w_0, w_1, \ldots, w_{k-2}, w_{k-1}, w_k$ 的条数等于 $c_{k-2} \cdot d$：有 c_{k-2} 种方法选择闭合漫游 $w_0, w_1, \ldots, w_{k-2}$，然后有 d 种方法选择 w_{k-1}。我们推得

$$\text{当 } k \geq 2 \text{ 时,} \quad c_k = nd^{k-2} + (d-1)c_{k-2}. \tag{8.3}$$

从 (8.3) 和 (8.2)，我们看到

$$\text{当 } k \geqslant 2 \text{ 时}, \quad c_k \bmod (d-1) = 1,$$

从而

$$\text{当 } k \geqslant 2 \text{ 且 } p \text{ 整除 } d-1 \text{ 时}, \quad c_k \bmod p = 1;$$

特别地，

$$\text{当 } p \text{ 是 } d-1 \text{ 的一个素因子时}, \quad c_p \bmod p = 1. \tag{8.4}$$

我们将要证明

$$\text{每个素数 } p \text{ 整除 } c_p \tag{8.5}$$

从而完成引理的证明：联立 (8.5) 和 (8.4) 蕴涵了 $d-1$ 没有素因子，从而 $d \leqslant 2$。

(8.5) 的证明中一个关键的概念是旋转一个闭合漫游 $w_0, w_1, \ldots, w_{k-1}, w_0$，这意味着将其替换为 $w_1, w_2, \ldots, w_k, w_1$。将这个漫游旋转 $k-1$ 次，我们得到一系列闭合漫游；对所有的 $t = 1, 2, \ldots, k$ 记 $w_{k+t} = w_t$，我们可以整齐地将它们记为：

$$\begin{aligned} & w_0, w_1, w_2, \ldots, w_{k-1}, w_k \\ & w_1, w_2, w_3, \ldots, w_k, w_{k+1} \\ & w_2, w_3, w_4, \ldots, w_{k+1}, w_{k+2} \\ & \quad \ldots \ldots \ldots \ldots \\ & w_{k-1}, w_k, w_{k+1}, \ldots, w_{2k-2}, w_{2k-1}. \end{aligned} \tag{8.6}$$

这些漫游不一定是互不相同的：例如，闭合漫游 a, b, c, a, b, c, a 的五个旋转产生如下列表：

$$\begin{aligned} & a, b, c, a, b, c, a \\ & b, c, a, b, c, a, b \\ & c, a, b, c, a, b, c \\ & a, b, c, a, b, c, a \\ & b, c, a, b, c, a, b \\ & c, a, b, c, a, b, c. \end{aligned}$$

尽管如此(并且这对 (8.5) 证明的至关重要)，

$$\text{如果 } k \text{ 是一个素数，那么列表 (8.6) 由两两不同的漫游组成。} \tag{8.7}$$

第八章 友谊定理

为了证明 (8.7)，考虑满足下面条件的有序对 i 和 j：

$$0 \leqslant i < j \leqslant k \tag{8.8}$$

并且

$$\text{漫游 } w_i, w_{i+1}, \ldots, w_{i+k} \text{ 和 } w_j, w_{j+1}, \ldots, w_{j+k} \text{ 相同.} \tag{8.9}$$

一个这样的有序对是 $i=0, j=k$；在所有具有性质 (8.8) 和 (8.9) 的有序对中，选择 $j-i$ 最小的那对，并令 $\Delta = j-i$。如果 $\Delta = k$，则 $i=0, j=k$ 是唯一的具有性质 (8.8) 和 (8.9) 的对，从而列表 (8.6) 由互不相同的漫游组成；假设 $\Delta < k$，我们会证明 k 是一个合数。

性质 (8.9) 说明

$$\text{漫游 } w_i, w_{i+1}, \ldots, w_{i+k} \text{ 和 } w_{i+\Delta}, w_{i+1+\Delta}, \ldots, w_{i+k+\Delta} \text{ 是相同的;}$$

由于，当 t 取遍 $0, 1, \ldots, k-1$ 时，顶点 w_{i+t} 取遍 $w_0, w_1, \ldots, w_{k-1}$，因此

$$w_r = w_{r+\Delta} \quad (r = 0, 1, \ldots, k-1). \tag{8.10}$$

进而，这蕴涵了：对于 $m = \lfloor k/\Delta \rfloor$，所有这些漫游

$$w_0, w_1, w_2, \ldots, w_{k-1}, w_k$$
$$w_\Delta, w_{\Delta+1}, w_{\Delta+2}, \ldots, w_{\Delta+k-1}, w_{\Delta+k}$$
$$w_{2\Delta}, w_{2\Delta+1}, w_{2\Delta+2}, \ldots, w_{2\Delta+k-1}, w_{2\Delta+k}$$
$$\cdots\cdots\cdots$$
$$w_{m\Delta}, w_{m\Delta+1}, w_{m\Delta+2}, \ldots, w_{m\Delta+k-1}, w_{m\Delta+k}$$

是相同的。由定义，$k - m\Delta < \Delta$；由于用 $m\Delta$ 代入 i 以及 k 代入 j, (8.9) 也成立，Δ 的最小性使得它们在取代 i 和 j 时必须不满足 (8.8)，从而我们有 $m\Delta \geqslant k$。由于由定义 $m \leqslant k/\Delta$，因此 $m = k/\Delta$，这样 Δ 整除 k。由假设我们有 $\Delta < k$；为了推出 k 是一个合数，注意 (8.10) 保证了 $\Delta \neq 1$：因为 w_0 和 w_1 相邻，它们是不同的顶点。

这结束了 (8.7) 的证明。为了得出 (8.5)，先注意每个长度为 k 的闭合漫游属于恰好一个 (8.6) 这样的列表；如果 k 是一个素数，那么由 (8.7) 可得，每个这样的列表的大小为 k，从而它们大小的总和是一个 k 的倍数；当然，这个和就是 c_k。 □

提醒 $G \oplus H$ 表示图 G 和 H 的直和，它由没有公共点的一份 G 和一份 H 组成；$G - H$ 表示 G 和 H 的连接，它是在 $G \oplus H$ 基础上加上连接 G 中每个点和 H 中每个点的边得到的图。

用 tG 表示 G 的 t 份复制的直和，图 8.1 中的图可以被记为 $K_1 - 8K_2$。定理 8.1 的一个简单推论如下：

推论 8.3 在一个有限图 G 中，每两个顶点恰有一个公共邻居当且仅当对某个 t 有 $G = K_1 - tK_2$。 □

8.2 强正则图

在 [53] 中，Raj Chandra Bose (1901–1987) 提出了下面的概念。

定义 一个以 n, d, λ, μ 为参数的强正则图是一个满足下列条件的无向图 G：

- G 的阶是 n，
- G 是 d 正则的，
- G 中每两个相邻的顶点恰有 λ 个公共邻居，
- G 中每两个不相邻的顶点恰有 μ 个公共邻居。

它们存在的一个必要条件

很明显，以 $n, 0, \lambda, \mu$ 为参数的强正则图存在当且仅当 $\mu = 0$（这里 λ 的值是不起作用的），而以 $n, n-1, \lambda, \mu$ 为参数的强正则图存在当且仅当 $\lambda = n-2$（这里 μ 的值不起作用）。让我们继续讨论更有趣的 d 的值。

定理 8.4 如果存在一个以 n, d, λ, μ 为参数的强正则图，那么

$$(n - 1 - d)\mu = d(d - 1 - \lambda), \tag{8.11}$$

并且，只要 $0 < d < n - 1$，那么

$$\frac{1}{2}\left(n - 1 \pm \frac{(n-1)(\lambda - \mu) + 2d}{\sqrt{(\lambda - \mu)^2 + 4(d - \mu)}}\right) \tag{8.12}$$

都是非负整数。

在 $\lambda = \mu = 1$ 的特殊情况下，定理 8.4 断言 $n = d(d-1) + 1$ 并且

$$\frac{d(d-1)}{2} \pm \frac{d}{2\sqrt{d-1}}$$

都是非负整数。由于 $d(d-1)/2$ 是一个整数，因此 $d/\sqrt{d-1}$ 是一个（偶）整数；由于

$$\frac{d^2}{d-1} = (d+1) + \frac{1}{d-1},$$

因此进一步有 $d \leqslant 2$。这是引理 8.2 的另一个"反动的"证明；它来自 Herbert Wilf (1931–2012) 的论文 [375]。

定理 8.4 的证明　考虑任意一个以 n, d, λ, μ 为参数的强正则图 G。统计所有这样的漫游 w_0, w_1, w_2，其中 w_0 是事先给定的，w_2 和 w_0 不相邻。用两种不同方法对这样的漫游计数可以直接得到等式 (8.11) (先选 w_2 再选 w_1 给出了左边；先选 w_1 再选 w_2 给出了右边)。在 $0 < d < n-1$ 的假设下，我们要证明 (8.12) 中的两个数是非负整数。

让我们先解决 G 不连通这个简单情况。这时，$\mu = 0$，从而 (8.11) 以及 $d > 0$ 的假设表明 $\lambda = d - 1$。现在，(8.12) 的两个数成为

$$n - \frac{n}{d+1} \quad \text{和} \quad -1 + \frac{n}{d+1}.$$

由于 $\mu = 0$，G 的顶点集划分成两两不相交的团。这些团中的每一个包含 $d+1$ 个顶点，从而 $d+1$ 整除 n。因此 (8.12) 的两个数是非负整数。

从现在开始，我们可以假设 G 是连通的。

定义　一个在顶点 $v_1, v_2, \ldots, v_n$ 上的图的**邻接矩阵** A 定义为 $A = (a_{ij})$，其中

$$a_{ij} = \begin{cases} 1, & \text{如果 } v_i \text{ 和 } v_j \text{ 相邻,} \\ 0, & \text{如果 } v_i \text{ 和 } v_j \text{ 不相邻.} \end{cases}$$

如果 G 是一个以 n, d, λ, μ 为参数的强正则图，那么它的邻接矩阵 A 的规模是 $n \times n$，并且满足等式

$$A^2 = dI + \lambda A + \mu(J - I - A),$$

其中 I 是 $n \times n$ 的单位矩阵，J 是 $n \times n$ 的全 1 矩阵：A^2 的第 i 行、第 j 列的值统计了 v_i 和 v_j 的公共邻居数。接下来的论证要借助下面这些（不那么"革命

的") 来自线性代数的工具。

定义 一个正方形矩阵的*迹*是它的对角线上的元素之和。一个正方形矩阵 M 的一个*特征值* (或者叫*本征值*、*特征根*、*本征根*) 是一个数 r 使得对于某个非零向量 x 有 $Mx = rx$。

主轴定理说的是，对每个 $n \times n$ 的实对称矩阵 M，存在两两垂直的非零实向量 $x^1, x^2, \ldots, x^n$ 以及实数 $r_1, r_2, \ldots, r_n$，满足对所有 $i = 1, 2, \ldots, n$ 都有 $Mx^i = r_i x^i$，并且 M 的每个特征值都出现在列表 $r_1, r_2, \ldots, r_n$ 中。

一个相关的定理表明 $\sum_{i=1}^{n} r_i$ 等于 M 的迹。

主轴定理中的特征值 $r_1, r_2, \ldots, r_n$ 不一定是互不相等的。

定义 一个特征值在主轴定理的列表 $r_1, r_2, \ldots, r_n$ 中出现的次数称为它的*重数*。

我们将对 G 的邻接矩阵 A 运用这些工具。每一个满足 $Ax = dx$ 的实向量 x 代表了一种对 G 的顶点用实数加权的方案，满足每个顶点上的权重乘以 d 等于其邻居的权重之和。由于 G 是 d 正则的，全 1 向量 e 满足 $Ae = de$；由于 G 是连通的，每个满足 $Ax = dx$ 的向量 x 都是 e 的一个倍数 (考虑任意具有最大权重的顶点并看到它的所有邻居必须也具有最大权重)。因此 d 是 A 的一个特征值并且其重数为 1。现在令 r 为 A 的其他任何一个特征值。有一个垂直于 e 的非零向量 x 满足 $Ax = rx$。由于 $e^T x = 0$，我们有 $Jx = 0$，从而

$$(A^2 + (\mu - \lambda)A + (\mu - d)I)x = \mu J x = 0;$$

由于 $Ax = rx$，我们有

$$(A^2 + (\mu - \lambda)A + (\mu - d)I)x = (r^2 + (\mu - \lambda)r + (\mu - d))x;$$

由于 $x \neq 0$，可得到 $r^2 + (\mu - \lambda)r + (\mu - d) = 0$，从而

$$r = \frac{1}{2}\left((\lambda - \mu) \pm \sqrt{(\lambda - \mu)^2 + 4(d - \mu)}\right).$$

这是两个不同的数 (因为 $d < n - 1$，我们有 $\mu \leq d$；因为 $d > 0$，我们有 $\lambda \leq d - 1$)；用 m^+ 和 m^- 分别表示它们作为 A 的特征值的重数，我们有

$$1 + m^+ + m^- = n,$$

并且，由于 A 的迹等于 0 (事实上，A 的对角线上所有 n 个值都是 0)，

$$d + \frac{m^+}{2}\left(\lambda - \mu + \sqrt{(\lambda - \mu)^2 + 4(d - \mu)}\right)$$
$$+ \frac{m^-}{2}\left(\lambda - \mu - \sqrt{(\lambda - \mu)^2 + 4(d - \mu)}\right) = 0.$$

这个关于 m^+ 和 m^- 的方程组的解是 (8.12) 中的那对数。 □

定理 8.4 中的条件对以 n, d, λ, μ 为参数的强正则图的存在性来说是必要的，但不是充分的：例如，以 21, 10, 4, 5 为参数的强正则图是不存在的。(我们不知道任何对于给定参数的强正则图存在性的可以简单验证的充要条件：例如现在我们还不知道是否存在以 65, 32, 15, 16 为参数的强正则图。) 定理 8.4 的证明中所用的方法可以回溯到 W. S. Connor 和 Willard H. Clatworthy (1915–2010) 的论文 [87]；它在 $\lambda = 0, \mu = 1$ 时的特殊情况被 Alan Hoffman (1924–2021) 和 R. R. Singleton 用在 [215] 中 (见定理 8.6)，它在 $\lambda = \mu = 1$ 时的特殊情况被 Herbert Wilf 用在 [375] 中 (见定理 8.4 之后的评论)。

直径为 2 的 Moore 图

如果一个 d 正则图中每两个不相邻的顶点都至少有一个公共邻居，它最多可以有几个顶点？考虑任何这样的一个图；用 n 表示它的阶，并对它的任意顶点 w 用 $N(w)$ 表示该顶点的邻居集合。对每个顶点 u，恰好有 $n - 1 - d$ 个不同于 u 并且和 u 不相邻的顶点；由假设，这 $n - 1 - d$ 个顶点中的每一个是 u 的某个邻居的邻居，从而

$$n - 1 - d = \left|\bigcup_{v \in N(u)} (N(v) - (\{u\} \cup N(u)))\right|.$$

因为

$$\left|\bigcup_{v \in N(u)} (N(v) - (\{u\} \cup N(u)))\right| \leq \sum_{v \in N(u)} |N(v) - (\{u\} \cup N(u))|$$
$$\leq d(d-1), \qquad (8.13)$$

所以 $n \leq d^2 + 1$。达到这个界的图有一个名字：

定义 一个直径为 2 的 *Moore* 图是一个满足下面性质的图：

- 对某个 $d \geqslant 2$ 它是 d 正则的,
- 它的每两个不相邻的顶点都至少有一个公共邻居,
- 它的阶是 $d^2 + 1$。

命题 8.5 一个图是直径为 2 的 Moore 图当且仅当它是以 n, d, λ, μ 为参数强正则的,其中 $n = d^2 + 1, d \geqslant 2, \lambda = 0, \mu = 1$。

证明 "当" 这个部分是很明显的。为了证明 "仅当" 这个部分,考虑任意一个直径为 2 的 d 正则 Moore 图 G;用 n 表示它的阶,并对它的任意顶点 w 用 $N(w)$ 表示该顶点的邻居集合。由于 $n = d^2 + 1$,(8.13) 中的两个不等号对于任取的顶点 u 都必须取等。由于 (8.13) 中的第一个不等号取等,集合 $N(v) - (\{u\} \cup N(u))$ $(v \in N(u))$ 两两不相交,从而每个不与 u 相邻的顶点和 u 恰好有一个公共邻居。由于 (8.13) 中的第二个不等号取等,当 $v \in N(u)$ 时我们有 $|N(v) - (\{u\} \cup N(u))| = d - 1$,从而没有任何与 u 相邻的顶点和 u 有公共邻居。由于顶点 u 是任选的,因此 G 是一个 $\lambda = 0, \mu = 1$ 的强正则图。 □

圈 C_5 是一个直径为 2 的 2 正则 Moore 图。图 8.2 中的 *Petersen* 图是一个直径为 2 的 3 正则 Moore 图。(用第 158 页介绍的术语来说,Petersen 图是 *Kneser* 图 $KG_{2,1}$:它的 10 个顶点是某个固定的五元集的 $\binom{5}{2}$ 个二元子集,两个这样的顶点相邻当且仅当它们作为二元集不相交。)

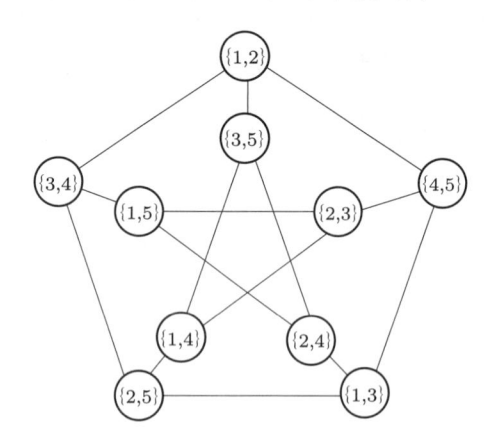

图 8.2 Petersen 图。

定理 8.6 (Hoffman 和 Singleton [215]) 如果存在一个直径为 2 的 d 正则 Moore 图,则 d 是 $2, 3, 7, 57$ 之一。

第八章　友谊定理

Hoffman 和 Singleton [215] 构造了一个直径为 2 的 7 正则 Moore 图 (现在被称为 *Hoffman-Singleton* 图); 我们不知道直径为 2 的 57 正则 Moore 图是否存在。

定理 8.6 的证明　如定理 8.4 中那样, 令

$$\Delta = \frac{d(d-2)}{\sqrt{4d-3}}, \tag{8.14}$$

$(d^2 \pm \Delta)/2$ 这两个都必须是整数; 由于 $(d^2 + \Delta)/2$ 是一个整数, 所以 Δ 也是一个整数。这表明了 (8.14) 中的分子 $d(d-2)$ 为零或者分母 $\sqrt{4d-3}$ 是有理数。如果分子为零, 那么 $d=0$ 或者 $d=2$; $d=0$ 的选项被 $d \geqslant 2$ 的条件排除。如果分母是有理数, 那么 (由于一个正整数的平方根是有理数当且仅当它也是整数) 有某个正整数 s 使得 $4d-3 = s^2$。在 (8.14) 中将 $(s^2+3)/4$ 代入 d, 我们看到

$$s\left(s^3 - 2s - 16\Delta\right) = 15,$$

从而 s 整除 15; 这意味着 s 是 1, 3, 5, 15 之一, 从而 d 是 1, 3, 7, 57 之一; $d=1$ 这个选项被 $d \geqslant 2$ 的条件排除。　□

关于强正则图的更多信息可以在 [58] 以及其他地方找到。

一个只热爱数的人? 那本书的标题明显是毁谤。任何见过他打乒乓球的人都可以证明这一点。当手上有一个乒乓球拍时, 他那超然于世的安详神情都消失不见了, 他的脸上会浮现出一种凶狠专注的神情。在这种情境下, 他确实喜欢竞争。他也有理由对自己的反应速度感到自豪。

1970 年代初, 我驾车带着 Paul Erdős 和 Ernst Straus 从滑铁卢大学到约克大学。当我们在 401 号公路上飞驰时, PGOM 突然对川流不息的交通产生了兴趣。"你知道, 我从来没有学过开车。但我认为我会很擅长的。"他宣布。"你看, 我的反应速度相当快。"他梦呓般地补充道。"也许你可以在路肩上停下来, 让我开一会儿?"我建议说, 不管他们的乒乓球技艺有多高超, 实习司机还是得先在空旷的停车场而不是在繁忙的高速公路上练习; 但他不愿意听这些废话。Straus 教授和我自己的智慧加在一起 (哦不! 看看时间吧! 真希望我们能及时赶到约克大学参加讲座!) 才说服他放弃了这个想法。

由 Gábor Simonyi 提供

由 George Csicsery 为他的电影《N 是一个数》(1993) 所拍摄。保留所有权利。

第九章 色数

9.1 色数

在第 7.3 节中，我们定义一个图 F 的色数 $\chi(F)$ 为对 F 的顶点进行染色并且任两个相邻顶点不同色所需的最小颜色数。这一概念通过一个具有趣味数学风格的谜题进入了图论，这个谜题就是著名的四色猜想。该猜想的第一次书面引用出现在 1852 年 10 月 23 日 Augustus De Morgan (1806–1871) 写给 William Rowan Hamilton (1805–1865) 的一封信中：

> 今天我的一个学生问我为什么某个事实是正确的，我并不知道那是个事实——现在还是不知道。他说，如果一个形状被随意划分，并且每一个分块被涂色，使得任何有共同边界线的部分使用不同颜色——可能会需要四种颜色，但不用更多了——下面是一种需要四种颜色的情况。请问一下，需要五种或更多颜色的情况是否能被构造出来？

用现在的术语，四色猜想断言每一个平面图 (即一个可以被画在平面上，使得除了在可能的公共顶点处，任意两条边都不相交的图) 的色数至多为 4。(等价地，四色猜想断言对 De Morgan 的询问的答案是否定的。) [30] 的第 6 章和第 9 章探查了它从 1852 年到 1936 年的历史。四色猜想在 1976 年被 Kenneth Appel (1932–2013) 和 Wolfgang Haken 在 John Koch 的协助下证明 [11, 12]；他们使用了数百小时的电脑计算来解决证明中的细节。一个简化的计算机辅助证明 [328] 在 1994 年由 Neil Robertson、Daniel Sanders、Paul Seymour 和 Robin Thomas (1962–2020) 给出。

四色定理融合了色数这个离散的概念和平面性这个连续的概念。一个平面性画法的严格定义是不简单的：它牵涉到从一个区间到平面的连续映射的定义，这转而又需要一个对实数的定义，而即使是那个出发点也是很复杂的。István Fáry (1922–1984) 的一个定理表明所有这些麻烦都可以被绕开：定理断言一个图有一个平面性画法当且仅当它有一个每条边都是直线段的平面性画法 [164]。我们可以假设 (如果需要可微小地移动每个顶点) 在这样的画法中所有的顶点都有有理坐标，甚或是 (把画法的尺度放大) 整数坐标，从而平面性的画法被归约为：在满足易验证的算术条件下，将每个顶点映射到一个有序整数对。

Kazimierz Kuratowski (1896–1980) 的一个著名定理提供了关于平面性的另一个纯离散意义的刻画。

定义 图的一个细分 (*subdivision*) 是任意一个由原图重复进行有限次如下操作得到的图：引入一个新顶点 x，选择一条边 uv，并将这条边替换为 ux, xv。(由于这里的 "有限次" 可以是零次，所以每个图都是自己的一个细分。)

Kuratowski 定理 [268] 断言一个图是平面图当且仅当它不包含 K_5 的细分也不包含 $K_{3,3}$ 的细分。(这个定理的一个直接结果是一个算法，即给定图 G，判定 G 是不是平面图。John Hopcroft 和 Robert Tarjan [219] 设计了一个关于 G 的阶的线性时间判定算法；关于更新以及更简单的这类算法，见 [55]。)

与 χ 的这些纠缠混杂的起源形成鲜明对比，Erdős-Stone-Simonovits 公式

$$\lim_{n\to\infty} \frac{\text{ex}(F,n)}{\binom{n}{2}} = 1 - \frac{1}{\chi(F)-1}$$

因其异常简洁而光芒四射，并把 χ 直接放在了极值图论的中心位置。

9.2 $\chi \geq \omega$ 不能承受之弱

每个 n 阶的图 G 满足

$$\chi(G) \geq \omega(G), \tag{9.1}$$

因为一个团中的每两个顶点必须得到不同的颜色。在本节中，我们会证明 (推论 9.2) 这个不等式对大多数图来说几乎是毫无用处的。

Erdős 的 Ramsey 数 $r(k,k) > 2^{k/2}$ 的下界表明，对任何正整数 k，存在一个 $\lfloor 2^{k/2} \rfloor$ 阶图 G 满足 $\alpha(G) < k$ 并且 $\omega(G) < k$。把它反过来看，这个下界表明存在任意大的 n 阶图 G 使得 $\alpha(G) < 2\lg n$ 并且 $\omega(G) < 2\lg n$。Erdős 的证明不仅仅显示这样的图存在：它表明了这样的图占据了所有 n 阶图中的大部分，当 n 增大时，所占比例越来越具压倒性。让我们来阐明这一点。

定义 我们说几乎所有图具有某个给定的性质，其含义是：当 $f(n)$ 表示以 $1, 2, \ldots, n$ 为顶点并且具有该性质的图的个数时，我们有

$$\lim_{n\to\infty} \frac{f(n)}{2^{n(n-1)/2}} = 1.$$

第九章　色数

这里的分母是以 $1, 2, \ldots, n$ 为顶点的 (不管是否具有该性质的) 所有图的个数。

提醒　我们用 $\lg x$ 表示二进对数 $\log_2 x$。

定理 9.1　几乎所有 n 阶图 G 满足 $\alpha(G) < 2\lg n$ 且 $\omega(G) < 2\lg n$。

定义　图 G 的一个诱导子图是以 G 的某个顶点子集为顶点集的图，其中两个顶点相邻当且仅当它们在 G 中相邻。(所有阶数不超过 n 的图都是完全图 K_n 的子图，但是只有完全图是它的诱导子图。)

定理 9.1 的证明　记 $s = \lceil 2\lg n \rceil$，用 $\mathbf{P}$ 表示所有这样的有序对 (G, F) 组成的集合，其中 G 是一个以 $1, 2, \ldots, n$ 为顶点的图，F 是 G 的一个 s 阶诱导子图，或者有所有的 $\binom{s}{2}$ 条边或者没有任何边。定理断言几乎所有的图不在这些有序对中以 G 出现。用第 110 页上的标准记号，

$$f(n) = o(g(n)) \quad \text{表示} \quad \lim_{n \to \infty} f(n)/g(n) = 0,$$

断言是，在 $\mathbf{P}$ 的有序对中以 G 出现的图的数量是 $o(2^{n(n-1)/2})$ 的。

让我们来证明这一点。在 $\mathbf{P}$ 的有序对中以 G 出现的图的数量最多是 $|\mathbf{P}|$. 因为 F 恰有

$$2\binom{n}{s}$$

种选择，而每个 F 在 $\mathbf{P}$ 的有序对中出现恰好

$$2^{\binom{n}{2} - \binom{s}{2}}$$

次，我们有

$$|\mathbf{P}| = 2\binom{n}{s} \cdot 2^{\binom{n}{2} - \binom{s}{2}}.$$

最后只需证明

$$2\binom{n}{s} \cdot 2^{\binom{n}{2} - \binom{s}{2}} = o\left(2^{\binom{n}{2}}\right).$$

为此，只需看到

$$\frac{2\binom{n}{s}}{2^{s(s-1)/2}} \leqslant \frac{2n^s/s!}{2^{s(s-1)/2}} \leqslant \frac{2}{s!} \cdot 2^{s/2} = o(1). \qquad \square$$

定理 9.1 表明 (9.1) 的界对于绝大多数图来说是非常弱的：

推论 9.2 几乎所有的 n 阶图 G 有

$$\chi(G) \geqslant \frac{n}{4\lg^2 n} \cdot \omega(G).$$

证明 每个 n 阶图 G 满足

$$\chi(G) \geqslant n/\alpha(G),$$

这是因为 n 个顶点中的至多 $\alpha(G)$ 个可以有相同的颜色。结合这个界，定理 9.1 表明几乎所有 n 阶图有

$$\chi(G) \geqslant \frac{n}{2\lg n} \geqslant \frac{n}{4\lg^2 n} \cdot \omega(G). \qquad \square$$

尽管如此，如果所有的度数都是大的，那么 $\chi(G) \geqslant \omega(G)$ 这个界是紧的：

定理 9.3 ([9] 中定理 1.1 的特殊情况)   如果在一个 n 阶、非空的图 G 中每个顶点的度数大于

$$\left(1 - \frac{3}{3\omega(G) - 1}\right)n,$$

则 $\chi(G) = \omega(G)$。

顺便提一下，推论 9.2 中所使用的 $\chi(G) \geqslant n/2\lg n$ 的界在渐近意义下是紧的：

$$\text{几乎所有 } n \text{ 阶图 } G \text{ 有 } \chi(G) = (1 + o(1))\frac{n}{2\lg n}. \tag{9.2}$$

这个公式可以从 Béla Bollobás 的一个精细得多的结论 [38] 得到。

9.3 Hajós 猜想的终点

四色定理和 Kuratowski 定理在一起表明了

如果图 G 不包含 K_5 的细分也不包含 $K_{3,3}$ 的细分，则 $\chi(G) \leqslant 4$。

György Hajós (1912–1972) 猜想这个断言可以被加强为更优美的

如果 G 不包含 K_5 的细分，则 $\chi(G) \leqslant 4$；

第九章　色数

并且, 更一般地,

$$\text{如果 } G \text{ 不包含 } K_{t+1} \text{ 的细分, 则 } \chi(G) \leq t。 \tag{9.3}$$

Hajós 猜想 (9.3) 的一个吸引人的地方是, 它构成了 $\chi(G) \geq \omega(G)$ 某种意义上的逆, 因为这个界可以被描述为

$$\text{如果 } \chi(G) \leq t, \text{ 则 } G \text{ 不含 } K_{t+1}。$$

让我们这样说, 令 $\omega^*(G)$ 为最大的 s 使得 G 包含一个 K_s 的细分: 使用这样的记号, Hajós 猜想就是 $\chi(G) \leq \omega^*(G)$, 而我们有 $\omega^*(G) \geq \omega(G)$。

发表于 1952 年的 [99] 看来是首次书面提到 (9.3) 的; 把 (9.3) 归于 Hajós 出现在十三年之后的 [101] 中。容易看到 (9.3) 在 $t = 1$ 和 $t = 2$ 的特殊情况下是成立的 (如果 $\omega^*(G) = 1$, 那么 G 不含任何边, 从而 $\chi(G) \leq 1$; 如果 $\omega^*(G) = 2$, 那么 G 不含任何圈, 从而 $\chi(G) \leq 2$)。下一个特殊情况, $t = 3$, 已经在 1942 年被 Hugo Hadwiger (1908–1981) 证实 [203]; 在不知道这一工作的情况下, Gabriel Andrew Dirac (1925–1984) 在大约九年后也得到了这个结果 [99]。1979 年, Paul Catlin (1948–1995) [65] 对所有 $t > 5$ 的情况给出了反例: 对每个正整数 t, 他构造了一个图 G 满足 $\omega^*(G) \leq t$ 并且 $\chi(G) \geq 5(t-1)/4$。Hajós 猜想的 $t = 4$ (加强四色定理的那个猜想) 和 $t = 5$ 的情况仍未解决。

提醒　顶点 u 和 v 之间的一条长度为 $k - 1$ 的路径是一个互不相同的顶点构成的串 $w_1 w_2 \ldots w_k$, 满足 $w_1 = u, w_k = v$, 且对每个 $i = 1, 2, \ldots, k - 1$, w_i 和 w_{i+1} 相邻。我们说顶点 u 和 v 之间的一条路径连接 u 和 v。

Catlin 的构造是简单的。如果 $t = 2s + 1$, 其中 s 是正整数, 那么取两两没有公共点的团 C_0, C_1, C_2, C_3, C_4, 其中每个 $|C_i| = s$, 并在下标模 5 的意义下添加所有 C_i 和 C_{i+1} 之间的边; 如果 $t = 2s$, 其中 s 是正整数, 那么取同样的图并从 C_2 和 C_3 中各移走一个顶点。这样的图 G 满足 $\alpha(G) = 2$, 从而下界 $\chi(G) \geq 5(t-1)/4$ 可以从 $\chi \geq n/\alpha$ 导出。为了验证 $\omega^*(G) \leq t$, 我们首先注意到 $\omega(G) \leq t$, 然后注意到 G 中每两个不相邻的顶点被某 $t - 1$ 个顶点组成的集合分隔 (照常, 这里称顶点 u 和 v 被一个顶点集合 C 分隔当且仅当每条 u 和 v 之间的路径都至少有一个内部顶点在 C 中), 最后,

每个 K_{t+1} 的细分包含一个由 $t + 1$ 个顶点组成的集合 S 满足 S 中没有两个顶点被一个大小为 $t - 1$ 的顶点集分隔。

Hajós 猜想说的是 χ/ω^* 这个比例不会超过 1；在 Catlin 的反例中，这个比例可以任意接近 5/4。大约在 Catlin 提交他的论文一年之后，Paul Erdős 和 Siemion Fajtlowicz [135] 表明几乎所有图都给出了厉害得多的反例：对于几乎所有 n 阶图，χ/ω^* 这个比例至少是 $c\sqrt{n}/\lg n$，其中 c 是某个正的常数。他们的证明用到了下面这个结论：

引理 9.4 如果一个 n 阶图包含一个 K_s 的细分，则它包含一个至少有 $\binom{s}{2} - (n-s)$ 条边的 s 阶子图。

证明 由条件，这个图包含一个由 s 个顶点组成的集合 S 以及 $\binom{s}{2}$ 条路径构成的族 $\mathcal{F}$，其中每两条路径除了可能在它们的端点处之外没有公共点，S 中每一对顶点由 $\mathcal{F}$ 中的某条路径连接。对 S 中的每一对不相邻的顶点 u, v，选择 $\mathcal{F}$ 中连接它们的路径上的一个内部顶点 $f(\{u, v\})$。映射 f 是一个单射，它的值域和 S 不相交；因此 S 至多包含 $n - s$ 个无序的不相邻的不同顶点对，从而 S 所诱导的子图至少有 $\binom{s}{2} - (n-s)$ 条边。 □

由这个引理以及 Turán 的定理 7.1，Erdős 和 Fajtlowicz 推导出 $\omega^*(G)$ 的一个上界：

引理 9.5 每个 n 阶的图 G 满足

$$\omega^*(G) \leqslant \sqrt{2\omega(G)n}.$$

证明 任意给定一个 n 阶图 G，记 $s = \omega^*(G)$ 以及 $r = \omega(G)$。引理 9.4 保证了 G 包含一个至少有 $\binom{s}{2} - (n-s)$ 条边的 s 阶子图，从而

$$\binom{s}{2} - (n-s) \leqslant \mathrm{ex}(K_{r+1}, s).$$

Turán 定理保证了

$$\mathrm{ex}(K_{r+1}, s) \leqslant \frac{s^2}{2}\left(1 - \frac{1}{r}\right).$$

因此

$$\binom{s}{2} - (n-s) \leqslant \frac{s^2}{2}\left(1 - \frac{1}{r}\right),$$

从而 $s^2/2r \leqslant n - s/2 < n$。 □

Erdős 和 Fajtlowicz 注意到，由定理 9.1 和引理 9.5，几乎所有的 n 阶图 G

第九章 色数

满足

$$\chi(G) \geqslant \frac{n}{2\lg n} \quad \text{以及} \quad \omega^*(G) \leqslant 2\sqrt{n\lg n},$$

因此 [135, 定理 2]

$$\frac{\chi(G)}{\omega^*(G)} \geqslant \frac{\sqrt{n}}{4(\lg n)^{3/2}}.$$

随后他们继续表明，一点额外的工作可以将 $\omega^*(G)$ 的这个上界优化 $\sqrt{\frac{1}{2}\lg n}$ 倍。这一额外的工作主要是在证明，在几乎所有的 n 阶图中，每一个 $\lceil\sqrt{8n}\rceil$ 阶的子图中的边数小于

$$\frac{3}{4}\binom{\lceil\sqrt{8n}\rceil}{2}.$$

(在第 A.5 节中有一个对此的证明。) 用这一结论和引理 9.4 可推出，几乎所有的 n 阶图 G 都满足 $\omega^*(G) < \lceil\sqrt{8n}\rceil$，从而 $\omega^*(G) \leqslant \sqrt{8n}$。最后的终点 [135, 定理 3]：

定理 9.6 几乎所有的 n 阶图 G 满足

$$\frac{\chi(G)}{\omega^*(G)} = \Omega\left(\frac{\sqrt{n}}{\log n}\right).$$

Hadwiger 猜想

Hajós 猜想结果是不成立的，但是与之相似的另一个同样蕴涵四色定理的猜想可能最终是正确的。这个猜想涉及下面的概念。

定义 称一个图 G 包含一个 K_{t+1} 子式 (minor)，如果它的顶点集包含 $t+1$ 个互不相交的非空部分，使得其中每个子集诱导一个 G 的连通子图，并且每两个不同的子集被至少一条 G 的边连接 (每一部分各包含这条边的一个端点)。

猜想 9.7 如果 G 不含 K_{t+1} 子式，则 $\chi(G) \leqslant t$。

猜想 9.7 是 Hugo Hadwiger (1908–1981) 在 1942 年提出的 [203]。显然，如果一个图包含一个 K_{t+1} 的细分，那么它也包含一个 K_{t+1} 的子式；显然，在 $t=1, t=2$ 和 $t=3$ 时反过来也成立。然而，图 9.1 给出的图有一个 K_5 子式但不含有 K_5 的细分 (它只有四个度数不小于 4 的顶点)。因此 Hadwiger 猜想弱于 Hajós 猜想。尽管如此，即使是 Hadwiger 猜想也足够蕴涵四色定理：容易证明每个含有 K_5 子式的图都包含一个 K_5 的细分或者一个 $K_{3,3}$ 的细分。

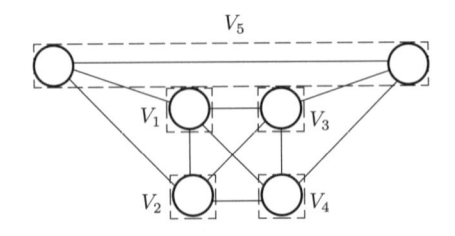

图 9.1　一个图和它的 K_5 子式。

在 $t=1, t=2$ 和 $t=3$ 时的 Hadwiger 猜想的正确性可以从对于相应 t 值的 Hajós 猜想的正确性得到。

$t=4$ 时的 Hadwiger 猜想的正确性可以从四色定理导出：在四色猜想被解决之前四十年，也是 Hadwiger 宣布他的猜想之前六年，Klaus Wagner (1910–2000) 在 [373] 中证明了所有的平面图可以被 4 染色当且仅当所有不含 K_5 子式的图可以被 4 染色。

$t=5$ 时的 Hadwiger 猜想的正确性也可以从四色定理导出：在 1993 年，Robertson、Seymour 和 Thomas [329] 证明了每个对 $t=5$ 时的 Hadwiger 猜想的极小反例 G 必须是一个顶图 (apex)，即包含一个顶点 v 使得将 v 从 G 中去掉得到的是一个平面图。而由四色定理，每一个顶图都是可被 5 染色的。

Hadwiger 猜想的所有其他情况都还没有被解决，不过有不少关于这个猜想的其他进展。

提醒　当 f 和 g 是定义在正整数上的非负实函数时，我们用 $f(n) = O(g(n))$ 表示 $f(n) \leqslant cg(n)$ 对某个常数 c 以及所有充分大的 n 成立。

1963 年，Wagner [374] 证明了存在一个函数 f 满足

$$\text{如果 } G \text{ 不含 } K_{t+1} \text{ 子式，那么 } \chi(G) \leqslant f(t)。 \tag{9.4}$$

事实上，他证明了 $f(t+1) \leqslant 2f(t)$ 对所有正的 t 成立，这蕴涵了 $f(t) = O(2^t)$。对这一上界的最新改进独立地来自 Alexandr Kostochka [262, 263] 和 Andrew Thomason [359]：$f(t) = O(t\sqrt{\log t})$。

1979 年，Bollobás、Catlin 和 Erdős [42] 证明了 Hadwiger 猜想对几乎所有图成立：他们证明了几乎所有 n 阶图包含一个 K_t 子式，其中

$$t \geqslant \frac{n}{\sqrt{\lg n} + 4},$$

并使用了之前已知的结论 [44, 定理 4]——几乎所有的 n 阶图的色数不超过 $(1 + o(1))n/\lg n$。(这个上界只是在后来被 (9.2) 所取代。)

更多关于 Hadwiger 猜想的内容可以在 [340] 中找到。

9.4 不含三角形的大色数图

定理 9.1 意味着对于所有图 G，比例 $\chi(G)/\omega(G)$ 没有常数上界，但它没有排除 (9.4) 的一个类比，即存在一个函数 f 使得所有图 G 满足 $\chi(G) \leqslant f(\omega(G))$。这样的函数是不存在的，这可以从如下定理推出。

定理 9.8 对每个正整数 k，存在一个图 G 满足 $\chi(G) > k$ 并且 $\omega(G) = 2$。

多个证明 定理 9.8 被多人相互独立地证明。

9.4.1 Zykov

最早的一个应该是 Alexander Alexandrovich Zykov 在 1949 年完成的 ([378] 的定理 8)。他展示了一种方法将一个满足 $\omega(F) = 2$ 的图 F 转换成一个满足 $\chi(G) > \chi(F)$ 并且 $\omega(G) = 2$ 的图 G。他的构造如下：

用 n 表示 F 的阶并记 $k = \chi(F)$。从 F 的 k 个互相没有公共点的拷贝 $F_1, F_2, \ldots, F_k$ 外加一个互不相邻的 n^k 个顶点组成的集合 S 开始；将 S 中的顶点一一对应到有序 k 元组 $(v_1, v_2, \ldots, v_k)$，其中每个 v_i 是 F_i 的一个顶点，并将 S 中的每个顶点与其所对应的 k 元组中的 k 个顶点连边。这样得到的图 G 不包含三角形。

为了看到 $\chi(G) > k$，考虑任意一种将 G 的顶点染成颜色 $1, 2, \ldots, k$ 的方法：我们将找到一对相邻的同色顶点。如果 k 种颜色中的某一种在某个 F_i 中不出现，那我们就成功了，因为 $\chi(F_i) = k$；否则，对任意给定的一个颜色，每个 F_i 包含一个顶点具有该颜色。在后一种情况下，设 v_i 为 F_i 中一个颜色为 i 的顶点。现在 S 那个和 $v_1, v_2, \ldots, v_k$ 都相邻的顶点与这些点之一同色。

9.4.2 Tutte

接着是北美的几位。1953 年，Peter Ungar [367] 在《美国数学月刊》的进阶问题中提出了证明定理 9.8。在 1954 年发表的由 Blanche Descartes 提供的解答 [96] 用了另一种方法将任意满足 $\omega(F) = 2$ 的图 F 转化为一个满足 $\chi(G) > \chi(F)$ 并且 $\omega(G) = 2$ 的图 G。这个构造如下：

用 n 表示 F 的阶并记 $k = \chi(F)$, $s = k(n-1) + 1$。从 F 的 $\binom{s}{n}$ 个互相没有公共点的拷贝外加一个互不相邻的 s 个顶点组成的集合 S 开始；将 F 的各个拷贝和 S 中的各个 n 元集一一对应起来，并将每个 F 的拷贝中的 n 个顶点和 S 中与之对应的 n 个顶点用 n 条互相没有公共点的边连起来。这样得到的图 G 不包含三角形。

为了看到 $\chi(G) > k$，考虑任意一种将 G 的顶点染成颜色 $1, 2, \ldots, k$ 的方法：我们将找到一对相邻的同色顶点。由于 $|S| > k(n-1)$，必定有某种颜色出现在 S 中的 n 个不同顶点上。如果这种颜色不出现在对应的那个 F 的拷贝中，那么我们就成功了，因为 $\chi(F) = k$；否则这个拷贝中的某个顶点及其在 S 中的邻居具有相同的颜色。

事实上，Blanche Descartes 是由 William T. Tutte (1917–2002) 和他的朋友们 R. Leonard Brooks (1916–1993)、Cedric A. B. Smith (1917–2002) 以及 Arthur H. Stone 所使用的一个笔名 [344]。这一次是 Tutte 在单独使用它；使用这一化名，他早在 1947 年还讨论了 $\chi(G) = 4$ 这一特殊情况 [95]。Ungar 的进阶问题 4526 也被 John B. Kelly (其解答 [243] 和 Tutte 的相同) 以及 Ungar 自己 (其解答 [368] 和 Zykov 的相同) 解决。

9.4.3 Mycielski

一年之后，定理 9.8 的另一个证明由 Jan Mycielski 发表 [300]。他把一个满足 $\omega(F) = 2$ 的图 F 转换到一个满足 $\chi(G) > \chi(F)$ 并且 $\omega(G) = 2$ 的图 G，其方法如下：

将 F 的顶点标号为 $u_1, u_2, \ldots, u_n$；另外取互不相邻的顶点 $v_1, v_2, \ldots, v_n$ 并使得每个 v_i 和 u_i 的所有邻居相邻；最后，再加一个顶点 w 并让它和 $v_1, v_2, \ldots, v_n$ 都相邻。这样得到的图 G 不包含三角形 (特别地，G 中的一个三角形 $v_i u_j u_k$ 将导致 F 中的一个三角形 $u_i u_j u_k$)。

定义 一个图的一个*合理染色* (*proper colouring*) 是一个对其顶点分配颜色的方案，使得相邻的顶点总是得到不同的颜色。

为了证明 $\chi(F) < \chi(G)$，我们将会把任意一个用 $\chi(G)$ 种颜色对 G 进行的合理染色 g 转化成一个用 $\chi(G) - 1$ 种颜色对 F 进行的合理染色 f。让我们证明这样做可行：对所有 $i = 1, 2, \ldots, n$，取

$$f(u_i) = \begin{cases} g(u_i), & \text{如果 } g(u_i) \neq g(w), \\ g(v_i), & \text{如果 } g(u_i) = g(w). \end{cases}$$

由于 $g(w)$ 这个颜色不在 f 的值域中，我们只需证明 f 的确是 F 的一个合理染色。为此，考虑任意相邻的顶点 u_i 和 u_j：我们的任务是证明 $f(u_i) \neq f(u_j)$。因为 g 是 G 的一个合理染色，$g(u_i)$ 和 $g(u_j)$ 中至少有一个不是 $g(w)$；如果需要的话交换下标，我们可以假设 $g(u_i) \neq g(w)$，从而 $f(u_i) = g(u_i)$。现在观察到 $f(u_j)$ 是 $g(u_j)$ 或 $g(v_j)$，u_i 和 u_j 及 v_j 都相邻，且 g 是 G 的一个合理染色，可以得到我们需要的结论 $f(u_i) \neq f(u_j)$。

Mycielski 的构造将 K_2 转换为 C_5，并将 C_5 转换成图 9.2 中的图。

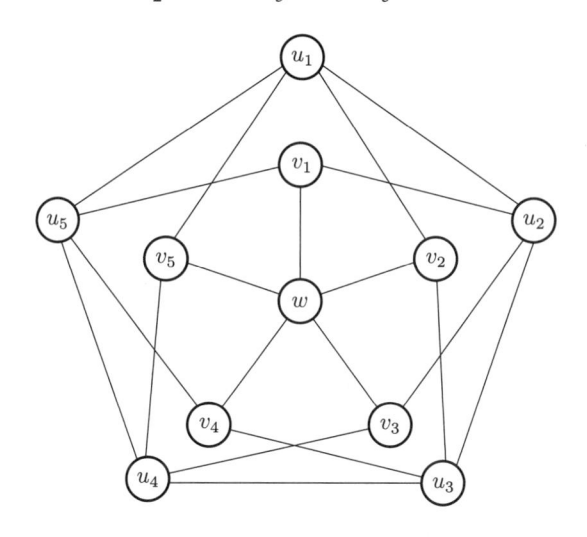

图 9.2 Mycielski 的 $\omega = 2$ 并且 $\chi = 4$ 的图。

9.4.4 Erdős 和 Hajnal

Paul Erdős 和 András Hajnal [139, 定理 6] 找到了一种不用对 k 归纳而是从定理 3.9 推出定理 9.8 的方法：

取足够大的正整数 n 使得 $n \to (3)_k^2$，令 G 的顶点集为所有有序整数对 (a, b)，其中 $0 \leqslant a < b < n$，并让 G 有所有形如 $(a,b)(b,c)$ 的边。验证 $\omega(G) = 2$ 和 $\chi(G) > k$ 是一个简单的练习。

在图论中广为流传的是 (例如，见 [279] 的问题 9.26)，Erdős-Hajnal 构造中的条件 $n \to (3)_k^2$ 可以被替换为更弱的 $n > 2^k$。为了看到这点，考虑任意将 k 种颜色染到 G 的顶点的方法，并且对每个满足 $0 \leqslant a < n$ 的整数 a，用 $S(a)$ 表示出现在所有顶点 (a, x) 上的颜色组成的集合。如果 $n > 2^k$，那么有满足 $0 \leqslant a < b < n$ 的整数 a, b 使得 $S(a) = S(b)$，这时顶点 (a,b) 和某个顶点 (b,c) 同色。

这里,条件 $n > 2^k$ 对于确保 $\chi(G) > k$ 不仅是充分的,而且是必要的。为了证明这点,我们需要在 $n = 2^k$ 时给出一个用 k 种颜色对 G 的合理染色。G 的每个顶点是一个有序整数对 (a, b),其中 $0 \leq a < b < n$;在二进制展开 $a = \sum_{i=0}^{k-1} a_i 2^i$ 和 $b = \sum_{i=0}^{k-1} b_i 2^i$ 中,至少有一个下标 i 使得 $a_i = 0$ 且 $b_i = 1$;用任意这样一个 i 来染这个顶点。

9.4.5 Lovász

另一个具有大的色数但不含三角形的图的简单构造涉及 Martin Kneser (1928–2004) 引入的一个概念。

定义 对正整数 s 和 d,Kneser 图 —— 在 [278] 中记为 $KG_{s,d}$ —— 的顶点集是 $\{1, 2, \ldots, 2s + d\}$ 的所有 s 元子集构成的集合,并且两个这样的子集相邻当且仅当它们不相交。

我们有 $\chi(KG_{s,d}) \leq d + 2$。(为看到这点,考虑 $\{1, 2, \ldots, 2s + d\}$ 的任一 s 元子集 S 以及 S 中出现的最小整数 i。如果 $i \leq d + 1$,则给 S 颜色 i;否则给 S 颜色 $d + 2$。) 1955 年,Kneser 猜想这个上界是最优的 [250]。二十二年之后,László Lovász 证明了 Kneser 的猜想 [278]:

定理 9.9 $\chi(KG_{s,d}) = d + 2$.

这一突破性的工作将拓扑方法引入到了图论。就像俗话说的杀鸡用牛刀,定理 9.9 给出了定理 9.8 的另一个证明:当 $s > d$ 时 $KG_{s,d}$ 不含三角形。我们将在下一节的末尾再次回到这把牛刀。 □

定理 9.8 使我们可以定义 $n(k)$ 为满足 $\omega(G) = 2$ 以及 $\chi(G) = k$ 的图 G 的最小的阶。我们知道 ([78, 227, 187])

$$n(2) = 2, \quad n(3) = 5, \quad n(4) = 11, \quad n(5) = 22, \quad 32 \leq n(6) \leq 40,$$

并且 ([247])

$$c_1 k^2 \log k \leq n(k) \leq c_2 k^2 \log k$$

对某两个正的常数 c_1 和 c_2 成立。(由于这里没有规定 c_1, c_2 的值,任何底数的 $\log k$ 都没有关系。)

9.5 不含短圈的大色数图

提醒 一个长为 k 的圈是一个互不相同的顶点组成的串 $w_1 w_2 \ldots w_k$，其中对所有 $i = 1, 2, \ldots, k-1$，w_i 和 w_{i+1} 相邻，w_k 和 w_1 相邻。

定理 9.8 断言存在色数任意大并且不含长度为 3 的圈的图；Tutte-Kelly 的证明表明其中的 "长度为 3" 可以被换成 "长度至多为 5"；John B. Kelly 和 L.M. Kelly ([243]，第 786 页) 猜想这可以进一步被换成：对任意整数 ℓ，"长度至多为 ℓ"。大约三年之后，这个猜想被 Erdős 证明 [110]：

定理 9.10 对任意正整数 k 和 ℓ，存在图 G，其阶数为某个 n，$\alpha(G) < n/k$，并且不含任何长度不超过 ℓ 的圈。

Erdős 在没有构造相关的图的情况下证明了定理 9.10。九年之后，Lovász [277] 找到了 Kelly-Kelly 猜想的一个构造性证明；又过了十一年，Jaroslav Nešetřil 和 Vojtěch Rödl [304] 找到了一个该猜想更简单的构造性证明。

Erdős 对定理 9.10 的证明再次使用了证明定理 9.1 时的手段，但加上了一些新的技巧。首先观察到，想要几乎所有的图具有定理 9.10 所需性质的希望必定会落空：定理 9.1 表明几乎所有的图包含三角形 (甚至更大的团)。为了使计数方法起任何作用，我们必须把注意力集中在稀疏图上，也就是相对于阶来说具有较少的边数的图。

定义 考虑任意一个把每个正整数 n 映射到一个正整数 $m(n)$ 的函数 m，并考虑任意一个关于图的性质。我们说几乎所有 n 顶点以及 $m(n)$ 边的图具有这个性质，其含义如下 (由 Erdős 和 Rényi 在 1960 年引入 [148])：用 $f(n)$ 表示以 $1, 2, \ldots, n$ 为顶点、边数为 $m(n)$ 并且具有该性质的图的数量，我们有

$$\lim_{n \to \infty} \frac{f(n)}{\binom{\binom{n}{2}}{m(n)}} = 1.$$

这里的分母是以 $1, 2, \ldots, n$ 为顶点并且边数为 $m(n)$ 的 (不管是否具有该性质的) 所有图的数量。

为了着手证明定理 9.10，人们可以试图证明几乎所有 n 阶且具有 $m(n)$ 边 (不仅依赖于 n，也依赖于事先给定的常数 k 和 ℓ) 的图 G 满足 $\alpha(G) < n/k$ 并且不含长度至多为 ℓ 的圈。然而，这一计划是无法实现的：如果 $m(n) \leq n/2$，那么几乎所有 n 阶、$m(n)$ 边的图 G 都有 $\alpha(G) \geq n/2$ (这来自 Turán 定理)，而如果 $m(n) \geq n/2$，那么几乎所有 n 阶、$m(n)$ 边的图 G 含有一个圈 (这是 [148]

的定理 5b)。Erdős 对这一困难的处理手段是，放宽 G 不含长度至多为 ℓ 的圈的条件，但加强 $\alpha(G) < n/k$ 的条件。他证明，对适当选取的函数 m，

几乎所有 n 阶、$m(n)$ 边的图 G

包含少于 n 个长度至多为 ℓ 的圈

并在每个 $\lfloor n/k \rfloor$ 阶的诱导子图中有多于 n 条边。

然后他随机地取一个 n 阶、$m(n)$ 边的图，从每个长度不超过 ℓ 的圈中删除一条边，从而得到满足定理 9.10 的条件的图。

事实上，他的证明给出了下面这个定理 9.10 的改良版：

定理 9.11 对每个不小于 3 的整数 ℓ 和一个满足 $\delta < \frac{1}{3}\ell$ 的正数 δ，存在一个正整数 n_0 具有下述性质：对每个大于 n_0 的整数 n，存在一个 n 阶图 G 不含长度至多为 ℓ 的圈并且 $\alpha(G) < \lfloor n^{1-\delta} \rfloor$。

我们将用两个引理来分别处理这个证明的两部分。

引理 9.12 设 ℓ 为一个不小于 3 的整数，δ 是一个满足 $0 < \delta < \frac{1}{3}\ell$ 的数。则几乎所有 n 阶、$\lfloor n^{1+3\delta} \rfloor$ 边的图包含少于 n 个长度不超过 ℓ 的圈。

证明 记 $m(n) = \lfloor n^{1+3\delta} \rfloor$，用 $\mathbf{P}$ 表示所有这样的有序对 (G, F) 组成的集合，其中 G 是一个以 $1, 2, \ldots, n$ 为顶点并且边数为 $m(n)$ 的图，并且 F 是 G 中的一个长度不超过 ℓ 的圈。为了使得下面的式子不显得太杂乱，我们将 $m(n)$ 简记为 m。

引理断言在 $\mathbf{P}$ 的至少 n 个有序对中作为 G 出现的图的数量是

$$o\left(\binom{\binom{n}{2}}{m}\right).$$

为了证明这一点，首先注意在 $\mathbf{P}$ 的至少 n 对中作为 G 出现的图的数量至多是 $|\mathbf{P}|/n$。对每个 $i = 3, 4, \ldots, \ell$，i 个顶点的圈 F 的选择少于 n^i 个 (事实上，这样的选择的精确数量是 $\binom{n}{i}\frac{1}{2}(i-1)!$，但我们不需要这么精确)，而每个这样的 F 恰好在 $\mathbf{P}$ 的有序对中出现

$$\binom{\binom{n}{2} - i}{m - i}$$

次。因此

$$|\mathbf{P}| \leq \sum_{i=3}^{\ell} n^i \binom{\binom{n}{2} - i}{m - i}.$$

第九章 色数

证明的主体是计算表明

$$\frac{1}{n}\sum_{i=3}^{\ell} n^i \binom{\binom{n}{2}-i}{m-i}\binom{\binom{n}{2}}{m}^{-1} = o(1).$$

我们有

$$\sum_{i=3}^{\ell} n^i \binom{\binom{n}{2}-i}{m-i}\binom{\binom{n}{2}}{m}^{-1} = \sum_{i=3}^{\ell} n^i \binom{m}{i}\binom{\binom{n}{2}}{i}^{-1}$$

$$\leqslant \sum_{i=3}^{\ell} n^i \left(\frac{m}{\binom{n}{2}}\right)^i = \sum_{i=3}^{\ell} \left(\frac{2m}{n-1}\right)^i;$$

由于当 $x \geqslant 2$ 时 $\sum_{i=3}^{\ell} x^i < 2x^\ell$（为了对此验证，可以用对 ℓ 的简单归纳，或者直接由公式 $\sum_{i=3}^{\ell} x^i = x^3(x^{\ell-2}-1)/(x-1)$)，我们推出

$$\frac{1}{n}\sum_{i=3}^{\ell}\left(\frac{2m}{n-1}\right)^i < \frac{2}{n}\left(\frac{2m}{n-1}\right)^\ell = O\left(\frac{m^\ell}{n^{\ell+1}}\right) = O\left(\frac{n^{3\delta\ell}}{n}\right) = o(1). \quad \square$$

提醒 $f(n) \sim g(n)$ 和 $f(n) = (1+o(1))g(n)$ 都表示 $\lim_{n\to\infty} f(n)/g(n) = 1$。

引理 9.13 对任何满足 $0 < \delta < 1/3$ 的常数 δ，几乎所有 n 阶、$\lfloor n^{1+3\delta}\rfloor$ 边的图满足其每个 $\lfloor n^{1-\delta}\rfloor$ 顶点的诱导子图都有多于 n 条边。

证明 记 $m(n) = \lfloor n^{1+3\delta}\rfloor$ 以及 $s(n) = \lfloor n^{1-\delta}\rfloor$，用 **P** 表示所有这样的有序对 (G, F) 组成的集合，其中 G 是一个以 $1, 2, \ldots, n$ 为顶点并且边数为 $m(n)$ 的图，并且 F 是 G 的一个 $s(n)$ 阶、有不超过 n 条边的诱导子图。为了使得下面的式子不显得太杂乱，我们将 $m(n)$ 和 $s(n)$ 分别简记为 m 和 s。

引理断言在 **P** 的这些对中作为 G 出现的图的数量是

$$o\left(\binom{\binom{n}{2}}{m}\right).$$

为了证明这一点，首先注意在 **P** 的这些对中作为 G 出现的图的数量至多是 $|\mathbf{P}|$。对每个 $i = 0, 1, \ldots, n$，以 $\{1, 2, \ldots, n\}$ 中的 s 个作为顶点、且边数为 i 的图 F 的选择恰好有

$$\binom{n}{s}\binom{\binom{s}{2}}{i}$$

种；每个这样的 F 恰好出现在

$$\binom{\binom{n}{2} - \binom{s}{2}}{m - i}$$

个 **P** 的有序对中；因此

$$|\mathbf{P}| = \sum_{i=0}^{n} \binom{n}{s} \binom{\binom{s}{2}}{i} \binom{\binom{n}{2} - \binom{s}{2}}{m - i}.$$

证明的主体是计算表明

$$\binom{n}{s} \sum_{i=0}^{n} \binom{\binom{s}{2}}{i} \binom{\binom{n}{2} - \binom{s}{2}}{m - i} \binom{\binom{n}{2}}{m}^{-1} = o(1).$$

这里是过程：

- 由于 $s \leqslant n$，在 $s \geqslant 3$ 时我们有 $\binom{n}{s} \leqslant n^s \leqslant s^n$。
- 对所有充分大的 n，我们有 $3 \leqslant n \leqslant \frac{1}{2}\binom{s}{2}$，这蕴涵了

$$\sum_{i=0}^{n} \binom{\binom{s}{2}}{i} \leqslant (n+1) \binom{\binom{s}{2}}{n} \leqslant \binom{s}{2}^n \leqslant s^{2n}.$$

- 对所有充分大的 n，我们有 $m \leqslant \frac{1}{2}\left(\binom{n}{2} - \binom{s}{2}\right)$，这蕴涵了

$$\binom{\binom{n}{2} - \binom{s}{2}}{m - i} \leqslant \binom{\binom{n}{2} - \binom{s}{2}}{m}$$

对所有 $i = 0, 1, \ldots, m$ 成立；由于 $1 + x \leqslant e^x$ 对所有 x 成立，因此

$$\binom{\binom{n}{2} - \binom{s}{2}}{m} \binom{\binom{n}{2}}{m}^{-1} \leqslant \left(\frac{\binom{n}{2} - \binom{s}{2}}{\binom{n}{2}}\right)^m = \left(1 - \frac{s(s-1)}{n(n-1)}\right)^m$$

$$\leqslant \exp\left(-\frac{ms(s-1)}{n(n-1)}\right) \leqslant \exp\left(-0.99 \frac{ms^2}{n^2}\right).$$

将这些结合在一起，我们看到，对所有充分大的 n，

$$\binom{n}{s} \sum_{i=0}^{n} \binom{\binom{s}{2}}{i} \binom{\binom{n}{2} - \binom{s}{2}}{m - i} \binom{\binom{n}{2}}{m}^{-1} \leqslant s^{3n} \exp\left(-0.99 \, ms^2/n^2\right)$$

$$\leqslant \exp\left(n(3 \ln s - 0.99 \, n^\delta)\right) = o(1). \quad \square$$

第九章 色数

定理 9.11 的证明　　引理 9.13 和引理 9.12 在一起保证了几乎所有的 n 阶、$\lfloor n^{1+3\delta} \rfloor$ 边的图包含少于 n 个长度不超过 ℓ 的圈，并且在每个 $\lfloor n^{1-\delta} \rfloor$ 点的诱导子图中有多于 n 条边。因此存在一个正整数 n_0 具有下述性质：

> 对每个大于 n_0 的整数 n，存在一个 n 阶图 H，
> 它包含少于 n 个长度不超过 ℓ 的圈
> 并且在每个 $\lfloor n^{1-\delta} \rfloor$ 点的诱导子图中有多于 n 条边。

从每个长度不超过 ℓ 的圈中移除一条边，我们将 H 转化成一个图 G，它不含任何长度不超过 ℓ 的圈，并且 $\alpha(G) < \lfloor n^{1-\delta} \rfloor$。　　□

Erdős 表示 [110, 第 37 页]，稍微再精细一些他可以用相同的方法证明下面的结论：

> 对任意正整数 k，存在正的常数 c 和 n_0，使得对每个大于 n_0 的整数 n，
> 存在一个 n 阶的图 G 不含长度小于 $c \log n$ 的圈并且 $\chi(G) \geq k$。

Béla Bollobás 作出了这个证明的一个简洁版本 [35, 第 256 页，定理 4.1]：

定理 9.14　　对任意满足 $n \geq k \geq 2$ 的整数 k 和 n，存在一个 n 阶图 G 不含长度小于 $\lfloor \log n / 4 \log k \rfloor$ 的圈并且 $\chi(G) \geq k$。

证明概要　　我们首先处理掉简单的情况。如果 $k = 2$，那么只有一条边的 n 阶图具有 G 所需的性质。如果 $k = 3$，那么 (当 n 为奇数时) 一个 n 顶点的圈或者 (当 n 为偶数时) 一个 $n - 1$ 顶点的圈加上一个度数为零的顶点具有 G 所需的性质，这是因为当 $n \geq 3$ 时有 $\log_3 n \leq 4(n-1)$。如果 $n < k^{16}$，那么 $\lfloor \log n / 4 \log k \rfloor \leq 3$，所以 k 个顶点的完全图具有 G 所需的性质。在给出这些之后，我们可以假设 $k \geq 4$ 并且 $n \geq k^{16}$。

给定整数 k 和 n，其中 $k \geq 4$ 并且 $n \geq k^{16}$，Bollobás 令

$$m = k^3 n, \quad t = \frac{3 n^{7/8}}{\lfloor \log n / 4 \log k \rfloor},$$

并证明

(i) 在所有 n 阶、m 边的图中至少有三分之二包含少于 t 个长度小于 $\lfloor \log n / 4 \log k \rfloor$ 的圈，

(ii) 在所有 n 阶、m 边的图中至少有三分之二满足在其每个 $\lfloor n/(k-1) \rfloor$ 阶的诱导子图中有多于 t 条边。

由此，在所有 n 阶、m 边的图中，至少有三分之一既包含少于 t 个长度小于 $\lfloor \log n/4 \log k \rfloor$ 的圈、又在其每个 $\lfloor n/(k-1) \rfloor$ 阶的诱导子图中有多于 t 条边。在任何一个这样的图中，从每个长度小于 $\lfloor \log n/4 \log k \rfloor$ 的圈中移除一条边，可以产生一个图 G 不含长度小于 $\lfloor \log n/4 \log k \rfloor$ 的圈并且 $\alpha(G) < n/(k-1)$。最后，$\chi(G) \geqslant k$ 来自 $\chi(G) \geqslant n/\alpha(G) > k-1$。 □

一个 Erdős-Gallai 猜想及其解决

记号 用 $\lambda(n,k)$ 表示最小的 ℓ 使得每个 n 阶、色数至少为 k 的图必须包含一个长度不超过 ℓ 的奇圈。

定理 9.14 蕴涵了

$$\lambda(n,k) \geqslant \lfloor \log n/4 \log k \rfloor.$$

Erdős 猜想了 $\lambda(n,4)$ 以 $\log n$ 的量级增长，但是在不知道这个猜想的情况下，Gallai 构造了一系列图表明 $\lambda(n,4) \geqslant n^{1/2}$。不晚于 1962 年，Erdős 和 Gallai 猜想了 [111，第 171 页] $\lambda(n,k)$ 以 $n^{1/(k-2)}$ 的量级增长。大约十五年之后，Lovász 证明了它增长得至少有这么快。他没有发表过这个结果，但 Erdős 在 [126，第 154 页] 提到了这一事实。

Lovász 对 Erdős-Gallai 猜想的证明和 Kneser 猜想有关。他在 1977 年 3 月 4 日提交了他对后者的证明。十一个星期之后，Imre Bárány [17] 给出了从下面两个定理快速推出 Lovász 的定理 9.9 的证明。其中一个是 David Gale (1921–2008) 的定理 [183]，

> d 维球面包含一个 $2n+d$ 点组成的集合
> 使得它在任何开的半球面上至少有 n 个点。

另一个是 Karol Borsuk (1905–1982) 的定理 [51]，

> 如果 d 维球面被 $d+1$ 个开的子集覆盖，
> 则其中的一个子集包含一对对径点。

1977 年 7 月 5 日至 9 日，在滑铁卢大学举办了一次庆祝 W. T. Tutte 教授六十岁寿辰的会议。Lovász 在这次会议中证明了 Erdős-Gallai 猜想。他的图的顶点集是 $(k-2)$ 维单位球面的一个满足下面条件的极大子集：对一个给定的正的 ε，两个顶点间的最短距离至少是 ε；两个顶点相邻当且仅当它们之间的距离至少是 $2 - 2\varepsilon$。Borsuk 定理确保了这个图的色数至少是 k (给定一个将顶点染

成颜色 $1, 2, \ldots, k-1$ 的方案，令球面的第 i 个开子集包含球面上到至少一个颜色为 i 的顶点的距离小于 ε 的所有点）。当对某个常数 c，$\varepsilon = cn^{-1/(k-2)}$ 时，这个图的阶是 $O(n)$ 的，其所有的奇圈的长度是 $\Omega(n^{1/(k-2)})$ 的。

大约九个月之后，Alexander (Lex) Schrijver 结合 Bárány 的方法以及 Gale 定理中那个集合的一个明确构造证明了 $KG_{s,d}$（在第 158 页定义）的色数取决于其小得多的子图。他的结论的一个后果是 Erdős-Gallai 猜想的另一个证明。我们将概述其中的细节。

定义 s 和 d 为正整数时，$SG_{s,d}$ 表示这样一个图，其顶点集为 $w_1 w_2 \ldots w_{2s+d}$ 这个圈的所有大小为 s 的稳定集组成的集合，两个顶点相邻当且仅当它们不相交。

定理 9.15 ([337, 定理 2]) $\chi(SG_{s,d}) = d + 2$.

我们不会复制 Schrijver 对这个定理的证明，但是会说明 $SG_{s,d}$ 确实要比 $KG_{s,d}$ 小很多：

命题 9.16 C_{2s+d} 中大小为 s 的稳定集的数量是 $\frac{2s+d}{s}\binom{s+d-1}{s-1}$。

证明 用 M 表示 C_{2s+d} 中大小为 s 的稳定集的数量，用 N 表示下述有序对 (S, w) 的个数，其中 S 是 C_{2s+d} 中的一个包含顶点 w 的大小为 s 的稳定集。由这个定义，$N = Ms$。由对称性，存在一个数 x（取决于 s 和 d）使得圈 C_{2s+d} 的每个顶点属于恰好 x 个大小为 s 的稳定集。由于 $N = (2s+d)x$，我们有 $M = (2s+d)x/s$。由定义，x 是 C_{2s+d} 中包含 w_1 并且大小为 s 的稳定集 S 的数量。将所有 $\{i : w_i \in S\}$ 排成一个递增序列 $i_1, i_2, \ldots, i_s$，我们发现 x 等于满足下面条件的整数序列 $i_2, \ldots, i_s$ 的数量：其中 $i_2 \geq 3, i_3 \geq i_2 + 2, i_4 \geq i_3 + 2, \ldots, i_s \geq i_{s-1} + 2$ 并且 $i_s \leq 2s + d - 1$。为了得到 $x = \binom{s+d-1}{s-1}$，让我们指出我们的序列 $i_2, \ldots, i_s$ 和满足 $j_2 \geq 1$ 以及 $j_s \leq s+d-1$ 的递增整数序列 $j_2, \ldots, j_s$ 之间的一个双射。这个双射由 $j_t = i_t - t$ $(t = 2, \ldots, s)$ 给出。 □

如 Lovász 在 [278] 中所说，

$$KG_{s,d} \text{ 中每个奇圈的长度至少是 } 1 + 2s/d。 \tag{9.5}$$

为了看到这点，考虑 $KG_{s,d}$ 中的任意一个奇圈 $S_1 S_2 \ldots S_\ell$。由于对每个 $1 \leq i \leq \ell - 2$，S_{i+1} 和 $S_i \cup S_{i+2}$ 不相交，我们有 $|S_i \cup S_{i+2}| \leq s + d$，从而，对所有 $i = 1, 2, \ldots, \ell - 2$，$|S_{i+2} - S_i| \leq d$。由于 $|S_{i+2} - S_1| \leq |S_{i+2} - S_i| + |S_i - S_1|$，

对 t 的归纳表明，对所有 $t = 1, 2, \ldots, \lfloor(\ell-1)/2\rfloor$，$|S_{1+2t} - S_1| \leq td$。特别地，如果 ℓ 是奇数，那么 $|S_\ell - S_1| \leq (\ell-1)d/2$；因为 S_ℓ 和 S_1 不相交，我们得出 $(\ell-1)d/2 \geq s$，这就是 (9.5)。

现在让我们从定理 9.15、命题 9.16 和 (9.5) 推出

$$\lambda(n, k) \geq \frac{1}{7} n^{1/(k-2)}. \tag{9.6}$$

给定任意正整数 n 和 k，我们需要找到一个 n 阶图，其色数至少为 k，并且其中每个奇圈的长度至少为 $\frac{1}{7} n^{1/(k-2)}$。为此，记 $d = k - 2$，令 s 为满足 $\frac{2s+d}{s}\binom{s+d-1}{s-1} \leq n$ 的最大整数。考虑由 $SG_{s,d}$ 以及额外 $n - \frac{2s+d}{s}\binom{s+d-1}{s-1}$ 个度数为 0 的顶点组成的图。这个图的阶是 n，色数是 k，并且其中的每个奇圈长度至少是 $1 + 2s/d$；为了完成 (9.6) 的证明，我们只需验证

$$1 + 2s/d \geq \frac{1}{7} n^{1/d}.$$

为此，注意 s 的最大性保证了

$$n < \frac{2s+2+d}{s+1}\binom{s+d}{s} = \frac{2s+2+d}{s+1}\binom{s+d}{d}.$$

我们有

$$\frac{2s+2+d}{s+1} = 2 + \frac{d}{s+1} \leq 2 + \frac{d}{2} \leq 2.5d;$$

由于 $k! > (k/e)^k$ 对所有正整数 k 成立，我们有

$$\binom{s+d}{d} < \left(\frac{e(s+d)}{d}\right)^d;$$

由此，

$$n^{1/d} < 2.5e\left(1 + \frac{s}{d}\right) < 2.5e\left(1 + \frac{2s}{d}\right).$$

Hal Kierstead、Endre Szemerédi 和 Tom Trotter [246] 从另一面补充了(9.6)，他们证明了

$$\lambda(n, k) \leq 4(k-2)n^{1/(k-2)} + 1. \tag{9.7}$$

9.6 色数的一个上界

Erdős 和 Hajnal [140] 定义了有限图和无限图的染色数 (colouring number)。

定义 G 是一个有限图，它的染色数 Col(G) 是最小的整数 k 使得 G 的顶点可以被列举为一个序列 $v_1, v_2, \ldots, v_n$，其中每个 v_j 有少于 k 个邻居 v_i 满足 $i < j$。

[140] 的第 3 节开始处写道：

$$\text{大家都知道对所有的图 } G \text{ 有 } \chi(G) \leqslant \text{Col}(G)。$$

这个上界的道理是简单的：如果将 G 的顶点列举为 $v_1, v_2, \ldots, v_n$，其中每个 v_j 有少于 Col(G) 个邻居 v_i 满足 $i < j$，那么用颜色 $1, 2, \ldots, $ Col(G) 对 G 的一个合理染色可以被这样构造：从 v_1 到 v_n 进行扫描，并将每个 v_j 染成尚未被它的那些邻居 v_i ($i < j$) 用过的最小颜色。

George Szekeres 和 Herbert Wilf 建立了下面这个色数的上界：

定理 9.17 ([354])

$$\chi(G) \leqslant \max_F \min_v d_F(v) + 1,$$

其中 F 取遍 G 的所有子图，$d_F(v)$ 表示顶点 v 在图 F 中的度数。

证明 我们将通过证明

$$\text{Col}(G) \leqslant \max_F \min_v d_F(v) + 1 \tag{9.8}$$

来得到定理的结论。为此，我们将对 G 的阶进行归纳，并记 (9.8) 的右边为 $SW(G)$。对于归纳基础，注意单顶点的图 G 有 Col(G) = $SW(G) = 1$。在归纳步骤中，考虑任意一个 $n+1$ 阶的图 H，令 w 为 H 中使 $d_H(v)$ 最小的那个顶点，并令 G 为从 H 中删除顶点 w (以及所有以 w 为端点的边) 得到的图。由归纳假设，G 的顶点可以被列举为序列 $v_1, v_2, \ldots, v_n$，其中每个 v_j 有少于 $SW(G)$ 个邻居 v_i 满足 $i < j$；如果我们令 $v_{n+1} = w$，那么 v_{n+1} 恰有 $d_H(w)$ 个邻居 v_i 满足 $i < n+1$；由于 $SW(G) \leqslant SW(H)$ 并且 $d_H(w) = \min_v d_H(v) < SW(H)$，我们推出每个 v_j ($1 \leqslant j \leqslant n+1$) 有少于 $SW(H)$ 个邻居 v_i 满足 $i < j$。 □

事实上，对所有图 H 我们有

$$\text{Col}(G) = SW(G).$$

为了验证 Col(G) ⩾ SW(G)，考虑 G 的顶点的一个任意排列 $v_1, v_2, \ldots, v_n$；令 F 为 G 的最大化 $\min_v d_F(v)$ 的子图，并令 j 为最大的下标使得 v_j 属于 F。由于 v_j 在 F 中有 $d_F(v_j)$ 个邻居 v_i 并且所有这些邻居 v_i 都有 $i < j$，我们得到 Col(G) > $d_F(v_j)$ ⩾ $\min_v d_F(v)$ = SW(G) − 1。

和色数不同，染色数是容易被计算的：在我们对 Col(G) ⩽ SW(G) 的归纳证明中隐含着一个有效的递归算法，给定任意 n 阶图 G，将 G 的顶点列举为序列 $v_1, v_2, \ldots, v_n$ 使得每个 v_j 有少于 SW(G) 个满足 $i < j$ 的邻居 v_i。

定理 9.17 中的上界对几乎所有的图来说是无用的：典型的 Col(G)/χ(G) 比例按照顶点的对数函数增长。更精确地，几乎所有的 n 阶图 G 满足

$$\chi(G) \sim \frac{n}{2\lg n} \quad \text{并且} \quad \mathrm{Col}(G) \sim \frac{n}{2}.$$

χ(G) 的渐近公式是 (9.2)，而 Col(G) 的渐近公式由几乎所有图 G 满足的另一个性质得到：它们所有 n 个顶点的度数是 $(1 + o(1))n/2$。我们将在第 A.5 节中证明这一点；Erdős 和 Rényi 的一个好得多的结果是 [148] 中的定理 10。

不过定理 9.17 经常还是有用的。特别地，我们将用它来证明定理 9.14 中的界不能有比某个常数倍更好的改进。

定理 9.18（[111] 的定理 1） 每个满足 $\chi(G) \geqslant k \geqslant 4$ 的 n 阶图 G 包含一个长度至多为 $2\lceil \log n / \log(k-2) \rceil$ 的圈。

这个定理证明的主体由下面的引理构成：

引理 9.19 如果 d, r 是整数，$d \geqslant 3$，$r \geqslant 2$，图 F 有 $\min_v d_F(v) = d$ 并且 F 不含任何长度不超过 $2r$ 的圈，则 F 至少有 $(d-1)^r$ 个顶点。

证明 取 F 的一个顶点 s，并记 V_i 为 F 中所有到 s 的最短路径长度为 i 的顶点组成的集合。(特别地，$V_0 = \{s\}$，V_1 由 s 的所有邻居组成。)

现在考虑 V_i 中任两个不同的顶点 v 和 w。在 s 和 v 之间存在一条长度为 i 的路径，在 s 和 w 之间也存在一条长度为 i 的路径；这两条路径的并包含一条 v 和 w 之间的长度不超过 2i 的路径 P。让我们记下这一点：

在 V_i 的任两点 v 和 w 之间有一条长度至多为 2i 的路径 P_{vw}。

当 $v, w \in V_i$ 时，对 P_{vw} 添加一条边 vw 会产生一个长度不超过 $2i+1$ 的圈，所以我们的 F 不含任何长度不超过 $2r$ 的圈的假设蕴涵了：

(P1) 如果 $1 \leq i \leq r-1$，则 V_i 中没有两个顶点相邻。

当 $v, w \in V_{i-1}$ 时，对 P_{vw} (它的长度至多 $2i-2$) 添加一条长度为 2 的路径会产生一个长度不超过 $2i$ 的圈，从而我们的 F 不含任何长度不超过 $2r$ 的圈的假设蕴涵了：

(P2) 如果 $1 \leq i \leq r$，则 V_i 中每个顶点在 V_{i-1} 中只有一个邻居。

现在考虑范围 $1 \leq i \leq r-1$ 中的任意整数 i。由定义，V_i 中每个顶点的邻居来自 $V_{i-1} \cup V_i \cup V_{i+1}$；这个事实和 (P1) 以及 (P2) 一起可推出 V_i 中的每个顶点在 V_{i+1} 中至少有 $d-1$ 个邻居；因此一端在 V_i 中、另一端在 V_{i+1} 中的边至少有 $(d-1)|V_i|$ 条。由 (P2)，V_{i+1} 中的每个顶点在 V_i 中至多有一个邻居，从而一端在 V_i 中、另一端在 V_{i+1} 中的边至多有 $|V_{i+1}|$ 条。我们得到

$$\text{对所有 } i = 1, 2, \ldots, r-1, \quad |V_{i+1}| \geq (d-1)|V_i|.$$

由于 $|V_1| \geq d$，所以，对所有 $i = 1, 2, \ldots r$，有 $|V_i| \geq d(d-1)^{i-1}$，从而

$$\sum_{i=0}^{r}|V_i| \geq 1 + \sum_{i=1}^{r} d(d-1)^{i-1} > (d-1)^r. \qquad \square$$

定理 9.18 的证明 记 $r = \lceil \log n/\log(k-2) \rceil$，注意 $(k-2)^r \geq n$。定理 9.17 保证了 G 包含一个子图 F 满足 $\min_v d_F(v) \geq k-1$。继而，引理 9.19 保证了 F 包含一个长度不超过 $2r$ 的圈。 $\square$

我们将在下一节中再次使用定理 9.17。

9.7 小的子图不能确定色数

由于 $\chi(F) \geq 3$ 当且仅当 F 包含一个奇圈，不等式 (9.6) 突出了色数的全局特性：存在任意大的图满足 $\chi(G) > k$，而对 G 的每个少于 $\frac{1}{7} n^{1/(k-2)}$ 顶点的子图 F 却有 $\chi(F) \leq 2$。不等式 (9.7) 表明 F 的阶的上界不能被提高超过 $28(k-2)$ 倍；Erdős 证明了，只要把对 $\chi(F)$ 的限制增加 1，这个上界就可以被大大地提高：

定理 9.20 ([111] 的定理 2) 对每个正整数 k，存在一个正的常数 δ 以及阶数 n 任意大的图 G，使得 G 的每个不超过 δn 顶点的子图 F 都有 $\chi(F) \leq 3$，而 $\chi(G) \geq k$。

我们将分别用两个引理处理这个定理证明的两部分。

引理 9.21 对每个正整数 c，存在正的常数 n_0 和 δ 满足下述性质：如果 $n \geq n_0$，则对至少 99% 的 n 阶、cn 边的图，其每个 s 顶点 $(0 < s \leq \delta n)$ 的子图中的边数少于 $3s/2$。

证明 给定正整数 c，令

$$n_0 = 6c + 3 \quad \text{以及} \quad \delta = \frac{1}{64e^5 c^3};$$

给定一个整数 n，用 **P** 表示所有下述有序对 (G, F) 组成的集合，其中 G 是一个以 $1, 2, \ldots, n$ 为顶点并且边数为 cn 的图，F 是 G 的一个诱导子图，并且 F 的顶点数 s 是一个不超过 δn 的正数，而 F 的边数 j 至少是 $3s/2$。

我们想要证明，当 $n \geq n_0$ 时，所有以 $1, 2, \ldots, n$ 为顶点并且边数为 cn 的图中至少有 99% 不在 **P** 中以 G 出现，这意味着在这些有序对中以 G 出现的图的数量至多是

$$\frac{1}{100}\binom{\binom{n}{2}}{m}.$$

为证明这一点，首先注意在 **P** 的对中以 G 出现的图的数量至多是 $|\mathbf{P}|$。如果 G 的一个子图 F 有 s 个顶点和至少 $3s/2$ 条边，那么 $s \geq 4$；恰好有 j 条边的这样的子图 F 的数量是

$$\binom{n}{s}\binom{\binom{s}{2}}{j},$$

而其中的每一个在 **P** 的有序对中出现的次数恰好是

$$\binom{\binom{n}{2} - \binom{s}{2}}{cn - j}.$$

因此

$$|\mathbf{P}| = \sum_{4 \leq s \leq \delta n} \sum_{j \geq 3s/2} \binom{n}{s}\binom{\binom{s}{2}}{j}\binom{\binom{n}{2} - \binom{s}{2}}{cn - j}.$$

证明的主体是计算验证

$$\sum_{4 \leq s \leq \delta n} \sum_{j \geq 3s/2} \binom{n}{s}\binom{\binom{s}{2}}{j}\binom{\binom{n}{2} - \binom{s}{2}}{cn - j}\binom{\binom{n}{2}}{cn}^{-1} \leq \frac{1}{100}.$$

这里是细节，下面始终假设 $j \geq 3s/2$：

第九章 色数

- 由 (A.3)，我们有
$$\binom{n}{s} \leqslant \left(\frac{en}{s}\right)^s \leqslant \left(\frac{en}{s}\right)^{2j/3}.$$

- 由 (A.2)，将 j 代入 k，我们有
$$\binom{\binom{s}{2}}{j} \leqslant \frac{\binom{s}{2}^j}{j!} \leqslant \left(\frac{es(s-1)}{2j}\right)^j \leqslant \left(\frac{es}{3}\right)^j.$$

- 当 $n \geqslant n_0 = 6c + 3$ 时，我们有 $\binom{n}{2} - cn \geqslant n^2/3$，从而
$$\binom{\binom{n}{2} - \binom{s}{2}}{cn - j}\binom{\binom{n}{2}}{cn}^{-1} \leqslant \binom{\binom{n}{2}}{cn-j}\binom{\binom{n}{2}}{cn}^{-1}$$
$$= \frac{(\binom{n}{2} - cn)!}{(\binom{n}{2} - cn + j)!} \cdot \frac{(cn)!}{(cn-j)!} \leqslant \left(\frac{cn}{\binom{n}{2} - cn}\right)^j \leqslant \left(\frac{3cn}{n^2}\right)^j \leqslant \left(\frac{3c}{n}\right)^j.$$

把这些合在一起，我们看到，当 $n \geqslant n_0$ 并且 $s \leqslant \delta n$ 时，我们有
$$\binom{n}{s}\binom{\binom{s}{2}}{j}\binom{\binom{n}{2} - \binom{s}{2}}{cn-j}\binom{\binom{n}{2}}{cn}^{-1} \leqslant \left(\frac{en}{s}\right)^{2j/3} \cdot \left(\frac{es}{3}\right)^j \cdot \left(\frac{3c}{n}\right)^j$$
$$= \left(\frac{ce^{5/3}s^{1/3}}{n^{1/3}}\right)^j \leqslant (ce^{5/3}\delta^{1/3})^j = \left(\frac{1}{4}\right)^j,$$

从而
$$\sum_{j \geqslant 3s/2} \binom{n}{s}\binom{\binom{s}{2}}{j}\binom{\binom{n}{2} - \binom{s}{2}}{cn-j}\binom{\binom{n}{2}}{cn}^{-1} \leqslant \sum_{j \geqslant 3s/2} \left(\frac{1}{4}\right)^j$$
$$= \left(\frac{1}{4}\right)^{\lceil 3s/2 \rceil} \sum_{i=0}^{\infty} \left(\frac{1}{4}\right)^i \leqslant \left(\frac{1}{4}\right)^{3s/2} \sum_{i=0}^{\infty} \left(\frac{1}{4}\right)^i = \frac{4}{3}\left(\frac{1}{4}\right)^{3s/2} = \frac{4}{3}\left(\frac{1}{8}\right)^s,$$

故
$$\sum_{4 \leqslant s \leqslant \delta n} \sum_{j \geqslant 3s/2} \binom{n}{s}\binom{\binom{s}{2}}{j}\binom{\binom{n}{2} - \binom{s}{2}}{cn-j}\binom{\binom{n}{2}}{cn}^{-1} \leqslant \frac{4}{3} \sum_{4 \leqslant s \leqslant \delta n} \left(\frac{1}{8}\right)^s$$
$$\leqslant \frac{4}{3} \sum_{s=4}^{\infty} \left(\frac{1}{8}\right)^s = \frac{4}{3}\left(\frac{1}{8}\right)^4 \frac{8}{7} = \frac{1}{2688}. \quad \square$$

提醒 一个图中的一个稳定集是由两两不相邻的一组顶点组成的集合；一个图 G 的稳定值 $\alpha(G)$ 是它的最大稳定集的顶点数。

引理 9.22 如果 m 是一个关于 n 的取值为整数的函数，并且对所有充分大的 n 都有 $e^3 n \leqslant m(n) \leqslant \binom{n}{2}$，则对每个正的 ε，几乎所有 n 阶、$m(n)$ 边的图 G 满足

$$\alpha(G) < (1+\varepsilon) \frac{n^2}{m(n)} \ln \frac{m(n)}{n}.$$

证明 记

$$s(n) = \left\lceil (1+\varepsilon) \frac{n^2}{m(n)} \ln \frac{m(n)}{n} \right\rceil,$$

用 **P** 表示所有满足下述条件的有序对 (G, F) 组成的集合，其中 G 是一个以 $1, 2, \ldots, n$ 为顶点并且边数为 $m(n)$ 的图，F 是 G 的一个在 $s(n)$ 个顶点上的诱导子图并且不含任何边。为了使得下面的式子不显得太杂乱，我们将 $m(n)$ 和 $s(n)$ 分别简记为 m 和 s。

引理断言几乎所有的 n 点、m 边的图不在 **P** 中以 G 出现，这意味着在这些有序对中以 G 出现的图的数量是

$$o\left(\binom{\binom{n}{2}}{m}\right).$$

为了证明这点，首先注意在 **P** 中以 G 出现的图的数量至多是 $|\mathbf{P}|$。F 的选择恰好有

$$\binom{n}{s}$$

种，并且每个 F 恰好出现在 **P** 的

$$\binom{\binom{n}{2} - \binom{s}{2}}{m}$$

对中；因此

$$|\mathbf{P}| = \binom{n}{s} \binom{\binom{n}{2} - \binom{s}{2}}{m}.$$

证明的主体是计算表明

$$\binom{n}{s} \binom{\binom{n}{2} - \binom{s}{2}}{m} \binom{\binom{n}{2}}{m}^{-1} = o(1).$$

这里是其具体内容：

第九章 色数

- 由 (A.2)，我们有
$$\binom{n}{s} \leqslant \left(\frac{en}{s}\right)^s.$$

- 由于 $1+x \leqslant e^x$ 对所有 x 成立，我们有
$$\left(\binom{\binom{n}{2}-\binom{s}{2}}{m}\right)\binom{\binom{n}{2}}{m}^{-1} \leqslant \left(\frac{\binom{n}{2}-\binom{s}{2}}{\binom{n}{2}}\right)^m$$
$$= \left(1 - \frac{\binom{s}{2}}{\binom{n}{2}}\right)^m \leqslant e^{-ms(s-1)/n(n-1)}.$$

- 对所有充分大的 n 我们有
$$s \geqslant \ln n$$

(如果 $m \leqslant n^{3/2}$，那么 $s \geqslant n^{1/2}\ln(m/n) \geqslant 3n^{1/2}$；如果 $m \geqslant n^{3/2}$，那么 $s \geqslant 2\ln(m/n) \geqslant \ln n)$，从而 $s \geqslant 1 + 1/\varepsilon$，故
$$\frac{m(s-1)}{n(n-1)} \geqslant \frac{m(s-1)}{n^2} \geqslant \frac{ms}{(1+\varepsilon)n^2} \geqslant \ln\frac{m}{n}.$$

把这些合在一起，我们得到
$$\binom{n}{s}\left(\binom{\binom{n}{2}-\binom{s}{2}}{m}\right)\binom{\binom{n}{2}}{m}^{-1} \leqslant \left(\frac{en}{s}\right)^s e^{-ms(s-1)/n(n-1)}$$
$$\leqslant \left(\frac{en}{s}\right)^s \left(\frac{n}{m}\right)^s \leqslant \left(\frac{e}{\ln(m/n)}\right)^s \leqslant \left(\frac{e}{3}\right)^s \leqslant \left(\frac{e}{3}\right)^{\ln n} = o(1). \quad \square$$

引理 9.22 的上界在渐近意义下是紧的，对几乎所有的 n 阶、$m(n)$ 边 ($m(n) = o(n^2)$) 的图 G，
$$\alpha(G) = (1+o(1))\frac{n^2}{m(n)}\ln\frac{m(n)}{n}.$$

Alan Frieze [174] 建立了 $\alpha(G)$ 的一个精细得多的渐近公式。

定理 9.20 的证明　给定正整数 k，选择一个正整数 c 使得 $c/\ln c > 2k$ 并且 $c > e^3$。由引理 9.22，几乎所有 n 点、cn 边的图 G 有：

(i) $\alpha(G) < n/k$；

由引理 9.21，存在正的常数 δ 使得至少有 99% 的 n 点、cn 边的图 G 满足：

(ii) G 的每个 s 顶点 $(0 < s \leqslant \delta n)$ 的子图 F 的边数少于 $3s/2$；

因此，对所有充分大的 n，至少有 98% 的 n 点、cn 边的图 G 同时具有性质 (i) 和 (ii)。性质 (i) 蕴涵了 $\chi(G) > n/k$；性质 (ii) 蕴涵了：

(iii) G 的每个顶点数不超过 δn 的子图 F 满足 $\min_v d_F(v) \leqslant 2$；

由定理 9.17，性质 (iii) 蕴涵了 G 的每个顶点数不超过 δn 的子图的色数不超过 3。 $\square$

Erdős 在他对定理 9.1、定理 9.11 和定理 9.20 的证明中首创的范例是简单的，尽管所需的计算可能有些复杂。具体如下：

引理 9.23 (用两种方法对有序对计数)　设 Ω 和 Δ 是有限集，设 $\mathbf{P}$ 是 $\Omega \times \Delta$ 的一个子集，并设 s 是一个正整数。对 Δ 的每个元素 F，用 $t(F)$ 表示 $\mathbf{P}$ 中包含 F 的有序对的数量。则在 $\mathbf{P}$ 的有序对中出现至少 s 次的 Ω 的元素至多有 $\frac{1}{s} \sum_{F \in \Delta} t(F)$ 个。

证明　令 r 为出现在 $\mathbf{P}$ 的至少 s 对中的 Ω 的元素个数，我们有

$$|\mathbf{P}| = \sum_{G \in \Omega} \sum_{(G,F) \in \mathbf{P}} 1 \geqslant rs,$$

$$|\mathbf{P}| = \sum_{F \in \Delta} \sum_{(G,F) \in \mathbf{P}} 1 = \sum_{F \in \Delta} t(F),$$

所以 $rs \leqslant \sum_{F \in \Delta} t(F)$。 $\square$

例如，在引理 9.12 中，Ω 是所有以 $1, 2, \ldots, n$ 为顶点并且边数为 m 的图组成的集合；Δ 是所有的顶点来自 $\{1, 2, \ldots, n\}$ 并且长度不超过 ℓ 的圈组成的集合；$\Omega \times \Delta$ 中的一个有序对 (G, F) 属于 $\mathbf{P}$ 当且仅当 F 是 G 的一个子图。这里 $s = n$，而引理的证明相当于确立 $\frac{1}{n} \sum_{F \in \Delta} t(F) = o(|\Omega|)$。

在定理 9.1、引理 9.13、引理 9.22 和引理 9.21 的证明中，使用了引理 9.23 最基础的形式，其中 $s = 1$ 并且 $t(y)$ 不依赖于 y。

我们将在第 10.4 节回到引理 9.23。

第九章 色数

1974 年秋天，我刚刚经过两年的间歇重返斯坦福大学，我买了另一辆二手的野马车，并再次陷入青春期才该有的对速度的沉迷中。Neal Cassady[1] 在我的思绪中从未远离，一有合适的机会我就会把油门踩到底。一次在 5 号公路驶向洛杉矶时，我由于开到了每小时 110 英里而被罚了 120 美元。我的乘客经常恳请我开得慢一些，有时候他们选择自己乘坐公共交通工具回家。

就像之前在安大略发生的一样，我在加利福尼亚又碰巧成为 Erdős 的私人司机。在职业生涯的这个新阶段中，我的第一个任务是把他从斯坦福送到圣巴巴拉。起初，我平淡地保持着仅比限速快 5 英里的时速：毕竟旅行伙伴们常有的惊惶反应还历历在目。但是最终我不知不觉地加速，直到我们的车成为 101 号公路这一路段上最快的车辆。轮胎轻轻地拍打柏油路的声音以及超越慢车道车辆时间歇地发出的嗖的声音就像是一种舒缓的背景音乐。

大约过了一小时，一辆汽车出现在我的后视镜中，当它拉近与我们之间的距离时，我换到了右车道让它通过。当 Erdős 发现在左侧有一辆车正在一点点超过我们时，他神情凝重地看了我一眼。"你为什么开得这么慢？"他问。

---

[1] 美国"垮掉的一代"（Beat Generation）以及 20 世纪 60 年代文化运动的代表人物。——译者注

第十章　图的属性阈值

Paul Erdős 和他的朋友 Alfréd Rényi 在 [147] 和 [148] 中奠定了随机图理论的基础。这里是其主要概念。

定义　一个 n 顶点、m 边的随机图具有某种属性 (例如具有 "连通" 或者 "包含三角形" 的属性) 的概率定义为以 $1, 2, \ldots, n$ 为顶点、边数为 m、具有这一属性的图和以 $1, 2, \ldots, n$ 为顶点、边数为 m 的所有图的数量

$$\binom{\binom{n}{2}}{m}$$

之比例。

如在第 159 页所说明的，Erdős 和 Rényi 在 [148] 中引入了术语几乎所有的 n 顶点、$m(n)$ 边的图具有某种属性，其含义是，当 n 趋向无穷大时，一个 n 点、$m(n)$ 边的随机图具有这种属性的概率趋向于 1。他们对随机图的研究揭示了有一些图的属性具有阈值函数 θ，意思是：

- 如果 $\lim_{n \to \infty} m(n)/\theta(n) = 0$,
  那么几乎所有 n 点、$m(n)$ 边的图不具有该属性，
- 如果 $\lim_{n \to \infty} m(n)/\theta(n) = \infty$,
  那么几乎所有 n 点、$m(n)$ 边的图具有该属性。

在 [148] 中，甚至更重要的是在其延伸的摘要 [149] 中，Erdős 和 Rényi 提出将他们的以 $1, 2, \ldots, n$ 为顶点的随机图看成是一步步、每次加一条边演化而成的，一开始在 0 时刻没有任何边。$\binom{n}{2}$ 条候选边中的每一条等概率地在 1 时刻被加入这个图，然后剩下的 $\binom{n}{2} - 1$ 条候选边中的每一条等概率地在 2 时刻被加入，依此类推：在 t 时刻，这个图有了 t 条边，而没有加入的 $\binom{n}{2} - t$ 条边中的每一条等概率地被加入。显然，所有以 $1, 2, \ldots, n$ 为顶点并具有 t 条边的

$$\binom{\binom{n}{2}}{t}$$

个图都以相同的概率在 t 时刻出现。

Alfred Rényi 和 Paul Erdős (1957 年)

由 János Pach 提供

10.1 连通性

提醒 当 f, g, d 是定义在正整数上的实值函数时，我们用 $f(n) = o(g(n))$ 表示 $\lim_{n\to\infty} f(n)/g(n) = 0$，并用 $f(n) = g(n) + o(d(n))$ 表示 $f(n) - g(n) = o(d(n))$。

Erdős 和 Rényi 证明的第一个关于随机图的定理表明 $n \log n$ 是 "具有连通性" 这一属性的阈值函数。事实上，这个定理要精细得多：

定理 10.1 ([147, 定理 1]) 令 $p(n, m)$ 为一个 n 顶点、m 边的随机图连通的概率。如果 c 是一个实数并且 $m : \mathbf{N} \to \mathbf{N}$ 是一个满足 $m(n) = \frac{1}{2} n \ln n + cn + o(n)$

的函数，则
$$\lim_{n\to\infty} p(n, m(n)) = e^{-e^{-2c}}.$$

由于
$$e^{-e^{1.528}} < 0.01 \quad \text{以及} \quad e^{-e^{-4.602}} > 0.99,$$

这个定理保证了，在从 $t = \frac{1}{2}n\ln n - \lceil 0.764n \rceil$ 到 $t = \frac{1}{2}n\ln n + \lceil 2.301n \rceil$ 的时间窗口中，每个时刻加一条边地一步步演化的随机图中有多于 99% 从不连通变成了连通的。

我们将在第 10.1.4 节中证明定理 10.1。证明所需的工具在更一般的情况下适用；我们在第 10.1.1 节给出这些工具。

10.1.1　容斥原理和 Bonferroni 不等式

在某大学的 28 位院长中，有 11 位既喝酒又玩牌，有 21 位喝酒 (可能也玩牌)，有 17 位玩牌 (可能也喝酒)。他们中有多少位既不喝酒也不玩牌？为了回答这个问题，让我们记

- $x(\{1, 2\})$　为既喝酒又玩牌的院长的人数，
- $x(\{1\})$　为喝酒但不玩牌的院长的人数，
- $x(\{2\})$　为玩牌但不喝酒的院长的人数，
- $x(\emptyset)$　为既不喝酒也不玩牌的院长的人数。

我们知道
$$\begin{aligned}
x(\{1,2\}) &= 11, \\
x(\{1,2\}) + x(\{1\}) &= 21, \\
x(\{1,2\}) \qquad\quad + x(\{2\}) &= 17, \\
x(\{1,2\}) + x(\{1\}) + x(\{2\}) + x(\emptyset) &= 28;
\end{aligned}$$

解这个方程组，我们得到 $x(\{1\}) = 10$，$x(\{2\}) = 6$ 以及 $x(\emptyset) = 1$。

更一般地，考虑一个有限集 S 和任意两个 S 的子集 S_1 和 S_2。这两个子集将 S 划分成四个互不相交的原子 (*atom*)：

$$S_1 \cap S_2, \quad S_1 - S_2, \quad S_2 - S_1, \quad S - (S_1 \cup S_2),$$

其中有些可能是空集。分别用 $x(\{1, 2\}), x(\{1\}), x(\{2\}), x(\emptyset)$ 表示这些原子的大小：让我们记

$x(\{1,2\})$ 　为同时在 S_1 和 S_2 中的元素个数,

$x(\{1\})$ 　为在 S_1 中但不在 S_2 中的元素个数,

$x(\{2\})$ 　为在 S_2 中但不在 S_1 中的元素个数,

$x(\emptyset)$ 　为不在 S_1 也不在 S_2 中的元素个数。

进一步让我们记

$y(\{1,2\})$ 　为同时在 S_1 和 S_2 中的元素个数,即 $x(\{1,2\})$,

$y(\{1\})$ 　为 S_1 中的元素个数,

$y(\{2\})$ 　为 S_2 中的元素个数,

$y(\emptyset)$ 　为 S 中的元素总数。

由定义,我们有

$$\begin{aligned} x(\{1,2\}) &= y(\{1,2\}), \\ x(\{1,2\}) + x(\{1\}) &= y(\{1\}), \\ x(\{1,2\}) + x(\{2\}) &= y(\{2\}), \\ x(\{1,2\}) + x(\{1\}) + x(\{2\}) + x(\emptyset) &= y(\emptyset); \end{aligned}$$

解这个方程组,我们得到

$$\begin{aligned} x(\{1,2\}) &= y(\{1,2\}), \\ x(\{1\}) &= -y(\{1,2\}) + y(\{1\}), \\ x(\{2\}) &= -y(\{1,2\}) + y(\{2\}), \\ x(\emptyset) &= y(\{1,2\}) - y(\{1\}) - y(\{2\}) + y(\emptyset). \end{aligned}$$

$x(\emptyset)$ 的公式是所谓容斥原理的一个简单情况。为了解释为什么人们使用这个名称,让我们把公式的推导写成

$$\begin{aligned} x(\emptyset) &= y(\emptyset) - \big(x(\{1\}) + x(\{2\}) + x(\{1,2\})\big) \\ &= y(\emptyset) - \big(y(\{1\}) + y(\{2\})\big) + x(\{1,2\}) \\ &= y(\emptyset) - \big(y(\{1\}) + y(\{2\})\big) + y(\{1,2\}). \end{aligned}$$

为了计算既不喝酒又不玩牌的院长的数量 $x(\emptyset)$,我们从包含所有 $y(\emptyset)$ 位院长开始;这是 $x(\emptyset)$ 的一个上界,所以下一步我们排除所有喝酒(也可能玩牌)的 $y(\{1\})$ 位院长,也排除所有玩牌(也可能喝酒)的 $y(\{2\})$ 位院长;但这样的话,那 $y(\{1,2\})$ 位既喝酒也玩牌的院长在所得的计数 $y(\emptyset) - (y(\{1\}) + y(\{2\}))$ 中被排除了两次,我们把他们包含回来作为补偿。

第十章 图的属性阈值

为了将这一原理推到其最广泛的形式，考虑任意有限集 S 以及 S 的任意 n 个子集 $S_1, S_2, \ldots, S_n$。这 n 个子集将 S 划分为 2^n 个互不相交的原子，其中某些可以是空的。对于取遍 $\{1, 2, \ldots, n\}$ 的所有子集的 I，令 $x(I)$ 为这些原子的大小，即 $x(I)$ 是这样的元素的个数，它属于某个 S_k 当且仅当 $k \in I$。进一步，对 $\{1, 2, \ldots, n\}$ 的每个子集 J，令 $y(J)$ 为这样的元素的个数，它属于某个 S_k 当（但不需要是仅当）$k \in J$。由定义，我们有

$$\text{对所有 } J, \quad \sum_{I \supseteq J} x(I) = y(J). \tag{10.1}$$

定理 10.2 (容斥原理)　(10.1) 的每组解满足

$$x(\emptyset) = \sum_J (-1)^{|J|} y(J).$$

证明　如果 i 是一个正整数，那么由二项式公式，$\sum_{j=0}^{i} (-1)^j \binom{i}{j} = (-1+1)^i = 0$；如果 $i = 0$，那么 $\sum_{j=0}^{i} (-1)^j \binom{i}{j} = (-1)^0 \binom{0}{0} = 1$。由此，(10.1) 的每组解满足

$$\sum_J (-1)^{|J|} y(J) = \sum_J (-1)^{|J|} \left(\sum_{I \supseteq J} x(I) \right) = \sum_I \left(\sum_{J \subseteq I} (-1)^{|J|} \right) x(I)$$

$$= \sum_I \left(\sum_{j=0}^{|I|} (-1)^j \binom{|I|}{j} \right) x(I) = x(\emptyset). \qquad \square$$

我们对"容斥"这一用语的解释暗示了下面这些不等式。

定理 10.3 (Bonferroni 不等式)　(10.1) 的每组解满足

$$\text{对每个非负偶数 } k, \quad x(\emptyset) \leq \sum_{|J| \leq k} (-1)^{|J|} y(J),$$

$$\text{对每个非负奇数 } k, \quad x(\emptyset) \geq \sum_{|J| \leq k} (-1)^{|J|} y(J).$$

证明　设 k 和 i 是正整数，那么 $\binom{i-1}{k+1} - \binom{i-1}{k} = \binom{i}{k+1}$，从而直接对 k 归纳表明 $\sum_{j=0}^{k} (-1)^j \binom{i}{j} = (-1)^k \binom{i-1}{k}$。因此 (10.1) 的每组解满足，对每个非负整数 k，

$$\sum_{|J|\leqslant k}(-1)^{|J|}y(J) = \sum_{|J|\leqslant k}(-1)^{|J|}\left(\sum_{I\supseteq J}x(I)\right) = \sum_{I}\left(\sum_{\substack{J\subseteq I\\|J|\leqslant k}}(-1)^{|J|}\right)x(I)$$

$$= \sum_{I}\left(\sum_{j=0}^{k}(-1)^{j}\binom{|I|}{j}\right)x(I) = x(\emptyset) + (-1)^{k}\sum_{|I|\geqslant 1}\binom{|I|-1}{k}x(I). \qquad \square$$

定理 10.3 隐含在 Károly Jordán (1871–1959) 在 1927 年发表的对容斥原理的证明 [230] 中。其中的不等式被称为 *Bonferroni* 不等式，以 Carlo Emilio Bonferroni (1892–1960) 的名字命名——他在更晚的时候证明了它们 [50]，并在统计学中多次使用它们。

10.1.2 关于孤立顶点的引理

定义 一个图中的一个顶点被称为*孤立的*，如果它的度数为零。

记号 我们用 **N** 表示所有正整数组成的集合。

提醒 当 f, g, d 是定义在正整数上的实值函数时，我们用 $f(n) = O(g(n))$ 表示对某个正的常数 c 和所有充分大的 n 都有 $|f(n)| \leqslant cg(n)$，并用 $f(n) = g(n) + O(d(n))$ 表示 $f(n) - g(n) = O(d(n))$。

引理 10.4 记 $f(n, m)$ 为一个 n 点、m 边的随机图不含孤立点的概率。如果 c 是一个实数并且 $m : \mathbf{N} \to \mathbf{N}$ 是一个满足 $m(n) = \frac{1}{2}n\ln n + cn + o(n)$ 的函数，则

$$\lim_{n\to\infty} f(n, m(n)) = e^{-e^{-2c}}.$$

证明 为了使得下面的式子不显得太杂乱，我们将 $m(n)$ 简记为 m。给定正整数 n，考虑所有以 $1, 2, \ldots, n$ 为顶点并且边数为 m 的图组成的集合 S。用 S_j 表示 S 中顶点 j 为孤立点的那些图所组成的集合，这制造出了第 10.1.1 节中的情况，这里 $x(\emptyset)$ 是 S 中没有孤立点的图的数量，而 $y(J)$ 是 S 中所有使得在 J 中的顶点都是孤立点 (也可能有其他孤立点) 的图的数量。由于

$$x(\emptyset) = f(n, m)\binom{\binom{n}{2}}{m} \quad \text{以及} \quad y(J) = \binom{\binom{n-|J|}{2}}{m},$$

第十章 图的属性阈值

定理 10.3 保证了

$$\text{对每个非负偶数 } k, \quad f(n,m) \leqslant \sum_{|J| \leqslant k} (-1)^{|J|} \binom{\binom{n-|J|}{2}}{m} \binom{\binom{n}{2}}{m}^{-1},$$

$$\text{对每个非负奇数 } k, \quad f(n,m) \geqslant \sum_{|J| \leqslant k} (-1)^{|J|} \binom{\binom{n-|J|}{2}}{m} \binom{\binom{n}{2}}{m}^{-1}.$$

这意味着，对每个非负整数 k，

$$\sum_{j=0}^{2k+1} (-1)^j \binom{n}{j} \binom{\binom{n-j}{2}}{m} \binom{\binom{n}{2}}{m}^{-1} \leqslant f(n,m)$$

$$\leqslant \sum_{j=0}^{2k} (-1)^j \binom{n}{j} \binom{\binom{n-j}{2}}{m} \binom{\binom{n}{2}}{m}^{-1}. \quad (10.2)$$

我们将会证明，对每个非负整数 j，

$$\lim_{n \to \infty} \binom{n}{j} \binom{\binom{n-j}{2}}{m} \binom{\binom{n}{2}}{m}^{-1} = \frac{e^{-2cj}}{j!}; \quad (10.3)$$

代入 (10.2)，我们得到

$$\sum_{j=0}^{2k+1} (-1)^j \frac{(e^{-2c})^j}{j!} \leqslant \liminf_{n \to \infty} f(n,m) \leqslant \limsup_{n \to \infty} f(n,m) \leqslant \sum_{j=0}^{2k} (-1)^j \frac{(e^{-2c})^j}{j!}.$$

记得

$$\lim_{k \to \infty} \sum_{j=0}^{2k+1} (-1)^j \frac{x^j}{j!} = \lim_{k \to \infty} \sum_{j=0}^{2k} (-1)^j \frac{x^j}{j!} = e^{-x},$$

这结束了引理的证明。

(10.3) 的证明

注意

$$\ln\left(\binom{\binom{n-j}{2}}{m} \binom{\binom{n}{2}}{m}^{-1}\right) = \ln \prod_{i=0}^{m-1} \left(\frac{\binom{n-j}{2}-i}{\binom{n}{2}-i}\right) = \sum_{i=0}^{m-1} \ln\left(1 - \frac{\binom{n}{2}-\binom{n-j}{2}}{\binom{n}{2}-i}\right),$$

从而

$$m\ln\left(1-\frac{\binom{n}{2}-\binom{n-j}{2}}{\binom{n}{2}-m+1}\right)\leqslant \ln\left(\binom{\binom{n-j}{2}}{m}\binom{\binom{n}{2}}{m}^{-1}\right)\leqslant m\ln\left(1-\frac{\binom{n}{2}-\binom{n-j}{2}}{\binom{n}{2}}\right).$$

因为

$$\frac{\binom{n}{2}-\binom{n-j}{2}}{\binom{n}{2}-m+1}=\frac{\binom{n}{2}-\binom{n-j}{2}}{\binom{n}{2}}\cdot\frac{\binom{n}{2}}{\binom{n}{2}-m+1}$$

以及

$$\frac{\binom{n}{2}}{\binom{n}{2}-m+1}=1+\frac{m-1}{\binom{n}{2}-m+1}=1+O(n^{-1}\ln n),$$

因此

$$\ln\left(\binom{\binom{n-j}{2}}{m}\binom{\binom{n}{2}}{m}^{-1}\right)=m\ln\left(1-(1+O(n^{-1}\ln n))\frac{\binom{n}{2}-\binom{n-j}{2}}{\binom{n}{2}}\right).$$

此式以及

$$\frac{\binom{n}{2}-\binom{n-j}{2}}{\binom{n}{2}}=\frac{j(n-j)+\binom{j}{2}}{\binom{n}{2}}=\frac{2j}{n}+O(n^{-2})$$

表明

$$\ln\left(\binom{\binom{n-j}{2}}{m}\binom{\binom{n}{2}}{m}^{-1}\right)=m\ln\left(1-\frac{2j}{n}+O(n^{-2}\ln n)\right).$$

最后，由于 $x-x^2\leqslant \ln(1+x)\leqslant x$ 对所有 $x\geqslant -0.5$ 成立 (一个简单的微积分练习)，我们推出

$$\ln\left(1-\frac{2j}{n}+O(n^{-2}\ln n)\right)=-\frac{2j}{n}+O(n^{-2}\ln n),$$

从而

$$\ln\left(\binom{\binom{n-j}{2}}{m}\binom{\binom{n}{2}}{m}^{-1}\right)=\left(\tfrac{1}{2}n\ln n+cn+o(n)\right)\cdot\left(-\frac{2j}{n}+O(n^{-2}\ln n)\right)$$

$$=-j\ln n-2jc+o(1),$$

这意味着
$$\binom{n-j}{2}\binom{\binom{n}{2}}{m}^{-1} = (1+o(1))n^{-j}e^{-2cj}.$$

由于 $\binom{n}{j} = (1+o(1))n^j/j!$，这就推出了 (10.3)。 □

10.1.3 关于单个非平凡连通分支的引理

引理 10.5 如果 $m : \mathbf{N} \to \mathbf{N}$ 是一个满足 $m = \frac{1}{2}n\ln n + O(n)$ 的函数，那么几乎所有的 n 顶点、$m(n)$ 边的图只有一个多于一个顶点的连通分支 (连通块)。

证明 我们称一个图中的一个连通分支为非平凡的，如果它包含多于一个顶点。如果一个 n 阶图有两个或两个以上的非平凡连通分支，那么其中最小的那个的顶点数不超过 $n/2$。所以我们可以通过证明几乎所有的 n 阶、$m(n)$ 边的图都不包含顶点数至多为 $n/2$ 的非平凡连通分支来证明我们的引理。为此，令 **P** 为所有下述有序对 (G, F) 组成的集合，其中 G 是一个以 $1, 2, \ldots, n$ 为顶点且边数为 $m(n)$ 的图，F 是 G 的一个顶点数至少为 2、至多为 $n/2$ 的连通分支。再一次，让我们把 $m(n)$ 简记为 m。我们想要证明几乎所有的 n 顶点、m 边的图不在 **P** 中以 G 出现，这意味着这些有序对中以 G 出现的图的数量是

$$o\left(\binom{\binom{n}{2}}{m}\right).$$

为了证明这点，首先注意到在 **P** 的对中以 G 出现的图的数量至多是 $|\mathbf{P}|$。**P** 中的每一对 (G, F) 可以被这样作出：首先选择 F 的顶点数 s (至少为 2、至多为 $\lfloor n/2 \rfloor$)，然后实际选择这个顶点集 S，再选择 F 的边数 t (至少为 1、至多为 $s(s-1)/2$；我们将只依赖于其中的下界)，最后选择 G 的边集。由于 G 的每条边要么两个端点都在 S 中，要么两个端点都在 S 之外，G 的边集的选择数至多是

$$\sum_{t=1}^{m}\binom{\binom{s}{2}}{t}\binom{\binom{n-s}{2}}{m-t};$$

因此

$$|\mathbf{P}| \leqslant \sum_{s=2}^{\lfloor n/2 \rfloor}\binom{n}{s}\sum_{t=1}^{m}\binom{\binom{s}{2}}{t}\binom{\binom{n-s}{2}}{m-t}.$$

证明的剩余部分是计算表明

$$\sum_{s=2}^{\lfloor n/2 \rfloor} \binom{n}{s} \sum_{t=1}^{m} \binom{\binom{s}{2}}{t} \binom{\binom{n-s}{2}}{m-t} \binom{\binom{n}{2}}{m}^{-1} = o(1). \tag{10.4}$$

为了证明 (10.4), 选择一个将大于 1 的整数映射到正整数的函数 f 使其满足

$$\lim_{n \to \infty} f(n) = \infty \quad \text{但} \quad f(n) = o(\ln n).$$

我们将分别证明

$$\sum_{s=f(n)}^{\lfloor n/2 \rfloor} \binom{n}{s} \sum_{t=1}^{m} \binom{\binom{s}{2}}{t} \binom{\binom{n-s}{2}}{m-t} \binom{\binom{n}{2}}{m}^{-1} = o(1) \tag{10.5}$$

以及

$$\sum_{s=2}^{f(n)} \binom{n}{s} \sum_{t=1}^{m} \binom{\binom{s}{2}}{t} \binom{\binom{n-s}{2}}{m-t} \binom{\binom{n}{2}}{m}^{-1} = o(1). \tag{10.6}$$

两个证明都依赖于条件 $m = \frac{1}{2} n \ln n + O(n)$ 所表明的: 存在正实数 c 满足

$$\text{对所有 } n, \quad \frac{1}{2} n \ln n - cn \leqslant m \leqslant \frac{1}{2} n \ln n + cn. \tag{10.7}$$

(10.5) 的证明

这里 $t \geqslant 1$ 的下界是多余的: 我们将证明对所有充分大的 s 都有

$$s \leqslant n/2 \Rightarrow \binom{n}{s} \sum_{t=0}^{m} \binom{\binom{s}{2}}{t} \binom{\binom{n-s}{2}}{m-t} \binom{\binom{n}{2}}{m}^{-1} \leqslant (1/2)^s. \tag{10.8}$$

这个界可推出

$$\sum_{s=f(n)}^{\lfloor n/2 \rfloor} \binom{n}{s} \sum_{t=0}^{m} \binom{\binom{s}{2}}{t} \binom{\binom{n-s}{2}}{m-t} \binom{\binom{n}{2}}{m}^{-1} \leqslant \sum_{s=f(n)}^{\lfloor n/2 \rfloor} \left(\frac{1}{2}\right)^s \leqslant \sum_{s=f(n)}^{\infty} \left(\frac{1}{2}\right)^s$$

$$= 2 \left(\frac{1}{2}\right)^{f(n)} = o(1).$$

为了证明 (10.8), 我们论述如下。由于

$$\sum_{t=0}^{m} \binom{\binom{s}{2}}{t} \binom{\binom{n-s}{2}}{m-t} \binom{\binom{n}{2}}{m}^{-1} = \binom{\binom{s}{2} + \binom{n-s}{2}}{m} \binom{\binom{n}{2}}{m}^{-1}$$

第十章 图的属性阈值

$$= \binom{\binom{n}{2} - s(n-s)}{m}\binom{\binom{n}{2}}{m}^{-1}$$

$$\leqslant \left(\frac{\binom{n}{2} - s(n-s)}{\binom{n}{2}}\right)^m$$

$$= \left(1 - \frac{s(n-s)}{\binom{n}{2}}\right)^m$$

$$\leqslant \exp\left(-s(n-s)\frac{2m}{n^2-n}\right)$$

$$\leqslant \exp\left(-s(n-s)\frac{2m}{n^2}\right),$$

我们有

$$\sum_{t=0}^{m}\binom{\binom{s}{2}}{t}\binom{\binom{n-s}{2}}{m-t}\binom{\binom{n}{2}}{m}^{-1} \leqslant \exp\left((n-s)\frac{2m}{n^2}\right)^{-s};$$

由 (10.7), 我们有

$$(n-s)\frac{2m}{n^2} \geqslant \frac{(n-s)\ln n - 2c(n-s)}{n} \geqslant \ln n - s\frac{\ln n}{n} - 2c;$$

由 (A.3), 我们有 $\binom{n}{s} < (en/s)^s$。因此

$$\binom{n}{s}\sum_{t=0}^{m}\binom{\binom{s}{2}}{t}\binom{\binom{n-s}{2}}{m-t}\binom{\binom{n}{2}}{m}^{-1} \leqslant \exp\left(-1 + \ln s - s\frac{\ln n}{n} - 2c\right)^{-s}.$$

现在只剩下证明, 对所有足够大的 s, 我们有

$$n \geqslant 2s \implies -1 + \ln s - s\frac{\ln n}{n} - 2c \geqslant \ln 2. \tag{10.9}$$

由于当 n 从 $n = 3$ 开始增加时 $n^{-1}\ln n$ 减小, 我们有

$$n \geqslant 2s \implies \frac{\ln n}{n} \leqslant \frac{\ln(2s)}{2s} = \frac{\ln 2}{2s} + \frac{\ln s}{2s},$$

从而

$$n \geqslant 2s \implies -1 + \ln s - s\frac{\ln n}{n} - 2c \geqslant -1 + \frac{\ln s}{2} - \frac{\ln 2}{2} - 2c,$$

这就对所有充分大的 s 证明了 (10.9)。

(10.6) 的证明

这里，(10.8) 中的界是无用的，而 $t \geqslant 1$ 的下界是不可或缺的。我们将证明对所有充分大的 n 有

$$s \leqslant f(n) \Rightarrow \binom{n}{s} \sum_{t=1}^{m} \binom{\binom{s}{2}}{t}\binom{\binom{n-s}{2}}{m-t}\binom{\binom{n}{2}}{m}^{-1} \leqslant \frac{1}{n^{1/2}}, \qquad (10.10)$$

很明显这蕴涵了 (10.6)。

我们对 (10.10) 的证明依赖于不等式

$$\sum_{t=1}^{m} \binom{\binom{s}{2}}{t}\binom{\binom{n-s}{2}}{m-t} \leqslant \binom{s}{2}\binom{\binom{s}{2}+\binom{n-s}{2}-1}{m-1}.$$

为了理解这个不等式，考虑不相交的集合 A 和 B，其中 $|A| = \binom{s}{2}$ 以及 $|B| = \binom{n-s}{2}$：不等式的左边统计的是 $A \cup B$ 的满足 $|E \cap A| \geqslant 1$ 的 m 元子集 E 的个数，右边统计的是有序对 (E, e) 的个数，其中 E 是 $A \cup B$ 的一个 m 元子集，$e \in E \cap A$ (首先在 A 中选一个 e，然后选一个包含 e 的 E)。

为了证明 (10.10)，我们论述如下。由于

$$\sum_{t=1}^{m} \binom{\binom{s}{2}}{t}\binom{\binom{n-s}{2}}{m-t}\binom{\binom{n}{2}}{m}^{-1} \leqslant \binom{s}{2}\binom{\binom{s}{2}+\binom{n-s}{2}-1}{m-1}\binom{\binom{n}{2}}{m}^{-1}$$

$$= \binom{s}{2}\binom{\binom{n}{2}-s(n-s)-1}{m-1}\binom{\binom{n}{2}}{m}^{-1}$$

$$= \frac{ms(s-1)}{n(n-1)}\binom{\binom{n}{2}-s(n-s)-1}{m-1}\binom{\binom{n}{2}-1}{m-1}^{-1}$$

$$\leqslant \frac{ms(s-1)}{n(n-1)}\left(\frac{\binom{n}{2}-s(n-s)-1}{\binom{n}{2}-1}\right)^{m-1}$$

$$= \frac{ms(s-1)}{n(n-1)}\left(1 - \frac{s(n-s)}{\binom{n}{2}-1}\right)^{m-1}$$

$$\leqslant \frac{ms(s-1)}{n(n-1)}\exp\left(-s(n-s)\frac{2m-2}{n^2-n-2}\right)$$

$$\leqslant \frac{ms(s-1)}{n(n-1)}\exp\left(-s(n-s)\frac{2m-2}{n^2}\right)$$

$$\leqslant \frac{ms(s-1)}{n(n-1)}\exp\left(-s(n-s)\frac{2m}{n^2} + \frac{2s}{n}\right),$$

第十章 图的属性阈值

我们有

$$\sum_{t=1}^{m}\binom{s}{2}\binom{n-s}{m-t}\binom{n}{m}^{-1} \leqslant \frac{ms^2}{n^2}\exp\left(-s(n-s)\frac{2m}{n^2}+\frac{2s}{n}\right);$$

由 (10.7)，我们有

$$\frac{2m}{n^2} \leqslant \frac{\ln n + 2c}{n}$$

以及

$$s(n-s)\frac{2m}{n^2} \geqslant \frac{s(n-s)\ln n - 2cs(n-s)}{n} \geqslant s\ln n - \frac{s^2\ln n}{n} - 2cs;$$

显然 $\binom{n}{s} < n^s$，因此

$$\binom{n}{s}\sum_{t=1}^{m}\binom{s}{2}\binom{n-s}{m-t}\binom{n}{m}^{-1} \leqslant \frac{s^2(\ln n + 2c)}{2n}\exp\left(\frac{s^2\ln n}{n}+2cs+\frac{2s}{n}\right)$$

$$= \frac{s^2(\ln n + 2c)\cdot n^{s^2/n}\cdot e^{2s/n}\cdot e^{2cs}}{2n}.$$

现在只需要证明的是，对所有充分大的 n，我们有

$$s \leqslant f(n) \implies s^2(\ln n + 2c)\cdot n^{s^2/n}\cdot e^{2s/n}\cdot e^{2cs} \leqslant 2n^{1/2}. \tag{10.11}$$

$f(n) = o(\ln n)$ 的假设保证了对所有充分大的 n 我们有

$$f(n)^2(\ln n + 2c) \leqslant n^{1/8}, \quad n^{f(n)^2/n} \leqslant n^{1/8}, \quad e^{2f(n)/n} \leqslant n^{1/8}, \quad e^{2cf(n)} \leqslant n^{1/8}.$$

(这些界中的最后一个是瓶颈，它使得 $f(n) = o(\ln n)$ 是必需的；前三个界可以由更弱的假设得到。) 这证明了 (10.11)。 □

10.1.4 定理 10.1 的证明

设 $m: \mathbf{N} \to \mathbf{N}$ 是一个满足 $m(n) = \frac{1}{2}n\ln n + cn + o(n)$ 的函数，让我们记

$\mathcal{A}_n$ 为所有以 $1, 2, \ldots, n$ 为顶点且边数为 $m(n)$ 的图组成的集合，
$\mathcal{B}_n$ 为 $\mathcal{A}_n$ 中所有只有一个非平凡的连通分支的图组成的集合，
$\mathcal{C}_n$ 为 $\mathcal{A}_n$ 中所有没有孤立点的图组成的集合。

由于一个图是连通的当且仅当它只有一个非平凡的连通分支并且没有

孤立点，我们有

$$p(n, m(n)) = \frac{|\mathcal{B}_n \cap \mathcal{C}_n|}{|\mathcal{A}_n|} = \frac{|\mathcal{C}_n|}{|\mathcal{A}_n|} - \frac{|\mathcal{C}_n - \mathcal{B}_n|}{|\mathcal{A}_n|};$$

引理 10.4 断言

$$\lim_{n \to \infty} \frac{|\mathcal{C}_n|}{|\mathcal{A}_n|} = e^{-e^{-2c}};$$

引理 10.5 断言

$$\lim_{n \to \infty} \frac{|\mathcal{B}_n|}{|\mathcal{A}_n|} = 1,$$

这蕴涵了

$$\lim_{n \to \infty} \frac{|\mathcal{C}_n - \mathcal{B}_n|}{|\mathcal{A}_n|} = 0. \qquad \Box \qquad (10.12)$$

极限公式 (10.12) 表明几乎所有的 n 顶点、$m(n)$ 边的图或者是连通的或者有孤立点。在此意义下，孤立点是具有连通性的最后的障碍。Bollobás 和 Thomason 的一个定理 [45, 定理 4 的一个特殊情况 ($k = 1$)] 使得上述的论断更为清晰：

定理 10.6 考虑 n 阶的逐步加边演化而成的随机图。当 n 趋向无穷大时，这个图在其所有顶点都得到至少一个邻居时成为连通图的概率趋向于 1。 $\Box$

10.2 子图

Turán 的定理 7.1 表明 $\text{ex}(K_r, n)$ —— 一个不含任何与 r 阶完全图 K_r 同构的子图的 n 阶图所能具有的最大边数 —— 等于

$$\frac{r-2}{2(r-1)} \cdot n^2 + O(1).$$

特别地，如果 $r \geq 3$，那么使得所有 n 阶、$m(n)$ 边的图中都出现一个 K_r 的最小的边数 $m(n)$ 以 n 的平方量级增长。Erdős 和 Rényi 证明了一个小得多的 $m(n)$ 可以迫使在几乎所有 n 阶、$m(n)$ 边的图中出现 K_r：$n^{2-2/(r-1)}$ 是 "包含 K_r" 这一属性的阈值函数。这一论断是我们下一个定理的一个特殊情况。

定义 一个图被称为*平衡的 (balanced)*，如果它没有任何子图具有比该图本身大的边数对顶点数之比。

第十章　图的属性阈值

定理 10.7　设 F 是一个具有 r 个顶点和 s 条边的平衡的连通图。如果

$$\lim_{n\to\infty}\frac{m(n)}{n^{2-r/s}}=0,$$

则几乎所有的 n 顶点、$m(n)$ 边的图不包含同构于 F 的子图；如果

$$\lim_{n\to\infty}\frac{m(n)}{n^{2-r/s}}=\infty, \tag{10.13}$$

则几乎所有的 n 顶点、$m(n)$ 边的图包含同构于 F 的子图。

定理 10.7 的其他一些值得注意的特殊情况是，n 是随机图包含某个给定长度的圈的阈值函数，而 $n^{1-1/k}$ 是随机图包含某个给定的具有 k 条边的树的阈值函数。(反过来，定理 10.7 是 [148] 中定理 1 的特殊情况，那个定理考虑的是随机图中包含一族给定的平衡图中的至少一个的阈值。) F 是平衡的这个条件不能被去掉：为了看到这点，考虑一个三角形加上一个孤立点 (或者，如果你坚持要让 F 连通的话，考虑一个 K_4 并在其一个顶点上再粘上一条新的边)。

10.2.1　一个引理

让我们把定理 10.7 证明中的首要部分表述成一个独立的引理。

引理 10.8　如果当 G 取遍某个有限集 Ω 的元素时，$X(G)$ 是非负整数并且其中至少有一个为正，则

$$\frac{(\sum_{G\in\Omega}X(G))^2}{\sum_{G\in\Omega}X(G)^2}\leq|\{G\in\Omega:X(G)>0\}|\leq\sum_{G\in\Omega}X(G).$$

证明　记 $A=\{G:X(G)>0\}$，注意 $\sum_{G\in\Omega}X(G)=\sum_{G\in A}X(G)$ 以及 $\sum_{G\in\Omega}X(G)^2=\sum_{G\in A}X(G)^2$，从而引理被归约为

$$\frac{(\sum_{G\in A}X(G))^2}{\sum_{G\in A}X(G)^2}\leq|A|\leq\sum_{G\in A}X(G).$$

$|A|$ 的上界可以从观察 $|A|=\sum_{G\in A}1$ 以及 (对所有 A 中的 G) $1\leq X(G)$ 得到。下界来自经典的 Cauchy-Bunyakovsky-Schwarz 不等式，对任意的实数 a_G, b_G，其中 G 取遍 A 的元素，都有

$$\left(\sum_{G\in A}a_Gb_G\right)^2\leq\left(\sum_{G\in A}a_G^2\right)\left(\sum_{G\in A}b_G^2\right)$$

(见第 A.1.2 节)，这里取 $a_G=X(G)$ 以及 $b_G=1$。　□

10.2.2 定理 10.7 的证明

给定正整数 n 和 m，用 $\Omega(n,m)$ 代表所有以 $1, 2, \ldots, n$ 为顶点且边数为 m 的图组成的集合；用 $\Phi(n)$ 代表所有同构于 F 并且顶点来自 $\{1, 2, \ldots, n\}$ 的图组成的集合。对 $\Omega(n,m)$ 中的每个 G 以及 $\Phi(n)$ 中的每个 H，记

$$\chi(G,H) = \begin{cases} 1, & \text{如果 } H \text{ 是 } G \text{ 的一个子图,} \\ 0, & \text{否则,} \end{cases}$$

并记 $X(G) = \sum_{H \in \Phi(n)} \chi(G,H)$。在这一记号下，$X(G) > 0$ 意味着 G 有一个同构于 F 的子图；我们将要证明

$$\lim_{n \to \infty} \frac{m(n)}{n^{2-r/s}} = 0 \quad \Rightarrow \quad \lim_{n \to \infty} \frac{\sum_{G \in \Omega(n,m(n))} X(G)}{\binom{\binom{n}{2}}{m(n)}} = 0, \tag{10.14}$$

以及

$$\lim_{n \to \infty} \frac{m(n)}{n^{2-r/s}} = \infty \quad \Rightarrow \quad \lim_{n \to \infty} \frac{\left(\sum_{G \in \Omega(n,m(n))} X(G)\right)^2}{\binom{\binom{n}{2}}{m(n)} \sum_{G \in \Omega(n,m(n))} X(G)^2} = 1. \tag{10.15}$$

引理 10.8 保证了定理可以从这两个蕴涵关系得到。

(10.14) 的证明

观察到

$$\sum_{G \in \Omega(n,m)} X(G) = \sum_{G \in \Omega(n,m)} \sum_{H \in \Phi(n)} \chi(G,H) = \sum_{H \in \Phi(n)} \sum_{G \in \Omega(n,m)} \chi(G,H)$$

$$= \sum_{H \in \Phi(n)} \binom{\binom{n}{2} - s}{m - s} = |\Phi(n)| \binom{\binom{n}{2} - s}{m - s},$$

从而

$$\frac{\sum_{G \in \Omega(n,m)} X(G)}{\binom{\binom{n}{2}}{m}} = |\Phi(n)| \frac{\binom{m}{s}}{\binom{\binom{n}{2}}{s}}. \tag{10.16}$$

第十章 图的属性阈值

这样就得到了 (10.14)，因为 $|\Phi(n)| \leqslant n^r$ 并且

$$n^r \binom{m}{s}\binom{\binom{n}{2}}{s}^{-1} \leqslant n^r \left(\frac{m}{\binom{n}{2}}\right)^s = \left(\frac{2n}{n-1} \cdot \frac{m}{n^{2-r/s}}\right)^s = (1+o(1))\left(\frac{2m}{n^{2-r/s}}\right)^s.$$

(10.15) 的证明

我们将分两步证明 (10.15)。首先证明 $\lim_{n\to\infty} m(n)n^{-2+r/s} = \infty$ 蕴涵了

$$\sum_{G\in\Omega(n,m(n))} X(G) = (1+o(1))|\Phi(n)|\binom{\binom{n}{2}}{m(n)}\left(\frac{2m(n)}{n^2}\right)^s, \tag{10.17}$$

接着是

$$\sum_{G\in\Omega(n,m(n))} X(G)^2 = (1+o(1))|\Phi(n)|^2\binom{\binom{n}{2}}{m(n)}\left(\frac{2m(n)}{n^2}\right)^{2s}. \tag{10.18}$$

(10.17) 的证明

考虑任意一个满足 (10.13) 的函数 $m : \mathbf{N} \to \mathbf{N}$。由假设，$s \geqslant r/2$ (因为 G 是平衡的，它没有孤立顶点)，从而 $\lim_{n\to\infty} m(n) = \infty$。所以

$$\binom{m(n)}{s}\binom{\binom{n}{2}}{s}^{-1} = (1+o(1))\left(\frac{2m(n)}{n^2}\right)^s,$$

由 (10.16) 得到 (10.17)。

(10.18) 的证明

为了证明 (10.18)，首先观察到

$$\sum_{G\in\Omega(n,m(n))} X(G)^2 = \sum_{G\in\Omega(n,m(n))} \left(\sum_{H\in\Phi(n)} \chi(G,H)\right)^2$$

$$= \sum_{G\in\Omega(n,m(n))} \left(\sum_{A\in\Phi(n)} \chi(G,A)\right)\left(\sum_{B\in\Phi(n)} \chi(G,B)\right)$$

$$= \sum_{G\in\Omega(n,m(n))} \sum_{A\in\Phi(n)} \sum_{B\in\Phi(n)} \chi(G,A)\chi(G,B)$$

$$= \sum_{A\in\Phi(n)} \sum_{B\in\Phi(n)} \sum_{G\in\Omega(n,m(n))} \chi(G,A)\chi(G,B),$$

从而为了得到 (10.18)，我们可以证明，对 $\Phi(n)$ 中的所有 A，

$$\sum_{B\in\Phi(n)}\sum_{G\in\Omega(n,m(n))}\chi(G,A)\chi(G,B)=(1+o(1))|\Phi(n)|\binom{\binom{n}{2}}{m(n)}\left(\frac{2m(n)}{n^2}\right)^{2s}. \quad (10.19)$$

现在考虑 $\Phi(n)$ 中一个固定的 A，并令 $\Psi(n)$ 表示 $\Phi(n)$ 中所有和 A 没有公共边的图组成的集合。我们将通过证明

$$\sum_{B\in\Psi(n)}\sum_{G\in\Omega(n,m(n))}\chi(G,A)\chi(G,B)=(1+o(1))|\Phi(n)|\binom{\binom{n}{2}}{m(n)}\left(\frac{2m(n)}{n^2}\right)^{2s} \quad (10.20)$$

以及

$$\sum_{B\in\Phi(n)-\Psi(n)}\sum_{G\in\Omega(n,m(n))}\chi(G,A)\chi(G,B)=o(1)|\Phi(n)|\binom{\binom{n}{2}}{m(n)}\left(\frac{2m(n)}{n^2}\right)^{2s} \quad (10.21)$$

来完成对(10.19)的证明。

(10.20) 的证明

考虑 $\Phi(n)$ 中的任意一个图 B 并令 j 为 A 和 B 的公共边的条数 (这样 $B\in\Psi(n)$ 当且仅当 $j=0$)。由于 A 和 B 的并有 $2s-j$ 条边，我们有

$$\sum_{G\in\Omega(n,m(n))}\chi(G,A)\chi(G,B) = \binom{\binom{n}{2}-(2s-j)}{m(n)-(2s-2)};$$

由于

$$\binom{\binom{n}{2}-(2s-j)}{m(n)-(2s-j)} = \binom{\binom{n}{2}}{m(n)}\binom{m(n)}{2s-j}\binom{\binom{n}{2}}{2s-j}^{-1}$$
$$= (1+o(1))\binom{\binom{n}{2}}{m(n)}\left(\frac{2m(n)}{n^2}\right)^{2s-j},$$

我们得出结论

$$\sum_{G\in\Omega(n,m(n))}\chi(G,A)\chi(G,B) = (1+o(1))\binom{\binom{n}{2}}{m(n)}\left(\frac{2m(n)}{n^2}\right)^{2s}\left(\frac{n^2}{2m(n)}\right)^{j}. \quad (10.22)$$

第十章 图的属性阈值

特别地，

$$\sum_{B\in\Psi(n)}\sum_{G\in\Omega(n,m(n))} \chi(G,A)\chi(G,B)=(1+o(1))|\Psi(n)|\binom{\binom{n}{2}}{m(n)}\left(\frac{2m(n)}{n^2}\right)^{2s}. \quad (10.23)$$

对所有 $i = 0, 1, \ldots, r$，用 $\Phi(n,i)$ 表示 $\Phi(n)$ 中所有和 A 恰有 i 个公共顶点的图组成的集合。由于 A 的阶是 r，我们有

$$\Phi(n) = \bigcup_{i=0}^{r} \Phi(n,i).$$

当 V 取遍 $\{1,2,\ldots,n\}$ 的所有 r 元子集时，相应的 $\Phi(n)$ 中以 V 为顶点集的图的数量是不变的，所以这个数量等于

$$\frac{|\Phi(n)|}{\binom{n}{r}};$$

因此

$$\text{对所有 } i = 0,1,\ldots,r, \quad |\Phi(n,i)| = \binom{r}{i}\binom{n-r}{r-i}\frac{|\Phi(n)|}{\binom{n}{r}}. \quad (10.24)$$

特别地，$|\Phi(n,0)| = (1+o(1))|\Phi(n)|$；因为 $\Phi(n,0) \subseteq \Psi(n) \subseteq \Phi(n)$，我们得出

$$|\Psi(n)| = (1+o(1))|\Phi(n)|.$$

代入 (10.23)，我们得到 (10.20)。

(10.21) 的证明

考虑 $\Phi(n) - \Psi(n)$ 中的任意一个 B，令 i 为 A 和 B 的公共顶点个数，并令 j 为 A 和 B 的公共边的条数。因为 G 是平衡的 (除了我们之前从 (10.13) 推出 $\lim_{n\to\infty} m(n) = \infty$ 那里，这个假设只在这里被用到)，我们有

$$j/i \leq s/r.$$

由条件 (10.13)，我们有 $n^2/m = o(n^{r/s})$，从而 (10.22) 蕴涵了

$$\sum_{G\in\Omega(n,m(n))} \chi(G,A)\chi(G,B) = (1+o(1))\binom{\binom{n}{2}}{m(n)}\left(\frac{2m(n)}{n^2}\right)^{2s}(o(1)\cdot(n^{r/s}))^j;$$

因为 $B \notin \Psi(n)$，我们有 $j > 0$，从而我们可以将 $(o(1) \cdot (n^{r/s}))^j$ 替换成 $o(1) \cdot (n^{jr/s})$。因此

$$\sum_{G \in \Omega(n,m(n))} \chi(G,A)\chi(G,B) = o(1) \binom{\binom{n}{2}}{m(n)} \left(\frac{2m(n)}{n^2}\right)^{2s} n^i.$$

观察到从 (10.24) 可以直接得到

$$\text{对所有 } i = 0, 1, \ldots, r, \quad |\Phi(n,i)| = O(n^{-i})|\Phi(n)|,$$

(10.21) 的证明就完成了。 □

10.3 随机图的演化和双跳跃

一个图的属性的阈值函数，是几乎所有演化的图从没有这个属性转变为有这个属性的大概时刻。这个转变通常被称为*相变* (phase transition)——一个原来专指热力学系统中比较突然的结构变化的名词。

[148] 中最引人瞩目的结论揭示了具有 n 个顶点和 $(1 + o(1))cn$ 条边的随机图在其比例常数 c 越过其临界点 $1/2$ 所经历的相变：当 c 达到临界点时，图的结构发生惊人的变化；而紧接着当 c 超过这个点时，变化再一次发生。当 c 按照增序取遍所有正实数时，几乎所有的 n 顶点、$(1 + o(1))cn$ 边的图看到它们最大连通分支的顶点数从在区域 $0 < c < 1/2$ 时的 $\log n$ 级别跳到 $c = 1/2$ 时的大约 $n^{2/3}$，然后在区域 $1/2 < c$ 时再次跳到 n 的级别。Erdős 和 Rényi 给这一现象起的名字是*双跳跃* (double jump)；对于那个具有线性顶点数的连通分支（在 $c > 1/2$ 时可以证明是唯一的），他们起的名字是*巨分支* (giant component) [148, 第 52 页]。由于这一相变，随机图的演化被分为三个相：

- 亚临界相：在 cn 时刻之前，其中 $c < 1/2$，
- 临界相：在 $n/2$ 时刻前后，
- 超临界相：在 cn 时刻之后，其中 $c > 1/2$。

在亚临界相中，几乎所有 n 顶点、$(1 + o(1))cn$ 边的图的最大连通分支有

$$\frac{1 + o(1)}{2c - 1 - \ln 2c} \left(\ln n - \frac{5}{2} \ln \ln n\right)$$

的顶点数 [148, §7]。

在临界相中，对每个满足 $\lim_{n \to \infty} \omega_n = \infty$ 的序列 ω_n，几乎所有图的最大连通分支的顶点数被夹在 $n^{3/2}/\omega_n$ 和 $n^{3/2}\omega_n$ 之间 [148, 定理 7c]。

在超临界相中，几乎所有 n 顶点、$(1 + o(1))cn$ 边的图的最大连通分支有

第十章 图的属性阈值

$(1+o(1))\gamma(c)n$ 的顶点数，其中 $\gamma : (1/2, \infty) \to (0, 1)$ 是一个连续递增函数且满足 $\lim_{c \to 1/2} \gamma(c) = 0$ 和 $\lim_{c \to \infty} \gamma(c) = 1$。具体而言，$\gamma(c) = 1 - x$，其中 x 是 $0 < x < 1$，$\ln x = 2c(x - 1)$ 的唯一解 [148, 定理 9b]。

此外，在超临界相中几乎所有 n 顶点、$(1 + o(1))cn$ 边的图的第二大连通分支有

$$\frac{1 + o(1)}{2c - 1 - \ln 2c} \left(\ln n - \frac{5}{2} \ln \ln n \right)$$

的顶点数 [148, 定理 7a]。由于在 $c \geqslant 1/2$ 时 $2c - \ln 2c$ 递增，第二大连通分支一直在变小：新加入的那条边时常会将巨分支和第二大连通分支连在一起，在这时第二大连通分支被吸入巨分支，而第三大连通分支晋升到空出来的第二名的位置。

当在超临界相中边数增加时，第二大连通分支的顶点数一路下降最终变成 1，之后这个图由它的巨分支加上一些孤立点组成；[148] 中定理 2c 的一个特殊情况表明这发生在刚刚超过 $\frac{1}{4} n \ln n$ 的时刻，这也大约是巨分支吸入所有剩余孤立点而使得图成为连通的时刻的一半 (定理 10.1)。

临界窗口

在具有开创性的论文 [36] 中，Béla Bollobás (也见 [40, 定理 6.9]) 对临界相进行了更为细致的研究。他证明了，当 $s(n) \geqslant 2(\ln n)^{1/2} n^{2/3}$ 但 $s(n) = o(n)$ 时，几乎所有的 n 顶点、$n/2 + s(n)$ 边的图有一个连通分支含有 $(4 + o(1))s(n)$ 的顶点数，并且它们的第二大连通分支是一个顶点数为 $o(s(n))$ 的树。

接着，Tomasz Łuczak [281, 定理 3] 证明了这些结论甚至在把 $s(n)$ 的下界放宽为 $\lim_{n \to \infty} s(n)/n^{2/3} = \infty$ 时也成立，并且几乎所有的 n 顶点、$n/2 - s(n)$ 边的图的最大连通分支有 $o(s(n))$ 数量的顶点。所以巨分支在时间经过临界窗口 $n/2 + \lambda n^{2/3}$ 的时候出现，其中参数 λ 在所有实数范围内变化。

寻找巨分支顶点数量的决定性的一步来自 Boris Pittel [313]。对于每个实数 λ 以及每个正的 a，当 n 趋向无穷大时，一个 n 阶、$n/2 + (\lambda + o(1))n^{2/3}$ 边的随机图中最大连通分支的顶点数不超过 $an^{2/3}$ 的概率趋向一个极限 $p(\lambda, a)$；我们有

$$\text{对所有 } a, \quad \lim_{\lambda \to -\infty} p(\lambda, a) = 1, \lim_{\lambda \to \infty} p(\lambda, a) = 0,$$

$$\text{对所有 } \lambda, \quad \lim_{a \to 0+} p(\lambda, a) = 0, \lim_{a \to \infty} p(\lambda, a) = 1.$$

Pittel 找到了一个 $p(\lambda, a)$ 的明确 (并且复杂) 的公式。这个方向上更新的结果包含在 [301] 中。

定义 一个图中的一个连通分支被称为是*复杂的*，如果它的边数大于顶点数 (这等价于说它包含至少两个圈)。

我们已经说明过几乎所有 n 阶、$(1 + o(1))cn$ 边 ($c < 1/2$) 的图不含复杂分支；Kolchin [255] 加强了这一结论，他证明了在 $\lim_{n\to\infty}(m(n) - n/2)/n^{2/3} = -\infty$ 时，几乎所有 n 阶、$m(n)$ 边的图不含复杂分支；Łuczak [281] 证明了在 $\lim_{n\to\infty}(m(n) - n/2)/n^{2/3} = +\infty$ 时，几乎所有 n 阶、$m(n)$ 边的图含有恰好一个复杂分支。在这个临界窗口的两端之间，任意数量的复杂分支都并不太罕见：Łuczak、Pittel 和 Wierman 的远为普遍的定理 [283, 定理 3] 的一个特殊情况断言，对每个实数 λ 和每个非负整数 r，当 n 趋向无穷大时，一个 n 阶、$n/2 + (\lambda + o(1))n^{2/3}$ 边的图恰好含有 r 个复杂分支的概率趋向于一个正的极限。Janson、Knuth、Łuczak 和 Pittel 证明了 [224, 定理 15]，当点数趋向无穷大时，一个演化的图在其所有发展阶段都至多含有一个复杂分支的概率趋向 $5\pi/18$ (大约 0.873)。

Łuczak、Pittel 和 Wierman 还描述了在演化经过临界窗口时的图中复杂分支的结构。

定义 一个图的 2-*核*是它的每个顶点度数至少是 2 的极大子图。

另一个描述一个图的 2-核的方法如下：给定这个图，首先删去它所有度数至多是 1 的顶点；这样的移除可能会使得有些顶点现在被暴露为度数不超过 1；将它们也删除，并递归继续，直到剩下的图中所有顶点 (有可能结果一个顶点也没有) 的度数至少是 2。最后剩下的图是输入图的 2-核，重构输入图相当于在核的每个顶点上粘上一个树 (这些树中有一些或者全部可以只有一个顶点，在一个顶点上粘上这样一个树相当于什么都不做)。

[283] 的定理 4 断言，对每个满足 $\lim_{n\to\infty} \omega_n = \infty$ 的序列 ω_n，在临界窗口中的几乎所有图的所有复杂分支满足：

- 在 2-核中的所有顶点度数不超过 3
  并且其中至多有 ω_n 个顶点度数为 3，
- 在 2-核中，两个度数为 3 的顶点之间的每条路径
  包含至少 $n^{1/3}/\omega_n$、至多 $n^{1/3}\omega_n$ 条边，
- 在 2-核中，每个经过至少一个度数为 3 的顶点的圈

包含至少 $n^{1/3}/\omega_n$、至多 $n^{1/3}\omega_n$ 条边，
- 粘到 2-核的某个顶点上的最大的树

  包含至少 $n^{2/3}/\omega_n$、至多 $n^{2/3}\omega_n$ 个顶点。

因为在亚临界相中的几乎所有图中的每个连通分支都包含至多一个圈，在这个相中几乎所有的图都是平面图；Erdős 和 Rényi [148, 定理 8b] 证明了在超临界相中几乎所有的图都不是平面图。Łuczak、Pittel 和 Wierman [283, 定理 5] 将此精细化，他们证明了对每个实数 λ，当 n 趋向无穷大时，n 顶点、$n/2 + (\lambda + o(1))n^{2/3}$ 边的随机图是平面图的概率趋向于一个极限 $p(\lambda)$，并且 $\lim_{\lambda \to -\infty} p(\lambda) = 1$，$\lim_{\lambda \to \infty} p(\lambda) = 0$：从平面图到非平面图的转变也发生在临界窗口中。

关于随机图的更多内容可在以下文献中找到，例如：专著 [40, 225, 175] 和 [7] 的第 10 章，以及那本引人入胜 (尽管偶有错误) 的导引 [311]。

10.4 有限概率论

此前三节的内容通常是用概率论的语言来叙述的。在本节中，我们将概述这个一般背景。

当一个硬币被掷出后，它会出现正面或者反面 (我们忽略它沿着边缘立起来的概率)；这个硬币被称为*无偏的*或者*公平的*，如果正面的概率等于反面的概率 (从而两者都等于 1/2)。我们刚刚使用了"概率"这个词。在这里这个术语是什么意思呢？

回答这个问题的一个办法是来考虑一个无限长的硬币抛掷序列而非仅仅抛掷一次硬币；前 n 次抛掷中出现正面的*相对频率*定义为前 n 次抛掷中正面出现的次数除以 n；现在这个硬币被称为是无偏的，当且仅当，随着 n 增加这些相对频率趋向它们的极限 1/2。这种构造一个概率理论的*频率化方法*由 John Venn (1834–1923)、Richard von Mises (1883–1953)、Hans Reichenbach (1891–1953) 和其他人倡导。最终，它让位于 Andrey Nikolaevich Kolmogorov (1903–1987) 的*公理化方法*，其中我们称某些函数为*概率分布*，而不需要为把它们解释为硬币、骰子、纸牌之类所困扰。

从公理化的角度看，一个无偏的硬币只是概率分布 $p : \{正, 反\} \to [0, 1]$，其中 $p(正) = p(反) = 1/2$：这个定义反映了正面和反面在一次硬币抛掷中以相同的可能出现的直觉。更一般地，如果在某个实验中存在有限种可能的结果，并且其中任一结果都没有理由优于其他结果，那么所有这些结果都是等可能的。对应这一情况的概念是一个*一致概率分布*，$p : \Omega \to [0, 1]$，其中 Ω

是一个有限集并且

$$\text{对所有 } \Omega \text{ 中的 } \omega, \quad p(\omega) = \frac{1}{|\Omega|}.$$

由于概率论源自关于游戏和几率的问题 [188]，它最初的关注点是在一致概率分布上的。

定义 当 Ω 是一个有限集，并且 $p : \Omega \to [0, 1]$ 是一个满足

$$\sum_{\omega \in \Omega} p(\omega) = 1$$

的映射时，有序对 (Ω, p) 称为一个 (有限) 概率空间。其中的 Ω 称为它的样本空间，而其中的 p 称为它的概率分布。

在此前的三节中，我们使用的概率空间中的样本空间是 (对固定的 n 和 m) 所有以 $1, 2, \ldots, n$ 为顶点的并且边数为 m 的图组成的集合，而其中的概率分布都是一致分布。在本节中，我们会使用任意的有限概率空间，但我们会避免使用无限概率空间，因为它们的公理要复杂得多。

定义和记号 一个随机变量是定义在一个概率空间的样本空间 Ω 上的一个实值函数。一个随机变量 X 的期望 $E(X)$，也称为它的均值，定义为

$$E(X) = \sum_{\omega \in \Omega} p(\omega) X(\omega),$$

而它的方差 $\text{Var}(X)$ 定义为

$$\text{Var}(X) = E\left((X - E(X))^2\right).$$

由期望的定义可以直接推出，对任两个随机变量 X 和 Y，

$$E(X + Y) = E(X) + E(Y);$$

这一事实被称为期望的线性叠加。特别地，我们有

$$\begin{aligned}\text{Var}(X) &= E((X - E(X))^2) = E(X^2 - 2E(X)X + E(X)^2) \\ &= E(X^2) - 2E(X)E(X) + E(X)^2 = E(X^2) - E(X)^2.\end{aligned}$$

定义和记号 一个样本空间的子集被称为事件，而事件 A 的概率 $\text{Prob}(A)$

第十章 图的属性阈值

定义为
$$\text{Prob}(A) = \sum_{\omega \in A} p(\omega).$$

在书写事件的概率时，我们将用标准的简写方式，例如用
$$\text{Prob}(X \geqslant t)$$

表示 $\text{Prob}(\{\omega : X(\omega) \geqslant t\})$，等等。

一个随机变量 X 的概率分布定义为
$$p_X : \Omega_X \to [0, 1],$$

其中 Ω_X 是 X 的取值所组成的集合，而 $p_X(t)$ 定义为 $\text{Prob}(X = t)$。

一个随机变量的许多性质可以仅从它的概率分布推出：例如，
$$E(X) = \sum_{t \in \Omega_X} t\, p_X(t),$$
$$\text{Var}(X) = \sum_{t \in \Omega_X} t^2 p_X(t) - \left(\sum_{t \in \Omega_X} t\, p_X(t) \right)^2.$$

如下是引理 10.8 中的两个界的推广：

引理 10.9 (Markov 不等式) 如果 X 是一个取值非负的随机变量并且 t 是一个正数，则
$$\text{Prob}(X \geqslant t) \leqslant \frac{E(X)}{t}.$$

证明 $E(X) \geqslant \text{Prob}(X \geqslant t) \cdot t$. □

引理 10.10 每个随机变量 X 满足
$$E(X^2) > 0 \Rightarrow \text{Prob}(X \neq 0) \geqslant \frac{E(X)^2}{E(X^2)}.$$

证明 将 $A = \{\omega : X(\omega) \neq 0\}$ 以及 $a_\omega = p(\omega)^{1/2} X(\omega)$，$b_\omega = p(\omega)^{1/2}$ 代入 Cauchy-Bunyakovsky-Schwarz 不等式
$$\left(\sum_{\omega \in A} a_\omega b_\omega \right)^2 \leqslant \left(\sum_{\omega \in A} a_\omega^2 \right) \left(\sum_{\omega \in A} b_\omega^2 \right),$$

注意

$$\sum_{\omega \in A} a_\omega b_\omega = \mathrm{E}(X), \quad \sum_{\omega \in A} a_\omega^2 = \mathrm{E}(X^2), \quad \sum_{\omega \in A} b_\omega^2 = \mathrm{Prob}(X \neq 0). \qquad \square$$

在 Markov 不等式中用 $(X - \mathrm{E}(X))^2$ 代入 X 的位置以及 $t^2\mathrm{Var}(X)$ 代入 t 的位置得到

$$t > 0, \mathrm{Var}(X) > 0 \quad \Rightarrow \quad \mathrm{Prob}\left((X - \mathrm{E}(X))^2 \geqslant t^2 \mathrm{Var}(X)\right) \leqslant \frac{1}{t^2},$$

这可以被写成

$$t > 0, \mathrm{Var}(X) > 0 \quad \Rightarrow \quad \mathrm{Prob}\left(|X - \mathrm{E}(X)| \geqslant t \cdot \mathrm{Var}(X)^{1/2}\right) \leqslant \frac{1}{t^2}. \qquad (10.25)$$

不等式 (10.25) 被称为 *Chebyshev* 不等式。

Chebyshev 不等式在 $t = |\mathrm{E}(X)| \cdot \mathrm{Var}(X)^{-1/2}$ 时成为

$$\mathrm{E}(X) \neq 0, \mathrm{Var}(X) > 0 \quad \Rightarrow \quad \mathrm{Prob}\left(|X - \mathrm{E}(X)| \geqslant |\mathrm{E}(X)|\right) \leqslant \frac{\mathrm{Var}(X)}{\mathrm{E}(X)^2}.$$

由于 $X = 0 \Rightarrow |X - \mathrm{E}(X)| \geqslant |\mathrm{E}(X)|$，可推出

$$\mathrm{E}(X) \neq 0, \mathrm{Var}(X) > 0 \quad \Rightarrow \quad \mathrm{Prob}(X = 0) \leqslant \frac{\mathrm{Var}(X)}{\mathrm{E}(X)^2},$$

这可以表示为

$$\mathrm{E}(X) \neq 0, \mathrm{Var}(X) > 0 \quad \Rightarrow \quad \mathrm{Prob}(X \neq 0) \geqslant 2 - \frac{\mathrm{E}(X^2)}{\mathrm{E}(X)^2}. \qquad (10.26)$$

让我们指出 (10.26) 并不如引理 10.10 的

$$\mathrm{E}(X^2) > 0 \quad \Rightarrow \quad \mathrm{Prob}(X \neq 0) \geqslant \frac{\mathrm{E}(X)^2}{\mathrm{E}(X^2)} \qquad (10.27)$$

一样好：如果 (10.26) 的假设被满足，那么由于 $\mathrm{E}(X^2) = \mathrm{Var}(X) + \mathrm{E}(X)^2$，(10.27) 的假设也被满足。而且，由于当 $r > 1$ 时，$1/r > 2 - r$ 成立，(10.27) 中的下界严格大于 (10.26) 中的下界，除了当 $\mathrm{E}(X^2) = \mathrm{E}(X)^2$ 时这两个界相等。

定义　一个随机变量 X 的 k 阶矩是 $\mathrm{E}(X^k)$。使用引理 10.9 (特别地，用它来证明某个满足 $X(\omega) = 0$ 的 ω 的存在性) 被称为一阶矩方法；使用 (10.27) 或者只是 (10.26) (特别地，用其中之一来证明某个满足 $X(\omega) \neq 0$ 的 ω 的存在性) 被称为二阶矩方法。

第十章　图的属性阈值

Paul Erdős 和他的母亲 Anna (1880–1971)
来源：Geni 官网

Erdős 对他的母亲有很深的感情，从 1964 年起，他们两人形影不离。1971 年，她在九十岁时去世，他陷入了深深的悲痛之中。为了驱散心中的沮丧情绪，他沉浸于数学之中，其程度甚至超过了他早期的标准。母亲在世时，他偶尔会借助药物来提高注意力，加快思维过程；现在，为了维持每天十九个小时的工作时间，他把这些兴奋剂作为日常的主要饮食。

1979 年，Ron Graham 对 Erdős 的成瘾问题感到非常担心，他决定与之抗争：他和 Erdős 打赌 500 美元，赌后者无法在一个月内戒掉药物。Erdős 确实在这段时间内戒掉了药物，并顽强地忍受着诸如疲倦等戒断症状。在他收取赌注时，Erdős 责备 Graham 让他的数学倒退了一个月，并在宣称自己不是瘾君子之后，立即恢复了摄入药物的日常。

1971 年春天，我开始接触野草药，并像其他许多狂热的新手一样，我准备向全世界宣传我的"新信仰"。秋天，Erdős 来到麦吉尔大学，在他访问的第一天，我们两个人在一家摩洛哥餐厅吃晚餐。在这个愉快的氛围中，我提出与他分享一点我的储备。他竖起耳朵并询问了草药对数学能力的影响。当我告诉他，至少在我的经验中，影响微乎其微时，他就失去了兴趣。

然而，一事接着一事，他提出让我试一下他使用的药物。他说，如果他在一个困难的问题上挣扎，需要额外的推动来越过最后的障碍，这将是特别有益的。由于当时我并没有迫切需要额外的推动，所以我礼貌地拒绝了。

那个晚上，我们每个人都有机会尝试推销药物，但我们都失败了。显然，我们两个都不太适合这一特殊职业。

第十一章　Hamilton 圈

11.1　一个涉及顶点度数的定理

1970 年秋天在访问滑铁卢大学期间，Erdős 为学校的组合优化系做了一次讲座，给出了他最近对 Turán 定理的细微改进的证明。我们在定理 7.2 看到了这个改进，这里重新写出以便阅读：

定理 11.1 (Erdős [118])　设 r 为一个大于 1 的整数。对每个团值小于 r 的图 G，存在一个图 H 满足：

(i) G 和 H 有公共的顶点集 V，
(ii) H 是完全 $(r-1)$-部图，
(iii) 对 V 中的每个 v 都有 $d_G(v) \leqslant d_H(v)$。[a]

很幸运，我当时是听众之一。当我坐在那里聆听时，这个定理的美妙之处控制了我的呼吸。让我细细说来。

当 G 是一个图并且 r 是一个正整数，$\omega(G) \geqslant r$ 这个性质可以通过指出 G 中的 r 个两两相邻的顶点来认证；当 r 大的时候，找到这样一个凭证可能是极其困难的，但检验一个凭证是简单迅速的。与之对照，对于 $\omega(G) < r$ 这个性质，没有发现任何容易检验的凭证。

让我们来假想一下 $\omega(G) < r$ 可能的凭证，称一个满足 $\omega(G) < r$ 的图 G 对这一性质是极大的，如果向 G 中任意添一条边会产生一个图 H 具有 $\omega(H) \geqslant r$。$\omega(G) < r$ 的一个凭证可以是举出一个对于 $\omega(H) < r$ 这个性质来说极大的图 H，并证明 G 是 H 的一个子图。然而，这一招只是将证明的负担从所有 $\omega < r$ 的图转移到了所有极大的 $\omega < r$ 的图上：我们怎么找到 $\omega(H) < r$ 的凭证？一个办法是首先编制一个所有 $\omega < r$ 的极大图的条目表，然后简单地指出 H 是在这个表里的。不幸的是，这个条目表非但庞大无比而且异常复

---

[a] Erdős 的定理中 H 的第四个性质——如果对 V 中的所有 v 都有 $d_G(v) = d_H(v)$，则 $H = G$——是锦上添花的，和我们下面的讨论没有关系。

杂: 其中的某些条目 H 是 "野蛮的", 因为描述它们会相当困难。不过这个条目表也包含某些 "温顺的" 条目, 描述它们是容易的: 这些 "温顺的" 条目是完全 $(r-1)$ 部图。

定理 11.1 表明这些 "温顺的" 条目在整个表中扮演了特殊的角色: 对每个 "野蛮的" 条目 G, 有一个 "温顺的" H 使得对所有这两个图的顶点 v 都有 $d_G(v) \leqslant d_H(v)$。正是这个美妙的惊喜控制了我的呼吸。

除去审美, 定理 11.1 的用处在于它给出了一个图包含大的团的一个充分条件。再让我来细说一下。

定义 当 G 是一个以 $v_1, \ldots, v_n$ 为顶点的图时, 序列 $d_G(v_1), \ldots, d_G(v_n)$ 被称为 G 的**度数序列**。(我们不坚持要求把它的各项排成某种给定顺序, 例如不升或者不降。)

定理 11.2(定理 11.1 的另一个形式) 设 r 为一个大于 1 的整数, 并设 $d_1, \ldots, d_n$ 是一个整数序列。如果不存在以 $v_1, \ldots, v_n$ 为顶点的完全 $(r-1)$ 部图满足对所有 i 都有 $d_H(v_i) \geqslant d_i$, 则每个以 $d_1, \ldots, d_n$ 为度数序列的图 G 都有 $\omega(G) \geqslant r$。

定理 11.2 描述了一个很大的整数序列集合, 使得所有以它们为度数序列的图 G 都有 $\omega(G) \geqslant r$, 但它没有描述所有这样的序列。例如, 当 $3 \leqslant r \leqslant n-1$, 有唯一的一个图 G 包含:

$r-3$ 个   度数为 $n-1$ 的顶点,
3 个   度数为 $r-1$ 的顶点,
$n-r$ 个   度数为 $r-3$ 的顶点,

并且这个图有 $\omega(G) = r$, 但定理 11.2 没有保证 $\omega(G) \geqslant r$: 有一个完全 $(r-1)$ 部图包含:

$r-3$ 个   度数为 $n-1$ 的顶点,
2 个   度数为 $n-2$ 的顶点,
$n-r+1$ 个 度数为 $r-1$ 的顶点。

尽管如此, 定理 11.2 在其同类定理中是最好的。让我们解释一下在什么意义下它是最好的。

定义 我们称一个序列 $e_1, \ldots, e_n$ **高于**一个序列 $d_1, \ldots, d_n$ 当且仅当对所有 i 有 $e_i \geqslant d_i$。一个度数序列的属性被称为是**单调的**, 如果对于任意具有这一属性的度数序列 d, 所有高于 d 的度数序列也具有这一属性。

第十一章 Hamilton 圈

显然，如果一个关于度数序列的单调属性可以确保 $\omega(G) \geqslant r$，那么 G 的度数序列不被任何一个完全 $(r-1)$ 部图的度数序列高过。定理 11.2 断言 $\omega(G) \geqslant r$ 只要 G 的度数序列不被任何一个完全 $(r-1)$ 部图的度数序列高过。因此，所有断言某个关于度数序列的单调属性可以确保 $\omega(G) \geqslant r$ 的定理都被定理 11.2 所包含。

让我们用另一种方法来叙述这个观察结论。

定义和记号 用 $\mathcal{D}_n$ 表示所有 n 阶图的度数序列组成的集合，用 $\Omega_{n,r}$ 表示 $\mathcal{D}_n$ 中所有满足下述性质的 d 组成的集合：任何一个以 d 为度数序列的 G 都有 $\omega(G) \geqslant r$。

我们称 $\mathcal{D}_n$ 的一个子集 $\mathcal{U}$ 是向上封闭的，如果

$$d \in \mathcal{U},\ e \in \mathcal{D}_n,\ e \text{高于} d \Rightarrow e \in \mathcal{U}.$$

由于两个向上封闭的集合的并集还是向上封闭的，任意度数序列集合 $\mathcal{S}$ 的所有向上封闭的子集的并也是向上封闭的；用 $\mathcal{S}^{\uparrow}$ 表示 $\mathcal{S}$ 的这个最大的向上封闭的子集。

定理 11.2 对 $n \geqslant r \geqslant 2$ 描述了 $\Omega_{n,r}^{\uparrow}$：如果一个度数序列不满足它的条件，则它被某个 $\Omega_{n,r}$ 之外的度数序列高过，从而它不属于 $\Omega_{n,r}^{\uparrow}$。之前例子中的度数序列

$$r-3 \text{ 项 } n-1 \text{、} 3 \text{ 项 } r-1 \text{、} n-r \text{ 项 } r-3$$

属于 $\Omega_{n,r} - \Omega_{n,r}^{\uparrow}$。

定义 一个图被称为是 *Hamilton* 的如果它含有一个 *Hamilton* 圈，也就是一个经过其所有顶点的圈。

"是 Hamilton 的"这一属性和 $\omega(G) \geqslant r$ 这一属性在几个方面有些相像。断言一个图 G 是 Hamilton 的，这可以通过指出 G 中的一个 Hamilton 圈来认证；找到这样一个凭证可能是极其困难的，但检验一个凭证是简单迅速的。与之对照，对于"G 不是 Hamilton 的"这一断言，没有发现任何容易检验的凭证。让我们称一个非 Hamilton 图对于这一属性是极大的，如果向它任意添一条边会产生一个 Hamilton 的图。G 是"非 Hamilton"的一个凭证是展示一个极大的非 Hamilton 图 H 并说明 G 是 H 的一个子图。然而，这一招只是将证明的负担从所有非 Hamilton 图转移到了所有极大的非 Hamilton 图上：我们怎么找到 H 不是 Hamilton 的凭证？一个办法是首先编制一个所有极大的

非 Hamilton 图的条目表，然后简单地指出 H 是在这个表里的。不幸的是，这个条目表非但庞大无比而且异常复杂：其中的某些条目 H 是"野蛮的"，因为描述它们会相当困难。

我的博士导师 Crispin Nash-Williams (1932–2001) 在 [303] 中制造了*强行 Hamilton 的 (forcibly hamiltonian)* 这个术语，用于描述这样的度数序列 d，每个以 d 为度数序列的 G 都是 Hamilton 的；到 1970 年，有一连串定理 ([100, 定理 3], [316], [46]) 描述了越来越大的向上封闭的强行 Hamilton 序列集合。定理 11.1 另辟蹊径，展示了一种新的从图的度数序列推导其属性的定理的范例；在听了 Erdős 的讲座后，我开始思索强行 Hamilton 序列的最大向上封闭集的一个描述是什么样的。

定义　让我们称一个度数序列 e *严格高于*一个度数序列 d，如果 e 高于 d 并且 e ≠ d；让我们称一个图 G 对某个属性是*度数极大的*，如果 G 具有这一属性并且没有任何也具有该属性的图的度数序列严格高于 G 的度数序列。

Erdős 的定理 11.1 相当于是所有 $\omega(G) < r$ 的度数极大图 G 的一个简洁的条目表；它引导我去找一个所有度数极大的非 Hamilton 图 G 的条目表。在圣诞假期中，我编制了 3, 4, 5, 6, 7 阶的这样的图的条目表，随后我看到了规律：就像 Erdős 的范例那样，条目表中的图是"温顺的"——它们容易被描述。在每个这样的图中，顶点集可以被分为两两不相交的三个非空部分 A, B, C，其中 |A| = |B|；A 中每个顶点和所有其他顶点相邻，C 中的顶点两两相邻，并且没有其他的边。(为了看到每个这样的图是非 Hamilton 的，注意删除 A 会把图分成 |A| + 1 个连通分支，即 B 中的 |A| 个孤立点以及非空的团 C。如果图中有 Hamilton 圈，这种情况是不可能发生的：删除 A 会把这个圈分成至多 |A| 段，而这些段会保证剩下的图连成至多 |A| 片。)

提醒　$G \oplus H$ 表示图 G 和 H 的*直和*，它由没有公共点的一份 G 和一份 H 组成；$G - H$ 表示 G 和 H 的*连接*，它是在 $G \oplus H$ 基础上加上连接 G 中每个点和 H 中每个点的边得到的图。

我的条目表中的每个图可以表述为 $K_k - (\overline{K_k} \oplus K_{n-2k})$，其中 k 是某个小于 n/2 的正整数：$K_k$ 的顶点集是 A，$\overline{K_k}$ 的顶点集是 B，而 K_{n-2k} 的顶点集是 C。这时我知道，我需要证明：

定理 11.3　设 n 是一个不小于 3 的整数。对每个 n 阶的非 Hamilton 图 G，存在一个图 H 满足：

第十一章 Hamilton 圈

(i) G 和 H 共享顶点集 V，

(ii) 对 V 中的所有 v 都有 $d_G(v) \leq d_H(v)$，

(iii) 有某个小于 $n/2$ 的正整数 k 使得 $H = K_k - (\overline{K_k} \oplus K_{n-2k})$。[b]

定理 11.3 可以被重述如下：

设 n 是一个不小于 3 的整数。如果一个 n 阶的图 G 的度数序列不被任何 $K_k - (\overline{K_k} \oplus K_{n-2k})$ $(1 \leq k < n/2)$ 的度数序列高过，则 G 是 Hamilton 的。

由于 $K_k - (\overline{K_k} \oplus K_{n-2k})$ 包含

k 个   度数为 k 的顶点，
$n - 2k$ 个   度数为 $n - k - 1$ 的顶点，
k 个   度数为 $n - 1$ 的顶点，

G 的度数序列不被任何满足 $1 \leq k < n/2$ 的图的度数序列高过这一条件可以被更直接地表达：

定理 11.4 (定理 11.3 的另一个形式)   设 n 是一个不小于 3 的整数。如果 G 是一个 n 阶图，并且对每个小于 $n/2$ 的正整数 k，G 包含少于 k 个度数不超过 k 的顶点，或少于 $n - k$ 个度数不超过 $n - k - 1$ 的顶点，则 G 是 Hamilton 的。

我在 1971 年 1 月证明了定理 11.4，并于 2 月 1 日提交了完成的论文 [76]。顺便提一下，这个定理描述了一个很大的强行 Hamilton 序列集合，但它并没有描述所有这样的序列。例如，Nash-Williams [303] 证明了，对任何正整数 k 和 n，其中 k 是一个小于 $n/2$ 的偶数，每一个有 k 项等于 k 以及 $n - k$ 项等于 $n - k - 1$ 的序列是强行 Hamilton 的。(特别地，每个 $2k + 1$ 阶的 k 正则图是 Hamilton 的。)

我对定理 11.4 的证明是非构造性的：它的主要内容是证明对每个 n 阶的极大非 Hamilton 图 G，存在一个小于 $n/2$ 的正整数 k，使得 G 包含至少 k 个度数不超过 k 的顶点以及至少 $n - k$ 个度数不超过 $n - k - 1$ 的顶点。

在这之后过了三年零几个月，Adrian Bondy 到蒙特利尔来看我时跟我抱怨了他的一个学生；那个学生在解决 Adrian 提出的一个简单的问题上没有任何进展。这个问题是，把我的证明转化成这样一个高效的算法，给定一个

---

[b] H 的第四个性质——如果对 V 中的所有 v 都有 $d_G(v) = d_H(v)$，则 $H = G$——是平凡的，因为这个 H 的度数序列和其他任何图的都不相同。

满足定理 11.4 的假设的图 G，返回 G 中的一个 Hamilton 圈。我对 Adrian 表示了同情，但当我们继续谈论这个问题时，我们开始意识到，那个学生也许并没有那么弱，而这个问题也许并没有那么简单：我们自己也没办法解决它。所幸的是，这种不如意的状况没有持续太久。最终我们设计出了一个 Adrian 想要的算法，并把它以及众多的推广写在了 [48] 里。

11.1.1 定理 11.4 的一个算法证明

我们的出发点 (也在我对定理 11.4 的证明中用到了) 是下面这个来自 Øystein Ore (1899–1968) 的定理的一个证明：

定理 11.5 (Ore [308])　设 G 是一个 n 阶图，设 u, v 是 G 中不相邻的两个不同顶点，并且 G 添上边 uv 之后是 Hamilton 的。如果 $d_G(u) + d_G(v) \geqslant n$，那么 G 是 Hamilton 的。

证明　由条件，G 添加边 uv 之后包含一个圈 $u_1 u_2 \ldots u_n u_1$。如果它的 n 条边中没有一条是 uv，那么这个圈是 G 的一个 Hamilton 圈，从而证明完成；否则我们不妨假设 $uv = u_n u_1$。记

$$S = \{i : u_1 \text{ 和 } u_{i+1} \text{ 相邻}\},$$
$$T = \{i : u_n \text{ 和 } u_i \text{ 相邻}\},$$

并注意 S 和 T 是 $\{1, 2, \ldots, n-1\}$ 的子集。如果 $d_G(u) + d_G(v) \geqslant n$，那么，由于 $|S| = d_G(u_1)$ 以及 $|T| = d_G(u_n)$，我们有 $S \cap T \neq \varnothing$。取 i 为 $S \cap T \neq \varnothing$ 中的任意下标，

$$u_1 u_{i+1} u_{i+2} \ldots u_n u_i u_{i-1} \ldots u_1$$

是 G 中的一个 Hamilton 圈。　□

现在考虑在给定的一个图 G 中找一个 Hamilton 圈。如果定理 11.5 的条件被满足，那么我们可以转而在 G 添加边 uv 得到的图 H 中找一个 Hamilton 圈：定理的证明表明了一个使用这条边的 Hamilton 圈可以怎样被转化为一个不使用它的 Hamilton 圈。并且，如果新的图 H 包含另一对不相邻的不同顶点 x, y 满足 $d_H(x) + d_H(y) \geqslant n$，那么我们可以进一步将边 xy 添加到 H 中。只要有可能我们就重复这一过程，最终我们停在那个我们称为 G 的闭包的图上。(这个用词是恰当的：容易证明闭包是唯一的，不取决于新边被加到输入的图的顺序。但是这个论证和我们下面的讨论无关，所以我们不会让它来分

散我们的注意力。) 为了可以在之后把构造复原, 我们对每条新边记录下它被添加到闭包的时刻。下面我们给出:

算法 11.6 (构建闭包)

$H = G$; 对 G 的所有边 e, $\texttt{timestamp}(e) = 0$, $\texttt{maxtimestamp} = 0$;

while H 包含不相邻的不同顶点 u, v

满足 $d_H(u) + d_H(v) \geq n$

do 把边 uv 添到 H, $\texttt{timestamp}(uv) = \texttt{maxtimestamp} + 1$,

$\texttt{maxtimestamp} = \texttt{timestamp}(uv)$;

end

我们接着来证明, 只要满足定理 11.4 的条件, G 的闭包 H 就是一个完全图: 假设 H 不是完全图, 我们将得出一个整数 k 使得

(i) $0 < k < n/2$,
(ii) H 至少有 k 个顶点 w 有 $d_H(w) \leq k$,
(iii) H 至少有 $n - k$ 个顶点 w 有 $d_H(w) \leq n - k - 1$。

由于对所有 w 有 $d_G(w) \leq d_H(w)$, 性质 (i)、(ii)、(iii) 蕴涵了定理 11.4 的条件没有被满足。

在寻找 k 时, 我们可以假设 H 没有孤立点: 否则令 $k = 1$ 即可满足 (i)、(ii)、(iii)。在这个假设下, 令 v 为所有满足 $d_H(w) \leq n - 2$ 的 w 中 $d_H(w)$ 最大的一个顶点 (由于 $H \neq K_n$, 这样的点是存在的), 并令 u 为 H 中所有不和 v 相邻的 w 中 $d_H(w)$ 最大的一个顶点。我们将要证明, 在取 $k = d_H(u)$ 时 (i)、(ii)、(iii) 被满足。

由于 u 不是一个孤立点, 我们有 $d_H(u) > 0$。算法 11.6 中的 **while** 循环的终止条件保证了 $d_H(u) + d_H(v) \leq n - 1$, 而我们对 v 的选法保证了 $d_H(v) \geq d_H(u)$; 因此 $d_H(u) < n/2$。现在 (i) 被验证了。顶点 v 和除它本身之外的 $n - 1 - d_H(v)$ 个顶点不相邻; 我们对 u 的选法保证了每个这样的顶点的度数不超过 $d_H(u)$; 由于 $d_H(u) + d_H(v) \leq n - 1$, 它们的数量 $n - 1 - d_H(v)$ 至少是 $d_H(u)$。现在 (ii) 被验证了。顶点 u 和除它本身之外的 $n - 1 - d_H(u)$ 个顶点不相邻; 我们对 v 的选法保证了每个这样的顶点的度数不超过 $d_H(v)$, 这最多是 $n - 1 - d_H(u)$; 除了这 $n - 1 - d_H(u)$ 个顶点之外, u 的度数也不超过 $n - 1 - d_H(u)$。现在 (iii) 被验证了。

最后，将定理 11.5 的论证重复进行，G 的闭包中的任何 Hamilton 圈 C 可以被转化为 G 中的一个 Hamilton 圈 C：

算法 11.7 (复原一个 Hamilton 圈)

$uv = C$ 中 timestamp(uv) 最大的边；

while timestamp(uv) > 0

do 将 C 的顶点按照它们在圈上的顺序列为

$u_1, u_2, \ldots, u_n, u_1$，其中 $uv = u_1 u_n$；

找到一个下标 i 使得

timestamp($u_1 u_{i+1}$) $<$ timestamp(uv) 并且

timestamp($u_n u_i$) $<$ timestamp(uv)；

C = Hamilton 圈 $u_1 u_{i+1} u_{i+2} \ldots u_n, u_i u_{i-1} u_1$；

$uv = C$ 中 timestamp(uv) 最大的边；

end

在算法 11.7 的 **while** 循环的每次执行中，C 上所有边 e 的 timestamp(e) 的最大值会下降，从而循环最终会停止。

11.1.2 一次偏离：测试定理 11.2 的条件

怎样测试定理 11.4 中的条件成立是显而易见的，但怎样测试定理 11.2 中的条件成立可能不那么明显。用 $k_{\min}(d_1, \ldots, d_n)$ 表示满足下面条件的最小的 k：在某个以 $v_1, \ldots, v_n$ 为顶点的完全 k 部图 H 中，对所有 i 都有 $d_H(v_i) \geq d_i$。定理 11.2 的条件可以被表述成

$$r - 1 < k_{\min}(d_1, \ldots, d_n).$$

Owen Murphy [299] 设计了一个高效的算法，给定一个满足 $0 \leq d_1 \leq \cdots \leq d_n$ 的整数序列 $d_1, d_2, \ldots, d_n$，返回最小的 k，使得存在某个以 $v_1, \ldots, v_n$ 为顶点的图 G 由 k 个相互没有公共顶点的团构成，并且 $d_G(v_i) \leq d_i$ 对所有 i 成立。因为一个图由 k 个相互没有公共顶点的团构成当且仅当它的补图是完全 k 部图，我们有

$$k = k_{\min}(n - 1 - d_n, \ldots, n - 1 - d_1),$$

第十一章 Hamilton 圈

从而将 Murphy 的算法转化成计算 $k_{\min}(d_1, \ldots, d_n)$ 的算法只是一个机械性例行程序的问题。

让我们从下面的引理开始来讨论这个转化的版本。

引理 11.8 对每个满足 $d_1 \leqslant \cdots \leqslant d_n \leqslant n-1$ 的整数序列 $d_1, \ldots, d_n$，存在一个以 $v_1, \ldots, v_n$ 为顶点的完全 k 部图 H 满足：

(i) $k = k_{\min}(d_1, \ldots, d_n)$，

(ii) 对所有 $i = 1, \ldots, n$，$d_H(v_i) \geqslant d_i$，

(iii) H 的 k 部分中的一个是 $\{v_{a+1}, v_{a+2}, \ldots, v_n\}$，其中 $a = d_n$。

证明 考虑任意一个满足性质 (i) 和 (ii) 的完全 k 部图 H，令 S 为 H 的包含 v_n 的那部分。由于 $d_H(v_n) = n - |S|$，我们有 $|S| \leqslant n - d_n$。如果 $|S| < n - d_n$，那么把任意 $n - d_n - |S|$ 个顶点从 S 外移到 S 内。这个移动保持性质 (ii)：在移动之后 S 中的所有顶点的度数为 d_n，而其他所有顶点的度数在这个移动中保持不变或被增加。由于这个移动保持性质 (ii) 并且不增加 H 部分数，所以它也保持性质 (i)。现在 $|S| = n - d_n$。最后，如果有下标 i 和 j 满足 $1 \leqslant i < j \leqslant n$ 并且 $v_i \in S, v_j \notin S$，那么 $d_H(v_i) = d_n \geqslant d_j, d_H(v_j) \geqslant d_j \geqslant d_i$，从而交换这两个顶点的标号会保持 (ii)；显然，这也保持性质 (i)。重复这一操作直到不再有这样的 v_i, v_j 存在，得到一个满足所有三个性质 (i)、(ii)、(iii) 的 H。 □

引理 11.8 指出了递归算法 11.9，给定任意一个满足 $d_1 \leqslant \cdots \leqslant d_n \leqslant n-1$ 的整数序列 $d_1, d_2, \ldots, d_n$，返回 $k_{\min}(d_1, \ldots, d_n)$。

算法 11.9 (Murphy 算法的递归形式)

    if $d_n \leqslant 0$
    then return 1；
    else $s = n - d_n$；
          return $1 + k_{\min}(d_1 - s, \ldots, d_{n-s} - s)$；
    end

算法 11.10 是用以迭代形式表现的相同的算法 (被选来类比 [299] 中第 209 页上的迭代算法)。在其每次迭代中，用 $d_1 - t, d_2 - t, \ldots, d_{n-t} - t$ 来替代引理 11.8 中的 $d_1, d_2, \ldots, d_n$。

算法 11.10 (Murphy 算法的迭代形式)

$n_0 = n, k = 0;$

while $n_k > 0$

do $t = n - n_k;$

         $n_{k+1} = d_{n-t} - t;$

         $k = k + 1;$

end

return $k;$

例如，给定序列 $1, 1, 1, 2, 3, 3, 5$，这个算法运行如下：

递归形式	迭代形式
$k_{\min}(1,1,1,2,3,3,5)$ $[s=2]$	$n_0 = 7, \ k = 0$
$= 1 + k_{\min}(-1,-1,-1,0,1)$ $[s=4]$	$t = 0, \ n_1 = 5, \ k = 1$
$= 2 + k_{\min}(-5)$	$t = 2, \ n_2 = 1, \ k = 2$
$= 3$	$t = 6, \ n_3 = -5, \ k = 3$

11.2 一个涉及连通性和稳定性的定理

定义 让我们称一个图是**坚固的**，如果它不含任何非空的顶点集 A 使得移除这个集合之后会把其余的图分成多于 $|A|$ 个连通分支。

如我们在第 208 页所看到的，定理 11.3 中的那些图 $K_k - (\overline{K_k} \oplus K_{n-2k})$ ($1 \leqslant k < n/2$) 不是 Hamilton 图的简单理由是它们不坚固。每个 Hamilton 图都是坚固的，但反过来不一定正确：例如，具有顶点 $u_1, u_2, u_3, v_1, v_2, v_3, w$ 和边

$u_1u_2, \ u_1u_3, \ u_2u_3, \ u_1v_1, \ u_2v_2, \ u_3v_3, \ u_1w, \ u_2w, \ u_3w, \ v_1w, \ v_2w, \ v_3w$

的图是坚固的但不是 Hamilton 的。[c]

在证明了定理 11.3 之后，我被吸引到思索哪些图是坚固的而哪些图不

---

[c]在 [77] 中，我猜想了反过来这个方向的一个弱化版可能是正确的：我提议称一个图为 t-坚固的，其中 t 是一个正数，如果它不含任何非空顶点集 A 使得移除这个集合之后会把其余的图分成多于 $t|A|$ 个连通分支，我猜想了存在一个正数 t_0 使得每个 t_0-坚固的图都是 Hamilton 的。这个猜想仍然未被解决；Doug Bauer、Hajo Broersma 和 Hendrik Veldman [20] 证明了任何这样的 t_0 至少是 9/4。关于这个猜想的更多信息，见 [274]。

是这个问题。极大的非坚固图是容易被描述的：每个这样的图是一个阶数为某个正整数 k 的完全图和一个由 $k+1$ 个非空完全图的直和组成的图的连接。(这样的图不仅包含定理 11.3 中的所有图，也包含其他一些图。例如，$K_1 - (K_2 \oplus K_2)$ 是一个极大的非坚固图，但没有出现在定理 11.3 中，因为它的度数序列被另一个极大非坚固图 $K_2 - (K_1 \oplus K_1 \oplus K_1)$ 的度数序列严格高过。) 这些图的形状表明坚固性和两个经典的图的不变量之间的一种关系——稳定值 $\alpha(G)$ (在第 43 页定义，G 中最大的两两不相邻的顶点数量) 和连通度。

定义 一个不完全的图 G 的连通度 $\kappa(G)$ 定义为最小的顶点数使得可以移除这一数量的顶点将 G 的其余部分分为至少两个连通分支。(特别地，$\kappa(G) = 0$ 意味着 G 是不连通的。) 注意，只要 G 是一个 n 阶的不完全的图，就有 $\kappa(G) \leqslant n-2$。完全图的连通度定义为 $\kappa(K_n) = n-1$。

如果 G 不是坚固的，则 $\alpha(G) > \kappa(G)$：当移除一个非空的顶点集 A 把剩下的图分成多于 $|A|$ 个连通分支时，我们有 $\kappa(G) \leqslant |A|$ 以及 (由于 G 移除 A 之后的不同连通分支中的顶点是不相邻的) $\alpha(G) > |A|$。所以我现在有两个不同的条件可以推出一个图 G 是坚固的：一个是 G 是 Hamilton 的，另一个是 $\alpha(G) \leqslant \kappa(G)$。但我无法找到任何满足后一个条件但不满足前一个条件的图。

1971 年春天，我闯荡了加拿大和美国的西海岸：我在维多利亚和斯坦福大学有招聘面试，我在西雅图的华盛顿大学和加州大学洛杉矶分校进行了演讲，去旧金山只是为了看看，还访问了圣莫尼卡的 RAND 公司。在这段时间里，我一直在两种不同的操作模式之间来回切换：当一所大学承担某一段行程的费用时，我就坐飞机并在三星级酒店过夜；当我自己承担费用时，我就搭便车并住在青年旅馆。我把 3 月份在华盛顿州立大学举办的一次数论会议纳入了这次旅行计划，因为 Paul Erdős 是与会者之一。

会议结束后，Richard Guy (1916-2020) 和他的太太 Louise (1918-2010) 准备开车送 PGOM 去卡尔加里，并提出可以带上我，我想搭到什么地方都可以。就在我们上车之前，我对 Erdős 提到我的猜测，即条件 $\alpha(G) \leqslant \kappa(G)$ 意味着 G 是 Hamilton 的。这招为我赢得了后座上他身边的一个位置，以及在我和他们一起旅行期间他的全部注意力。过了

> 不到两个小时，我们到达斯波坎市，在那时，Erdős 已经向我解释了一个证明，我的猜测是正确的。然后他们把我放下，我的好运还在继续：没过几分钟我就搭上了一位友好的卡车司机的车，他带我沿着 I-90 公路一路驶到西雅图。
>
> 当我写下那个证明时，我加了一个脚注：
>
>> 这篇文章是在从普尔曼到华盛顿州斯波坎的路上，在 Richard K. Guy 教授的车上写的。作者们感谢 Guy 太太的平稳驾驶。
>
> Erdős 喜欢这个脚注，我很开心。

定理 11.11 ([81]) 如果 G 是一个阶数至少为 3 的图并且 $\alpha(G) \leqslant \kappa(G)$，则 G 是 Hamilton 的。

证明 一个顶点割是这样的一个顶点集合，将它移除会使得图的其余部分不连通。我们将说明一个有效的算法，给定一个任何阶数至少为 3 的图 G，或者返回一个顶点割 K 以及一个稳定集 A 使得 $|A| > |K|$ (这是定理的假设条件不被满足的凭证)，或者返回 G 中的一个 Hamilton 圈 (这是定理的结论成立的凭证)。

在算法的简单的初始阶段中，它或者给出一个顶点割 $\{w\}$ 以及一个稳定集 $\{u, v\}$ (这时它终止)，或者给出 G 的一个圈 (这时它继续进行下面的主阶段)。前一种结果出现在当某个顶点 u 的度数不超过 1 时：顶点 v 是任意一个和 u 不相邻的顶点，而顶点 w 或者是 u 的唯一邻居，或者，在 u 为孤立点时，是任何一个不同于 u 和 v 的顶点。后一种结果出现在当 G 的每个顶点的度数至少是 2 时。在这种情况下，我们迭代地构建越来越长的路径 $u_1 u_2 u_3 \ldots$。为了启动这一过程，取任意一个顶点 u_2 和它的两个不同的邻居 u_1, u_3。一旦一条路径 $u_1 u_2 \ldots u_k$ 被构建，考虑 u_k 的一个不同于 u_{k-1} 的邻居 v。如果对某个 $1 \leqslant i \leqslant k-2$ 的 i 有 $v = u_i$，那么初始阶段以圈 $u_i u_{i+1} \ldots u_k u_i$ 结束；否则我们令 $u_{k+1} = v$ 并继续下一次迭代。

算法的主要阶段也是迭代性的。每一次迭代从 G 中的一个圈开始 (特别地，第一次迭代从初始阶段产生的圈开始)。用 C 表示这个圈。

情况 1: C 不是一个 *Hamilton* 圈。

在这种情况下，选取 C 的两个方向之一，并对 C 的每个顶点 v 用 v^{++} 表示 v 在这个方向上的直接后继。令 Q 为从 G 中移除 C 的所有顶点 (以及它们

碰到的所有边) 之后得到的图中的任意一个连通分支。令

$$X = \{v \in C : v \text{ 在 } Q \text{ 中有邻居}\},$$
$$Y = \{v\text{++} : v \in X\}.$$

情况 1.1：$X \cap Y \neq \varnothing$。

在这种情况下，存在一个顶点 v 使得 $v \in X$ 并且 $v\text{++} \in X$。将 C 中的边 $vv\text{++}$ 替换为一条从 v 到 $v\text{++}$ 的长度至少是 2 并且所有内部顶点都在 Q 中的路径；带着这个更长的圈进入下一次迭代。

情况 1.2：$X \cap Y = \varnothing$ 并且 Y 不是一个稳定集。

在这种情况下，存在一条边 $v\text{++}w\text{++}$ 满足 $v, w \in X$ 且 $v \neq w\text{++}$，$w \neq v\text{++}$。如图 11.1 所示，将 C 中的边 $vv\text{++}$ 和 $ww\text{++}$ 替换为边 $v\text{++}w\text{++}$ 以及一条从 v 到 w 的长度至少是 2 并且所有内部顶点都在 Q 中的路径；带着这个更长的圈 (C 上从 $w\text{++}$ 到 v 的弧、接着从 v 到 w 的路径、接着 C 上从 w 反向到 $v\text{++}$ 的弧、接着边 $v\text{++}w\text{++}$) 进入下一次迭代。

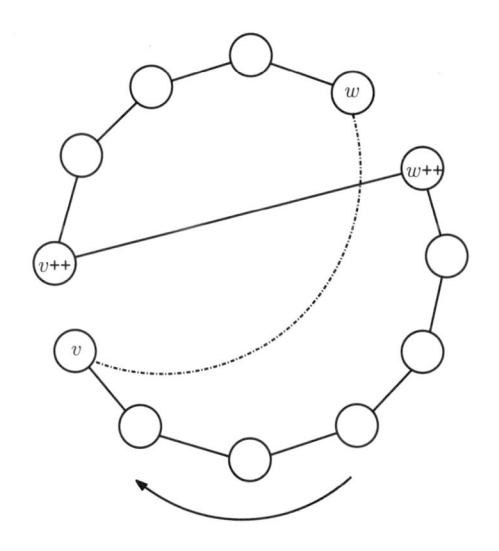

图 11.1 切换到一个更长的圈。

情况 1.3：$X \cap Y = \varnothing$ 并且 Y 是一个稳定集。

在这种情况下，返回顶点割 X 以及稳定集 $Y \cup \{u\}$，其中 u 是 Q 中任意一个顶点。

情况 2：C 是一个 *Hamilton* 圈。

返回 C。 □

哪些图满足定理 11.11 的假设条件?

命题 11.12 用 $m^\star(n)$ 表示满足 $\alpha(G) \leqslant \kappa(G)$ 的 n 阶图 G 具有的最小边数，我们有

$$\frac{1}{2}n^{3/2} - \frac{1}{4}n < m^\star(n) \leqslant \frac{1}{2}n^{3/2} + \frac{5}{2}n.$$

证明 首先，我们将证明每个不完全的 n 顶点、m 边的图 G 有

$$\alpha(G) \geqslant n^2/(2m+n), \tag{11.1}$$

$$\kappa(G) \leqslant 2m/n. \tag{11.2}$$

为了证明 (11.1)，我们求助于界

$$\mathrm{ex}(K_r, n) \leqslant \left(1 - \frac{1}{r-1}\right)\frac{n^2}{2}, \tag{11.3}$$

这直接来自公式 (7.1)。如果 r 是一个满足 $r \geqslant 2$ 的整数，并且如果 G 的补图 $\overline{G}$ 的边数 (等于 $\binom{n}{2} - m$) 超过 (11.3) 的右边，那么 $\overline{G}$ 包含完全图 K_r。这一事实可以被记为

$$\binom{n}{2} - m > \left(1 - \frac{1}{r-1}\right)\frac{n^2}{2} \Rightarrow \alpha(G) \geqslant r$$

或者在简化之后成为

$$r - 1 < n^2/(2m+n) \Rightarrow \alpha(G) \geqslant r,$$

这和 (11.1) 在逻辑上是等价的。为了证明 (11.2)，令 v 为 G 的一个具有最小度数的顶点。由于 G 不是完全图，某个不同于 v 的顶点 w 和它不相邻，从而 v 的所有邻居组成的集合 K 是一个将 v 和 w 分开的顶点割。由于 G 中的平均度数是 $2m/n$，我们有 $|K| \leqslant 2m/n$。

在 $\alpha(G) \leqslant \kappa(G)$ 的假设下，界 (11.1) 和 (11.2) 蕴涵了

$$4m^2 + 2mn \geqslant n^3;$$

由于这个不等式的左边是一个关于 m 的递增函数，并且它在 $\frac{1}{2}n^{3/2} - \frac{1}{4}n$ 处的值等于 $n^3 - \frac{1}{4}n^2$，所以 $m^\star(n)$ 的下界成立。

为了建立 $m^\star(n)$ 的上界，我们将对任意正整数 n 构造一个 n 阶、至多 $\frac{1}{2}n^{3/2} + \frac{5}{2}n$ 边的图 G 并满足 $\alpha(G) \leqslant \kappa(G)$。为此，记 $t = \lfloor n^{1/2} \rfloor$。对于 G 的顶点

集, 我们取的是 t 个互不相交并且大小差距不超过 1 的集合 $V_1, V_2, \ldots, V_t$ 的并集: 每个 $|V_i|$ 是 $\lfloor n/t \rfloor$ 或者 $\lceil n/t \rceil$。由于 $t \leq n^{1/2}$, 我们有 $n/t \geq t$, 从而在每个 V_i 中我们可以选择两两不同的顶点 $v_i^1, v_i^2, \ldots, v_i^t$。对任何满足 $1 \leq i \leq t-1$ 以及 $1 \leq j \leq t$ 的 i 和 j, 我们用一条边连接顶点 v_i^j 到顶点 v_{i+1}^j; 对每个满足 $1 \leq i \leq t$ 的 i, 我们对 V_i 中的每两个顶点用一条边连接; 除此之外, G 没有其他边。

由于 $n < (t+1)^2$, 我们有 $n/t \leq t+2$, 从而每个 $|V_i|$ 不超过 $t+2$, 从而 G 的边数 m 满足 $m \leq t(t-1) + t\binom{t+2}{2} = \frac{1}{2}t^3 + \frac{5}{2}t^2 \leq \frac{1}{2}n^{3/2} + \frac{5}{2}n$。由于 G 的顶点集被 t 个团 V_i 覆盖, 我们有 $\alpha(G) \leq t$。为了看到 $\kappa(G) \geq t$, 注意 G 中任意 $t-1$ 个顶点组成的集合 K 都不能是顶点割: 由于 $v_1^j v_2^j \ldots v_t^j$ ($j = 1, 2, \ldots, t$), 这 t 条路径两两没有公共顶点, K 不能和它们都相交。因此从 G 中移除 K 中所有顶点 (以及它们碰到的所有边) 所得到的图 $G - K$ 是连通的: 它包含至少一条路径 $v_1^j v_2^j \ldots v_t^j$, 并且对每个 $i = 1, 2, \ldots, t$, 它所有在 V_i 中的顶点和 v_i^j 相邻。 □

命题 11.12 中的上界表明定理 11.11 的条件可以被相对稀疏的图满足。与之对照, 满足定理 11.4 条件的图必须是稠密的:

命题 11.13 设 n 是一个至少为 3 的整数。如果 G 是一个 n 阶图, 并且对每个小于 $n/2$ 的正整数 k, G 中有少于 k 个度数不超过 k 的顶点, 或者少于 $n-k$ 个度数不超过 $n-k-1$ 的顶点, 则 G 的边数至少为 $n^2/8$。

证明 首先, 取 $k = \lceil n/2 \rceil - 1$ 并注意

(i) $n - k \geq k + 1$.

然后把 G 的度数序列 $d_1, d_2, \ldots, d_n$ 排成非降序,

(ii) $d_1 \leq d_2 \leq \cdots \leq d_n$,

并注意 $\sum_{i=1}^n d_i \geq \sum_{i=n-k}^n d_i \geq (k+1) d_{n-k}$。我们将证明

(iii) $d_{n-k} \geq k + 1$,

这意味着 $(k+1) d_{n-k} \geq (k+1)^2 \geq n^2/4$ 从而证明结束。为此, 让我们分两种情况。如果 $d_k \geq k+1$, 那么 (iii) 可以从 (i) 和 (ii) 得到。如果 $d_k \leq k$, 那么这个序列中至少有 k 项不超过 k, 从而其中必定少于 $n-k$ 项不超过 $n-k-1$, 这意味着 $d_{n-k} \geq n-k$。这和 (i) 一起推出了 (iii)。 □

经过更仔细地分析，这个命题中的下界可以被提高到 $(3n^2-2n-8)/16$ [83, 第 96 页]。(在同一篇文章中, 作者也证明了一个 n 阶图的闭包为完全图仅当它至少有 $\lfloor(n+2)^2/8\rfloor$ 条边并且这个界是不能被改进的。)

11.3 随机图中的 Hamilton 圈

命题 11.12 表明, 为了满足定理 11.11 的假设条件, 一个 n 阶图必须有约 $\frac{1}{2}n^{3/2}$ 或更多的边。至于更加稠密一点的图, 条件被其中的绝大多数满足：

命题 11.14 对每个满足

$$\text{对所有充分大的 } n \text{ 都有 } n^{3/2}\sqrt{\ln n} \leqslant m(n) \leqslant \binom{n}{2}$$

的关于 n 的整值函数 m, 几乎所有 n 阶、$m(n)$ 边的图 G 都有 $\alpha(G) \leqslant \kappa(G)$。

为了证明这一命题, 我们将使用 Chvátal 和 Erdős 的一个证明 [80, 第 417–418 页]。让我们把其中的一部分独立出来：

引理 11.15 设 ε 是一个正数, 并且 m 是一个满足下述条件的关于 n 的整值函数：对所有充分大的 n 都有 $1.05\varepsilon^{-1}n^{3/2} \leqslant m(n) \leqslant \binom{n}{2}$。则几乎所有 n 阶、$m(n)$ 边的图 G 有

$$\kappa(G) > (1-\varepsilon)\frac{2m(n)}{n}.$$

$\kappa(G)$ 的这个下界中的系数 $(1-\varepsilon)$ 不能被提高到 1：一个图的连通度至多是其最小的顶点度数, 而 $2m(n)/n$ 是一个 n 阶、$m(n)$ 边的图的平均度数。

引理 11.15 中 $m(n)$ 的下界可以通过一个更费力的论证来减小。(但这不能被减得太小：定理 10.1 表明, 如果 $\lim_{n\to\infty} f(n)/n = +\infty$, 几乎所有 n 阶、$\frac{1}{2}n\ln n - f(n)$ 边的图 G 有 $\kappa(G) = 0$。)然而, 就我们的目标而言, 现在这个样子就足够好了。

提醒 $f(n) = o(g(n))$ 表示 $\lim_{n\to\infty} f(n)/g(n) = 0$。

引理 11.15 的证明 让我们把 $m(n)$ 简记为 m, 并记

$\mathcal{A}_n$ 为所有以 $1, 2, \ldots, n$ 为顶点且边数为 m 的图组成的集合,

$\mathcal{C}_n$ 为 $\mathcal{A}_n$ 中所有包含一个大小不超过 $(1-\varepsilon) \cdot 2m/n$ 的顶点割的图组成的集合,

$\mathcal{D}_n$ 为 $\mathcal{A}_n$ 中所有包含一个度数不超过 $(1-\varepsilon/2) \cdot 2m/n$ 的顶点的图组成的集合。

第十一章 Hamilton 圈

我们将通过证明

(i) $|\mathcal{C}_n - \mathcal{D}_n| = o(|\mathcal{A}_n|)$ 以及

(ii) $|\mathcal{D}_n| = o(|\mathcal{A}_n|)$

来证明本引理。

为了证明 (i)，考虑 $\mathcal{C}_n - \mathcal{D}_n$ 中的任一个图 G。由于 $G \in \mathcal{C}_n$，它的顶点集可以被划分为两两不交的集合 A, B, C，满足：$|C| \leqslant (1-\varepsilon) \cdot 2m/n$，$A$ 中每个顶点的邻居来自 $A \cup C$，B 中每个顶点的邻居来自 $B \cup C$，并且 A 和 B 都非空。由于 $G \notin \mathcal{D}_n$，我们有 $|A \cup C| > (1 - \varepsilon/2) \cdot 2m/n$。因此 $|A| > \varepsilon m/n$；类似地，$|B| > \varepsilon m/n$。所以，$\mathcal{C}_n - \mathcal{D}_n$ 中的所有图 (同样还有 $\mathcal{D}_n$ 中的某些图) 可以被这样构建出来：首先选择 $\{1, 2, \ldots, n\}$ 的一个两两不交的划分 A, B, C，满足 $|A| > \varepsilon m/n$，$|B| > \varepsilon m/n$，$|C| \leqslant (1-\varepsilon) \cdot 2m/n$，然后在 $\mathcal{A}_n$ 中选择一个图使得它没有任何边一端在 A 中、另一端在 B 中。

选择 A, B, C 的方法数少于 3^n，并且对其中的每种选择，恰有

$$\binom{\binom{n}{2} - |A| \cdot |B|}{m}$$

种方法选择 $\mathcal{A}_n$ 中的一个图满足它没有任何边一端在 A 中、另一端在 B 中。可以通过建立 $|A| \cdot |B|$ 的下界来建立后一个选择数量的上界：限制条件 $|A| + |B| \geqslant n - (1-\varepsilon) \cdot 2m/n$，$|A| > \varepsilon m/n$，$|B| > \varepsilon m/n$ 蕴涵了

$$|A| \cdot |B| > \frac{\varepsilon m}{n}\left(n - (1-\varepsilon)\frac{2m}{n} - \frac{\varepsilon m}{n}\right)$$
$$= \varepsilon m\left(1 - (2-\varepsilon)\frac{m}{n^2}\right) > \varepsilon m\left(1 - \frac{2-\varepsilon}{2}\right) = \frac{\varepsilon^2 m}{2}.$$

我们得出结论

$$\frac{|\mathcal{C}_n - \mathcal{D}_n|}{|\mathcal{A}_n|} \leqslant 3^n \frac{\binom{\binom{n}{2} - \varepsilon^2 m/2}{m}}{\binom{\binom{n}{2}}{m}} \leqslant 3^n \left(1 - \frac{\varepsilon^2 m/2}{\binom{n}{2}}\right)^m$$
$$\leqslant 3^n \exp\left(-\left(\frac{\varepsilon m}{n}\right)^2\right) \leqslant \exp(n\ln 3 - 1.1025n) = o(1),$$

这证明了 (i)。

为了证明 (ii)，记 $N = \binom{n}{2}$，$M = n - 1$，以及 $r = \lfloor (1-\varepsilon/2) \cdot 2m/n \rfloor$。$\mathcal{D}_n$ 中的每个图可以这样被构建出来：首先在它的顶点集 $\{1, 2, \ldots, n\}$ 中选择一个

顶点, 然后选择一个满足 $0 \leqslant i \leqslant r$ 的整数 i, 然后选择不含 v 的 i 个顶点组成的集合 S, 最后是 m 条边组成的集合 E, 满足 $vw \in E$ 当且仅当 $w \in S$。由于有 n 种方法选择 v 以及 $\binom{M}{i}$ 种方法选择 S, 并且一旦 S 被选定, 有 $\binom{N-M}{m-i}$ 种方法选择 E, 我们有

$$\frac{|\mathcal{D}_n|}{|\mathcal{A}_n|} \leqslant n \sum_{i=0}^{r} \frac{\binom{M}{i}\binom{N-M}{m-i}}{\binom{N}{m}},$$

从而, 由 (A.23),

$$\frac{|\mathcal{D}_n|}{|\mathcal{A}_n|} \leqslant ne^{-pm}\left(\frac{epm}{r}\right)^r = n\left(\frac{1}{e}\left(\frac{epm}{r}\right)^{r/pm}\right)^{pm},$$

其中 $p = 2/n$。由于 $(e/x)^x$ 是区间 $(0, 1]$ 上关于 x 的增函数, 并由于 $r/pm \leqslant 1 - \varepsilon/2$, 我们有 $(epm/r)^{r/pm} \leqslant (1-\delta)e$ 对某个正的 δ 成立, 从而 $|\mathcal{D}_n|/|\mathcal{A}_n| \leqslant n(1-\delta)^{pm} = n(1-\delta)^{2m/n} = o(1)$, 这证明了 (ii)。 □

命题 11.14 的证明   设 m 是一个满足

$$\text{对所有充分大的 } n \text{ 都有 } n^{3/2}\sqrt{\ln n} \leqslant m(n) \leqslant \binom{n}{2}$$

的关于 n 的整值函数。由引理 9.22, 对几乎所有 n 阶、$m(n)$ 边的图 G 都有

$$\alpha(G) < \frac{4}{3} \cdot \frac{n^2}{m(n)} \ln n \leqslant \frac{4}{3} \cdot n^{1/2}\sqrt{\ln n}.$$

由引理 11.15, 对几乎所有 n 阶、$m(n)$ 边的图 G 都有

$$\kappa(G) > \frac{2}{3} \cdot \frac{2m(n)}{n} \geqslant \frac{4}{3} \cdot n^{1/2}\sqrt{\ln n}.$$ □

定理 11.11 和命题 11.14 结合在一起蕴涵了几乎所有的 n 阶、$\lceil n^{3/2}\sqrt{\ln n}\rceil$ 边的图 G 是 Hamilton 的。事实上, "是 Hamilton 的"这一属性的阈值函数的大小只有 $n\log n$, 和"连通"这一属性的阈值函数一样。这一突破性结果来自 Lajos Pósa [317] 的一个定理: 如果对某个足够大的常数 c, $m(n) = (1 + o(1))cn\ln n$, 则几乎所有的 n 阶、$m(n)$ 边的图是 Hamilton 的。

稍晚一些, Aleksei Dmitrievich Korshunov (1936–2019) 独立证明了一个更强的定理 [259, 260]: 如果 $m(n) = \frac{1}{2}n\ln n + \frac{1}{2}n\ln\ln n + c(n)n$, 其中 $\lim_{n\to\infty} c(n) = \infty$, 则几乎所有的 n 阶、$m(n)$ 边的图是 Hamilton 的。János Komlós 和 Endre Szemerédi [258] 改进了这个结果: 用 $h(n, m)$ 表示一个 n 阶、m 边的随机图是

Hamilton 图的概率，我们有

$$\lim_{n\to\infty} h\left(n, \frac{1}{2}n\ln n + \frac{1}{2}n\ln\ln n + cn + o(n)\right) = e^{-e^{-c}}. \qquad (11.4)$$

Erdős 和 Rényi 的一个经典结论的一个特殊情况 [150, 定理 2 ($r = 1$ 的情况)] 断言，取代 $h(n,m)$，一个 n 阶、m 边的随机图不包含任何度数小于 2 的顶点的概率也满足 (11.4)。"不包含任何度数小于 2 的顶点" 这一属性和更强的 "是 Hamilton 的" 这一属性之间的相似性被一个引人注目的定理凸显出来 ([258, 第 53 页上的重述 2], [37], [2])：

定理 11.16 考虑每次加一条边逐步演化而成的 n 阶完全图。当 n 趋向于无穷大时，这个图在其中每个点都得到至少两个邻居的时刻成为 Hamilton 图的概率趋向于 1。 □

正如 0 度的顶点是成为连通图的最后的障碍 (定理 10.6)，度数为 1 的顶点是拥有一个 Hamilton 圈的最后的障碍。

UNIVERSITY OF COLORADO
BOULDER, COLORADO 80302

1971 V 10

DEPARTMENT OF MATHEMATICS

Dear Chvátal,

Many thanks for your letter and our paper. It could certainly go to Discrete Mathematics or the Monthly whichever you prefer. Please send it away + give your address as a return address in view of the fact that my address changes all the time

I will be in Montreal in June or July.

It would be nice to prove that almost all graphs of n vertices and $n^{1+\varepsilon}$ edges are Hamiltonian (perhaps it remains true for $c\, n\log n$ if c is large)

Kind regards to you + your son + all mathematicians E. P.

由 Vašek Chvátal 提供

附录 A 一些招数

A.1 不等式

A.1.1 两位主力

两个简单却非常有用的不等式是

$$\text{对所有实数 } x, \quad 1+x \leqslant e^x, \tag{A.1}$$

$$\text{对所有正整数 } k, \quad k! > (k/e)^k. \tag{A.2}$$

不等式 (A.1) 是一个简单的微积分练习, 而 (A.2) 可以通过对 k 的归纳用 (A.1) 得到: 在归纳步骤中注意

$$(k+1)! > (k+1)\left(\frac{k}{e}\right)^k = (k+1)^{k+1} \cdot \left(\frac{k}{k+1}\right)^k \cdot \frac{1}{e^k} > \left(\frac{k+1}{e}\right)^{k+1},$$

其中第一个不等式来自归纳假设, 第二个不等式是在 (A.1) 中用 $1/k$ 代入 x。

不等式 (A.1) 可以被重写为 $1/(1+x) \geqslant e^{-x}$。当 $y > -1$ 时, 在后者中将 $-y/(1+y)$ 代入 x, 我们看到 $1+y \geqslant e^{y/(1+y)}$。所以

$$\text{当 } x > -1 \text{ 时}, \quad e^{x/(1+x)} \leqslant 1+x \leqslant e^x.$$

我们将在第 A.2 节中改进这个粗糙的 (A.2)。(A.2) 的一个直接推论是不等式

$$\text{对所有正整数 } k, \quad \binom{n}{k} < \left(\frac{en}{k}\right)^k. \tag{A.3}$$

这个界是弱的。特别地, 当 $k \geqslant 0.328n$, 其右边大于 2^n —— 这对所有的 k 都是左边的一个平凡的上界。尽管如此, (A.3) 并非一无是处: 它在引理 9.21 和引理 10.5 的证明中起到了令人满意的作用。当 $k = o(n^{1/2})$ 时, 它的右边渐近地等于左边乘以 $\sqrt{2\pi k}$ (这可从 (A.6) 以及定理 A.3 中 $j = 1$ 的情况联合推出)。

A.1.2 Cauchy-Bunyakovsky-Schwarz 不等式

在它的有限形式

$$\left(\sum_{i=1}^{n} a_i b_i\right)^2 \leqslant \left(\sum_{i=1}^{n} a_i^2\right)\left(\sum_{i=1}^{n} b_i^2\right)$$

中，这个不等式对所有实数 a_i, b_i 成立，其中 i 取遍 $\{1, \ldots, n\}$。这个不等式在 Augustin-Louis Cauchy (1789–1857) 于 1821 年出版的教科书 [66] 的最后一部分，两篇关于不等式理论的注记的第二篇中出现。1859 年，Cauchy 的前博士生 Viktor Yakovlevich Bunyakovsky (1804–1889) 出版了一本专著 [63]，包含了和 Cauchy 的那个相像的不等式，只是其中的有限求和被换成了更一般的积分。(这里，Bunyakovsky 提到 Cauchy 原来的版本是"众所周知的"。) 在显然不知道这一结果的情况下，Hermann Amandus Schwarz (1843–1921) 重新发现了 Bunyakovsky 的积分不等式并给出了一个非常优雅的证明 [338]。限制到有限求和的情况下，Schwarz 的证明是思考等式

$$\sum_{i=1}^{n}(a_i x + b_i)^2 = \left(\sum_{i=1}^{n} a_i^2\right) x^2 + \left(2 \sum_{i=1}^{n} a_i b_i\right) x + \left(\sum_{i=1}^{n} b_i^2\right):$$

由于它的左边是一个平方和，所以对于所有 x 两边都是非负的，从而右边的二次式的判别式 $\left(2\sum_{i=1}^{n} a_i b_i\right)^2 - 4\left(\sum_{i=1}^{n} a_i^2\right)\left(\sum_{i=1}^{n} b_i^2\right)$ 不能是正的。(关于 Cauchy-Bunyakovsky-Schwarz 不等式的丰富内容，见 [348]。)

A.1.3 Jensen 不等式

定义在区间 I 上的一个实值函数 f 被称为是凸的，如果

$$x, y \in I, 0 \leqslant \lambda \leqslant 1 \Rightarrow f(\lambda x + (1-\lambda)y) \leqslant \lambda f(x) + (1-\lambda) f(y).$$

直接对 n 的归纳表明，对每个凸函数 f，对所有定义域中的 $x_1, \ldots, x_n$，以及对所有和为 1 的非负数 $\lambda_1, \ldots, \lambda_n$，

$$f\left(\sum_{i=1}^{n} \lambda_i x_i\right) \leqslant \sum_{i=1}^{n} \lambda_i f(x_i).$$

这是丹麦工程师 Johan Ludwig William Valdemar Jensen (1859–1925) 发表于 1906 年的一个不等式的有限形式。Jensen 在哥本哈根电信公司有着成功的职

业生涯，他喜欢在闲暇时间研究数学 [226]。Jensen 不等式包含了其他若干经典的不等式。特别地，Cauchy-Bunyakovsky-Schwarz 不等式可以被解释为 Jensen 不等式的一个特殊情况：当没有任何 b_i 等于 0 时 (这并不是一个严格的限制条件)，考虑

$$f(x) = x^2, \quad \lambda_i = \frac{b_i^2}{b_1^2 + b_2^2 + \cdots + b_n^2}, \quad x_i = \frac{a_i}{b_i}.$$

Jensen 不等式和二项式系数

Jensen 不等式的下面这个推论涉及从组合概念 $\binom{d}{k}$ 到关于 x 的实值函数 $\binom{x}{k}$ 的推广，这个函数在 x 取非负整数 d 时重回到 $\binom{d}{k}$：

$$\binom{x}{k} = x(x-1)\cdots(x-k+1)/k!$$

引理 A.1 如果 $d_1, \ldots, d_n$ 是非负整数并且 $\sum_{i=1}^n d_i \geq n(k-1)$，则

$$\sum_{i=1}^n \binom{d_i}{k} \geq n\binom{\sum_{i=1}^n d_i/n}{k}.$$

证明 由于 $\binom{x}{k}$ 的导数在区间 $(k-1, \infty)$ 上是一个关于 x 的增函数，函数 $\binom{x}{k}$ 在这个区间上是凸的；因此定义在所有实数上的函数

$$f(x) = \begin{cases} 0, & \text{当 } x \leq k-1 \text{ 时,} \\ \binom{x}{k}, & \text{当 } x \geq k-1 \text{ 时} \end{cases}$$

是凸函数，从而由 Jensen 不等式，对所有 i 取 $\lambda_i = 1/n$，得到

$$\sum_{i=1}^n \binom{d_i}{k} = \sum_{i=1}^n f(d_i) \geq nf\left(\sum_{i=1}^n d_i/n\right) = n\binom{\sum_{i=1}^n d_i/n}{k}. \quad \square$$

A.2 阶乘和 Stirling 公式

生于法国的数学家 Abraham De Moivre (1667–1754) 证明了

$$\text{对某个常数 } \lambda, \quad n! = (1+o(1))\lambda\sqrt{n}\left(\frac{n}{e}\right)^n.$$

我们将要证明一个更一般的定理。

定义 定义在区间 I 上的一个实值函数 f 被称为是凹的，如果

$$x, y \in I, 0 \leqslant t \leqslant 1 \;\Rightarrow\; f(tx + (1-t)y) \geqslant t f(x) + (1-t) f(y).$$

(我们需要指出 "f 是凹的当且仅当 $-f$ 是凸的" 这一显然的事实吗？不管怎样，我们完全不会用到它。)

定理 A.2 对每个凹的增函数 $f : [1, \infty) \to [1, \infty)$，存在一个正的常数 c 使得

$$\sum_{i=1}^{n} f(i) = \int_{1}^{n} f(x) dx + \frac{1}{2} f(n) + c + o(1).$$

为了看到定理 A.2 包含了 De Moivre 的公式，令 $f(x) = \ln x$，观察到 $\ln x$ 是关于 x 的一个凹函数 (因为它的导数是一个关于 x 的减函数)，并记得 $\int \ln x \, dx = x \ln x - x + $ 常数。

定理 A.2 的证明 定义 $\Delta_1, \Delta_2, \Delta_3, \ldots$ 这些数为

$$\Delta_i = \int_{i}^{i+1} f(x) dx - \left(\frac{1}{2} f(i) + \frac{1}{2} f(i+1) \right).$$

在这些记号下，我们有

$$\int_{1}^{n} f(x) dx = \sum_{i=1}^{n-1} \int_{i}^{i+1} f(x) dx$$

$$= \sum_{i=1}^{n-1} \left(\Delta_i + \frac{1}{2} f(i) + \frac{1}{2} f(i+1) \right)$$

$$= \sum_{i=1}^{n-1} \Delta_i + \sum_{i=1}^{n} f(i) - \left(\frac{1}{2} f(1) + \frac{1}{2} f(n) \right),$$

从而

$$\sum_{i=1}^{n} f(i) = \int_{1}^{n} f(x) dx + \frac{1}{2} f(n) + \left(\frac{1}{2} f(1) - \sum_{i=1}^{n-1} \Delta_i \right);$$

我们将证明，当 n 趋向于无穷大时，$\sum_{i=1}^{n-1} \Delta_i$ 趋向于某个有限的极限，从而完成定理的证明。

从 f 是凹的这个条件，我们推导

$$\text{当 } i \geqslant 1 \text{ 时,} \quad \int_i^{i+1} f(x)dx \geqslant \frac{1}{2}f(i) + \frac{1}{2}f(i+1), \tag{A.4}$$

$$\text{当 } i \geqslant 3/2 \text{ 时,} \quad \int_{i-1/2}^{i+1/2} f(x)dx \leqslant f(i): \tag{A.5}$$

不等式 (A.4) 来自观察

$$\begin{aligned}
\int_i^{i+1} f(x)dx &= \int_0^1 f(i+t)dt = \int_0^1 f(t(i+1) + (1-t)i)dt \\
&\geqslant \int_0^1 (tf(i+1) + (1-t)f(i))dt \\
&= f(i+1)\int_0^1 t\,dt + f(i)\int_0^1 (1-t)dt,
\end{aligned}$$

而不等式 (A.5) 来自观察

$$\int_{i-1/2}^{i+1/2} f(x)dx = \int_{i-1/2}^{i} (f(x) + f(2i-x))dx \leqslant \int_{i-1/2}^{i} 2f(i)dx = f(i).$$

不等式 (A.4) 意味着 $\Delta_i \geqslant 0$ 对所有 i 成立；不等式 (A.5) 意味着

$$\int_{3/2}^{n+1/2} f(x)dx = \sum_{i=2}^{n} \int_{1/2}^{i+1/2} f(x)dx \leqslant \sum_{i=2}^{n} f(i),$$

从而

$$\begin{aligned}
\sum_{i=1}^{n-1} \Delta_i &= \int_1^n f(x)dx + \frac{1}{2}f(n) + \frac{1}{2}f(1) - \sum_{i=1}^{n} f(i) \\
&= \int_{3/2}^{n+1/2} f(x)dx + \int_1^{3/2} f(x)dx - \int_n^{n+1/2} f(x)dx \\
&\quad + \frac{1}{2}f(n) + \frac{1}{2}f(1) - \sum_{i=1}^{n} f(i) \\
&\leqslant \int_1^{3/2} f(x)dx - \int_n^{n+1/2} f(x)dx + \frac{1}{2}f(n) - \frac{1}{2}f(1);
\end{aligned}$$

由于 f 是一个增函数，因此

$$\sum_{i=1}^{n-1} \Delta_i \leqslant \int_1^{3/2} f(x)dx - \frac{1}{2}f(1).$$

综上，序列 $\Delta_1, \Delta_1 + \Delta_2, \Delta_1 + \Delta_2 + \Delta_3, \ldots$ 是非降的并有一个常数的上界；所以它趋向一个有限的极限。 □

De Moivre 的朋友、苏格兰数学家 James Stirling (1692–1770) 发现了 De Moivre 公式中的常数 λ 等于 $\sqrt{2\pi}$。由此所得的渐近等式

$$n! = (1 + o(1))\sqrt{2\pi n}\left(\frac{n}{e}\right)^n$$

被称为 Stirling 公式。

不幸的是，Stirling 公式对于处理特定的 n 是没什么作用的。而幸运的是，它可以被改进为

$$\text{对所有正整数 } n, \quad 1 < \frac{n!}{\sqrt{2\pi n}\left(\frac{n}{e}\right)^n} < \exp\frac{1}{12n}. \tag{A.6}$$

1955 年，它的下界被美国数学家 Herbert Ellis Robbins (1915–2001) 加强 [327]：

$$\text{对所有正整数 } n, \quad \exp\frac{1}{12n+1} < \frac{n!}{\sqrt{2\pi n}\left(\frac{n}{e}\right)^n} < \exp\frac{1}{12n}.$$

A.3 二项式系数的一个渐近表达式

由定义，
$$\binom{n}{k} = \frac{n(n-1)\cdots(n-k+1)}{k!} \leqslant \frac{n^k}{k!}.$$

当 k 相对于 n 合理地小时，$\binom{n}{k}$ 的这个粗略的上界在渐近意义上是紧的。特别在 k 是一个常数时，我们对所有 $i = 1, 2, \ldots, k-1$ 有 $n - i \sim n$，从而

$$\binom{n}{k} \sim \frac{n^k}{k!}.$$

事实上，哪怕我们允许 k 随着 n 递增，只要它不增长得太快，这个渐近公式还是保持正确：我们将证明

$$k(n) = o(n^{1/2}) \;\Rightarrow\; \binom{n}{k(n)} \sim \frac{n^{k(n)}}{k(n)!}.$$

这只是一系列公式中的第一个，接着是

$$k(n) = o(n^{2/3}) \Rightarrow \binom{n}{k(n)} \sim \frac{n^{k(n)}}{k(n)!} \exp\left(-\frac{k(n)^2}{2n}\right),$$

$$k(n) = o(n^{3/4}) \Rightarrow \binom{n}{k(n)} \sim \frac{n^{k(n)}}{k(n)!} \exp\left(-\frac{k(n)^2}{2n} - \frac{k(n)^3}{6n^2}\right),$$

等等：

定理 A.3　如果函数 $k: \mathbf{N} \to \mathbf{N}$ 满足 $k(n) = o(n^{j/(j+1)})$，其中 j 为某个正整数，则

$$\binom{n}{k(n)} \sim \frac{n^{k(n)}}{k(n)!} \exp\left(-\sum_{i=1}^{j-1} \frac{k(n)^{i+1}}{i(i+1)n^i}\right).$$

证明　观察到

$$\ln\left(\binom{n}{k}\frac{k!}{n^k}\right) = \ln \prod_{d=1}^{k-1}\left(\frac{n-d}{n}\right) = \sum_{d=1}^{k-1} \ln\left(1-\frac{d}{n}\right),$$

我们将所需的 $\binom{n}{k(n)}$ 的渐近公式转化为其等价形式

$$\sum_{d=1}^{k(n)-1} \ln\left(1-\frac{d}{n}\right) = -\sum_{i=1}^{j-1} \frac{k(n)^{i+1}}{i(i+1)n^i} + o(1). \tag{A.7}$$

(A.7) 的证明将依赖于事实

$$\lim_{x \to 0+} \frac{\ln(1-x) + \sum_{i=1}^{j} x^i/i}{x^j} = 0, \tag{A.8}$$

这可以从我们的本科微积分课里被当作运算法则的 Taylor 定理得到。彻头彻尾的革命者 (见第八章) 可以迭代使用 l'Hôpital 法则来证明 (A.8)：对 t 的归纳表明，对所有 $t = 1, 2, \ldots, j$，

$$\lim_{x \to 0+} \frac{\ln(1-x) + \sum_{i=1}^{j} x^i/i}{x^j} = \lim_{x \to 0+} \frac{-(t-1)!(1-x)^{-t} + \sum_{i=t}^{j}(i-1)! x^{i-t}/(i-t)!}{j! x^{j-t}/(j-t)!}.$$

现在记

$$R_j(x) = \ln(1-x) + \sum_{i=1}^{j} x^i/i$$

并观察到

$$\sum_{d=1}^{k-1}\ln\left(1-\frac{d}{n}\right) = \sum_{d=1}^{k-1}\left(R_{j-1}\left(\frac{d}{n}\right) - \sum_{i=1}^{j-1}\frac{d^i}{in^i}\right)$$
$$= \sum_{i=1}^{j-1}\left(-\frac{1}{in^i}\sum_{d=1}^{k-1}d^i\right) + \sum_{d=1}^{k-1}R_{j-1}\left(\frac{d}{n}\right).$$

我们将证明

$$\text{对所有 } i = 1, 2, \ldots, j, \quad \sum_{d=1}^{k(n)-1} d^i = \frac{k(n)^{i+1}}{i+1} + o(n^i) \tag{A.9}$$

以及

$$\sum_{d=1}^{k(n)-1} R_{j-1}\left(\frac{d}{n}\right) = o(1), \tag{A.10}$$

从而完成对 (A.7) 的证明。

为了证明 (A.9), 注意

$$\sum_{d=1}^{k-1} d^i \leq \sum_{d=1}^{k-1}\int_d^{d+1} x^i dx = \int_1^k x^i dx \leq \int_0^k x^i dx = k^{i+1}/(i+1),$$

$$\sum_{d=1}^{k-1} d^i = \sum_{d=1}^{k} d^i - k^i, \quad \sum_{d=1}^{k} d^i \geq \sum_{d=1}^{k}\int_{d-1}^{d} x^i dx = \int_0^k x^i dx = k^{i+1}/(i+1).$$

因此

$$k^{i+1}/(i+1) - k^i \leq \sum_{d=1}^{k-1} d^i \leq k^{i+1}/(i+1),$$

由于 $k(n) = o(n)$, 这得出了 (A.9)。

为了证明 (A.10), 首先注意 (A.8) 可以被写成

$$\lim_{x\to 0+} \frac{R_{j-1}(x)}{x^j} = -\frac{1}{j}.$$

特别地, 这意味着存在一个正的 δ 使得

$$0 < x < \delta \implies -2x^j/j < R_{j-1}(x) < 0;$$

由于 $k(n) = o(n)$,存在一个整数 n_0 使得

$$n \geqslant n_0 \Rightarrow k(n)/n < \delta;$$

因此

$$n \geqslant n_0, 1 \leqslant d \leqslant k(n) \Rightarrow |R_{j-1}(d/n)| < 2(d/n)^j/j \leqslant 2(d/n)^j,$$

从而

$$n \geqslant n_0 \Rightarrow \left|\sum_{d=1}^{k(n)-1} R_{j-1}(d/n)\right| \leqslant \sum_{d=1}^{k(n)-1} |R_{j-1}(d/n)| \leqslant 2 \sum_{d=1}^{k(n)-1} (d/n)^j.$$

(A.10) 的证明完成于最后的观察

$$\sum_{d=1}^{k(n)-1} (d/n)^j < \sum_{d=1}^{k(n)-1} (k(n)/n)^j < k(n)^{j+1}/n^j = o(1). \qquad \square$$

A.4 二项式分布

定义 当 n 是一个非负整数并且 p 是一个满足 $0 \leqslant p \leqslant 1$ 的实数时,定义概率分布 $B_{n,p} : \{0, 1, \ldots, n\} \to [0, 1]$ 为

$$B_{n,p}(k) = \binom{n}{k} p^k (1-p)^{n-k},$$

这个分布被称为以 n 和 p 为参数的二项式分布。

提醒 一个随机变量 X 的概率分布定义为

$$p_X : \Omega_X \to [0, 1],$$

其中 Ω_X 是 X 的取值组成的集合, $p_X(i)$ 定义为 $\text{Prob}(X = i)$。

定理 A.4 如果一个随机变量 X 的概率分布是以 n 和 p 为参数的二项式分布,则 $E(X) = np$ 并且 $\text{Var}(X) = np(1-p)$。

证明 给定 n 和 p,考虑概率空间 $(\{0, 1\}^n, f)$,其概率分布 f 定义为

$$f((a_1, a_2, \ldots, a_n)) = p^{\sum_{i=1}^{n} a_i} (1-p)^{n - \sum_{i=1}^{n} a_i}.$$

在这个概率空间中，定义随机变量 Y 为

$$Y((a_1, a_2, \ldots, a_n)) = \sum_{i=1}^{n} a_i,$$

注意 Y 具有以 n 和 p 为参数的二项式分布。接着，定义随机变量 $Y_1, Y_2, \ldots, Y_n$，

$$\text{对所有 } i, \quad Y_i((a_1, a_2, \ldots, a_n)) = a_i;$$

观察到 $Y = Y_1 + Y_2 + \cdots + Y_n$，从而

$$Y^2 = \left(\sum_{i=0}^{n} Y_i\right) \cdot \left(\sum_{j=0}^{n} Y_j\right) = \sum_{i=0}^{n} \sum_{j=0}^{n} Y_i Y_j.$$

由期望的线性叠加，我们有

$$\mathrm{E}(Y) = \sum_{i=0}^{n} \mathrm{E}(Y_i) \quad \text{以及} \quad \mathrm{E}(Y^2) = \sum_{i=0}^{n} \sum_{j=0}^{n} \mathrm{E}(Y_i Y_j).$$

注意 $\mathrm{Prob}(Y_i = 1) = p$，从而

$$\text{对所有 } i, \quad \mathrm{E}(Y_i) = p.$$

由于 Y_i 是一个 0–1 随机变量，我们有 $Y_i = Y_i^2$，从而

$$\text{对所有 } i, \quad \mathrm{E}(Y_i^2) = p.$$

注意当 $i \neq j$ 时 $\mathrm{Prob}(Y_i = Y_j = 1) = p^2$，从而

$$\text{对所有 } i \neq j, \quad \mathrm{E}(Y_i Y_j) = p^2.$$

因此，$\mathrm{E}(Y) = np$ 并且 $\mathrm{E}(Y^2) = np + n(n-1)p^2$；由于 $\mathrm{Var}(Y) = \mathrm{E}(Y^2) - \mathrm{E}(Y)^2$（见第 200 页），这一发现可以被记为

$$\mathrm{E}(Y) = np \quad \text{并且} \quad \mathrm{Var}(Y) = np(1-p).$$

我们构建了一个特定的随机变量 Y，它具有以 n 和 p 为参数的二项式分布，并满足 $\mathrm{E}(Y) = np$，$\mathrm{Var}(Y) = np(1-p)$。由于一个随机变量 X 的均值和方差被它的概率分布 p_X 所决定（见第 201 页），定理得证。 □

附录 A 一些招数

定义 一个概率分布 $p: \Omega \to [0,1]$ 的众数是 Ω 的一个元素 M 使得

对 Ω 中的所有 i, $\quad p(M) \geqslant p(i)$。

一个概率分布的众数可能是不唯一的:如果整数 M 和 n 满足 $1 \leqslant M \leqslant n$, 那么

$$\binom{n}{M}\left(\frac{M}{n+1}\right)^M \left(\frac{n-M+1}{n+1}\right)^{n-M} = \binom{n}{M-1}\left(\frac{M}{n+1}\right)^{M-1}\left(\frac{n-M+1}{n+1}\right)^{n-M+1},$$

所以 M 和 $M-1$ 都是 $B_{n,M/(n+1)}$ 的众数。下面的命题意味着这是二项式分布众数不唯一的唯有的例子:

命题 A.5 如果 M 是二项式分布 $B_{n,p}$ 的一个众数,则

$$np - (1-p) \leqslant M \leqslant np + p.$$

证明 由于

$$\frac{B_{n,p}(i+1)}{B_{n,p}(i)} = \frac{n-i}{i+1} \cdot \frac{p}{1-p},$$

我们有

$$i < np - (1-p) \Rightarrow B_{n,p}(i) < B_{n,p}(i+1),$$
$$i + 1 > np + p \Rightarrow B_{n,p}(i+1) < B_{n,p}(i). \qquad \Box$$

推论 A.6 如果一个二项式分布有整数均值,则这个均值也是它的唯一众数。

证明 设 M 为 $B_{n,p}$ 的一个众数。由定义,我们有 $M \in \{0, 1, \ldots, n\}$;由命题 A.5,我们有 $M \in [np+p-1, np+p]$。由定理 A.4,$B_{n,p}$ 的均值为 np。如果 np 是一个整数,那么区间 $[np+p-1, np+p]$ 只有当 $p=0$ 或 $p=1$ 时包含另一个整数。如果 $p=0$,那么另外那个整数是 -1;如果 $p=1$,那么另外那个整数是 $n+1$;这两个数都不属于 $\{0, 1, \ldots, n\}$。 $\qquad \Box$

定义 当 Ω 是一个实数构成的集合时,概率分布 $p: \Omega \to [0,1]$ 的一个中位数是 Ω 中的一个元素 m, 满足

$\text{Prob}(i \leqslant m) \geqslant 0.5 \quad$ 并且 $\quad \text{Prob}(i \geqslant m) \geqslant 0.5.$

一个概率分布的中位数不一定是唯一的:对每个正整数 k, k 和 $k+1$ 都是 $B_{2k+1, 1/2}$ 的中位数。尽管如此,有一个将推论 A.6 中的"众数"改成"中位数"的类似结论:

定理 A.7 如果一个二项式分布有整数均值，则这个均值也是它的唯一中位数。

这个定理首先在 1966 年由 Peter Neumann 证明 [305, 定理 1]，并在大约一年之后，独立地由 Kumar Jogdeo 和 Stephen M. Samuels (1938–2012) 证明 [228, 定理 3.2]。其他证明由 Rob Kaas 和 Jan M. Buhrman 在 [231, 定理 1] 中，以及由 Knuth 在 [254, 练习 MPR-23 和 MPR-24] 中给出。

我们的 (1.5) 表明在 $n \geq 1$ 时 $\binom{2n}{n} \geq 4^n/2n$。现在我们要在一个更一般的情况下提高这个下界：

定理 A.8 对任意整数 n 和 k，其中 $0 < k < n$，以及一个满足 $0 \leq p \leq 1$ 的实数 p，我们有

$$\binom{n}{k} p^k (1-p)^{n-k} > \tfrac{2}{3} n^{-1/2} \left(\frac{pn}{k}\right)^k \left(\frac{(1-p)n}{n-k}\right)^{n-k}.$$

证明 观察到

$$\binom{n}{k} p^k (1-p)^{n-k} = \frac{n!}{k!(n-k)!} p^k (1-p)^{n-k}$$

以及 (A.6) 这个界意味着

$$\frac{n!}{k!(n-k)!} p^k (1-p)^{n-k} \geq \frac{1}{e^{1/12k} e^{1/12(n-k)}} \sqrt{\frac{n}{2\pi k(n-k)}} \left(\frac{pn}{k}\right)^k \left(\frac{(1-p)n}{n-k}\right)^{n-k}.$$

由于 $1 \leq k \leq n-1$，我们有 $k(n-k) \geq n-1$，从而

$$\frac{1}{e^{1/12k} e^{1/12(n-k)}} = \exp\left(-\frac{1}{12k} - \frac{1}{12(n-k)}\right)$$
$$= \exp\left(-\frac{n}{12k(n-k)}\right) \geq \exp\left(-\frac{n}{12(n-1)}\right) \geq e^{-1/6};$$

由于 $k(n-k) = n^2/4 - (k-n/2)^2 \leq n^2/4$，我们有

$$\sqrt{\frac{n}{2\pi k(n-k)}} \geq \sqrt{\frac{2}{\pi n}}.$$

最后，注意 $e^{-1/6}(2/\pi)^{1/2} = 0.675394\ldots$。 □

A.5 二项式分布的尾部

许多关于随机生成的结构的计数证明依赖于这样的事实,在某种意义下,这些结构中的大多数不会偏离平均情况太远。例如,抛掷一枚无偏差的硬币 n 次,正面出现的平均次数是 $n/2$,而我们将要证明,实际的正面次数离 $n/2$ 的偏差很大是不太可能的。更精确地说,用 $\pi_n(i)$ 表示 n 次抛掷一枚无偏差的硬币中恰好有 i 次正面的概率,我们将证明,对任何将正整数映射到正实数的函数 d,

$$\lim_{n\to\infty} d(n)/\sqrt{n} = \infty \quad \Rightarrow \quad \sum_{|i-n/2|\geqslant d(n)} \pi_n(i) = o(1). \tag{A.11}$$

事实上,我们将在更一般的背景下证明一个更精细的结果。

为了说明这个更一般的背景,让我们考虑一个装有恰好 N 个苹果的桶,其中恰好有 M 个烂苹果,并记

$$p = M/N.$$

在这一记号下,按照一致均匀概率从桶里取出的一个苹果有 p 的概率是烂苹果。从这个桶里随机地取出 n 个苹果,恰好有 i 个是烂苹果的概率是多少?答案不仅取决于 n 和 i,还取决于生成样本的过程;最容易分析的取样过程是重置取样。这里,每个苹果被以一致均匀的概率从桶里取出,并且在被查看之后被扔回桶中,使得桶里的 N 个苹果 (包括刚刚被查看的那个) 在下一次又以同样的概率被选到。这个过程的一个模型是一个一致概率分布,其样本空间 Ω 由 N^n 个序列 $a_1, a_2, \ldots, a_n$ 组成,其中每个 a_i 属于一个固定的、代表这桶苹果的 N 元集合。Ω 中恰好有 i 项代表烂苹果的序列 $a_1, a_2, \ldots, a_n$ 的数量等于 $\binom{n}{i} M^i (N-M)^{n-i}$:为了看到这点,观察到每个这样的序列可以被如下生成,首先选择一个由 i 个下标组成的集合 R 使得 $j \in R$ 当且仅当苹果 a_j 是烂的,然后对 R 中 i 个下标里的每一个,指派 M 个烂苹果之一 (每个烂苹果可以被指派给任意多个下标),最后对不在 R 中的 $n-i$ 个下标里的每一个,指派 $N-M$ 个好苹果之一 (每个好苹果也可以被指派给任意多个下标)。这个量除以 $|\Omega|$ 得到 $\binom{n}{i} p^i (1-p)^{n-i}$,这是由重置取样产生的 n 个苹果中恰有 i 个烂苹果的概率。

我们会证明,对每个满足 $0 \leqslant p \leqslant 1$ 的实数 p,

$$\lim_{n\to\infty} d(n)/\sqrt{n} = \infty \quad \Rightarrow \quad \sum_{|i-pn|\geqslant d(n)} B_{n,p}(i) = o(1). \tag{A.12}$$

这比 (A.11) 更广泛，因为对所有 $i = 0, 1, \ldots, n$, $\pi_n(i) = B_{n,1/2}(i)$。

我们将给出 (A.12) 的两个不同的证明。其中的第一个依赖于 Chebyshev 不等式 (我们在第 10.4 节中证明过)：

$$t > 0, \operatorname{Var}(X) > 0 \;\Rightarrow\; \operatorname{Prob}\left(|X - \operatorname{E}(X)| \geq t \cdot \operatorname{Var}(X)^{1/2}\right) \leq \frac{1}{t^2}.$$

当 X 是一个具有概率分布 $B_{n,p}$ 的随机变量时，由定理 A.4 我们有 $\operatorname{E}(X) = np$ 以及 $\operatorname{Var}(X) = np(1-p)$，从而对这个 X, Chebyshev 不等式表明

$$t > 0 \;\Rightarrow\; \sum_{|i-pn| \geq t \cdot \sqrt{np(1-p)}} B_{n,p}(i) \leq \frac{1}{t^2}.$$

将 $d/\sqrt{np(1-p)}$ 代入 t，我们得到

$$\sum_{|i-pn| \geq d} B_{n,p}(i) \leq \frac{np(1-p)}{d^2}, \tag{A.13}$$

这证明了 (A.12)。

我们对 (A.12) 的第二个证明从乌克兰数学家 Sergei Natanovich Bernstein (1880–1968) 的一个结论开始：

定理 A.9 ([27], [28] 的第 159–165 页)　设整数 n, k 满足 $0 < k < n$，实数 p 满足 $0 \leq p \leq 1$。如果 $k \geq pn$，则

$$\sum_{i=k}^{n} \binom{n}{i} p^i (1-p)^{n-i} \leq \left(\frac{pn}{k}\right)^k \left(\frac{(1-p)n}{n-k}\right)^{n-k}. \tag{A.14}$$

证明　如果 $x \geq 1$，那么

$$\sum_{i=k}^{n} \binom{n}{i} p^i (1-p)^{n-i} \leq \sum_{i=k}^{n} x^{i-k} \binom{n}{i} p^i (1-p)^{n-i}$$

$$= x^{-k} \sum_{i=k}^{n} \binom{n}{i} (px)^i (1-p)^{n-i}$$

$$\leq x^{-k} \sum_{i=0}^{n} \binom{n}{i} (px)^i (1-p)^{n-i}$$

$$= x^{-k} \left(px + 1 - p\right)^n.$$

特别地，如果 $k \geqslant pn$，那么
$$\frac{(1-p)k}{p(n-k)} \geqslant 1,$$
从而
$$\sum_{i=k}^{n} \binom{n}{i} p^i (1-p)^{n-i} \leqslant \left(\frac{(1-p)k}{p(n-k)}\right)^{-k} \left(\frac{(1-p)k}{n-k} + 1 - p\right)^n$$
$$= \left(\frac{p(n-k)}{(1-p)k}\right)^k \left(\frac{(1-p)n}{n-k}\right)^n$$
$$= \left(\frac{pn}{k}\right)^k \left(\frac{(1-p)n}{n-k}\right)^{n-k}. \qquad \square$$

定理 A.8 表明 Bernstein 的界 (A.14) 在某种意义下是接近最优的，因为它左边和式的第一项已经大于 $\frac{2}{3}n^{-1/2}$ 乘以它的右边给出的上界。

定理 A.9 只是 Bernstein 在更一般的独立随机变量求和的框架下证明的一个定理的特殊情况。在几十年时间里，这个定理在俄语世界之外几乎不为人所知：[91] 和 [369, 第 204–205 页] 是两次为它取得英语世界关注的孤立尝试。最终，美国应用数学家、统计学家和物理学家 Herman Chernoff 发表了一个比定理 A.9 更广泛的定理 [69, 例 3][a]。由于这个原因，(A.14) 这个界或者它的弱化形式 (A.17) 通常被称为 Chernoff 界。

定义 当 $k \geqslant pn$ 时，定理 A.9 中的量 $\sum_{i=k}^{n} B_{n,p}(i)$ 被称为二项式分布的右尾；当 $k \leqslant pn$ 时，$\sum_{i=0}^{k} B_{n,p}(i)$ 被称为二项式分布的左尾。

由于
$$\sum_{i=0}^{k} \binom{n}{i} p^i (1-p)^{n-i} = \sum_{i=0}^{k} \binom{n}{n-i} (1-p)^{n-i} p^i$$
$$= \sum_{j=n-k}^{n} \binom{n}{j} (1-p)^j p^{n-j},$$

二项式分布 $B_{n,p}$ 的左尾是二项式分布 $B_{n,1-p}$ 的右尾，从而每个关于这两个尾

---

[a]见 *Past, Present, and Future of Statistical Science* (X. Lin, C. Genest, D. L. Banks, G. Molenberghs, D. W. Scott 和 J. L. Wang 编), CRC Press, 2014。其中第 29 到第 40 页收录了 H. Chernoff 的回忆文章 "A career in statistics"，在第 35 页提到，这个著名的 Chernoff 界应该归功于 Herman Rubin (1926–2018)。

部之一的界给出了另一个的一个界。特别地，定理 A.9 也保证了 $k \leqslant pn$ 蕴涵

$$\sum_{i=0}^{k} \binom{n}{i} p^i (1-p)^{n-i} \leqslant \left(\frac{pn}{k}\right)^k \left(\frac{(1-p)n}{n-k}\right)^{n-k}. \tag{A.15}$$

放宽 Bernstein 界

在有关二项式分布尾部的计算中，为了简洁而牺牲精度，将 Bernstein 的界代之以更容易控制的估计往往是有用的。一个尤为优雅的估计来自 Masashi Okamoto [307, 引理 2(a)]：

$$0 < k < n, \ k = (p+t)n \ \Rightarrow \ \left(\frac{pn}{k}\right)^k \left(\frac{(1-p)n}{n-k}\right)^{n-k} \leqslant \exp(-2t^2 n). \tag{A.16}$$

为证明 (A.16)，取一个固定的 p 并定义函数 $f : (-p, 1-p) \to \mathbf{R}$ 为

$$\left(\frac{pn}{k}\right)^k \left(\frac{(1-p)n}{n-k}\right)^{n-k} = \left(\left(\frac{p}{p+t}\right)^{p+t} \left(\frac{1-p}{1-p-t}\right)^{1-p-t}\right)^n = e^{-f(t)n}.$$

我们有

$$f(t) = (p+t)(\ln(p+t) - \ln p) + (1-p-t)(\ln(1-p-t) - \ln(1-p)),$$
$$f'(t) = \ln(p+t) - \ln p - \ln(1-p-t) + \ln(1-p),$$
$$f''(t) = \frac{1}{p+t} + \frac{1}{1-p-t} = \frac{1}{(p+t)(1-p-t)} \geqslant 4;$$

由于 $f'(0) = 0$，所以当 $0 \leqslant t < 1-p$ 时 $f'(t) \geqslant 4t$，并且当 $-p < t \leqslant 0$ 时 $f'(t) \leqslant 4t$；由于 $f(0) = 0$，这又推出当 $-p < t < 1-p$ 时 $f(t) \geqslant 2t^2$。

结合 (A.14)、(A.15) 和 (A.16)，我们得出

$$\sum_{|i-pn| \geqslant tn} B_{n,p}(i) \leqslant 2 \exp(-2t^2 n);$$

这可以被写成

$$\sum_{|i-pn| \geqslant d} B_{n,p}(i) \leqslant 2 \exp(-2d^2/n), \tag{A.17}$$

再次得到 (A.12)。

(A.13) 和 (A.17) 都可以推出 (A.12)，但 (A.17) 中的上界通常是更好的，因

为它随着 d^2/n 指数式下降，而对每个固定的 p，上界 (A.13) 只以 d^2/n 的倒数下降。

(A.16) 的一个简单的替代选择

$$0 < k < n \ \Rightarrow \ \left(\frac{pn}{k}\right)^k \left(\frac{(1-p)n}{n-k}\right)^{n-k} \leqslant e^{-pn}\left(\frac{epn}{k}\right)^k \tag{A.18}$$

可以通过在不等式 $1 + y \leqslant e^y$ 中取 $y = (k - pn)/(n - k)$ 来验证。当 k 和 pn 成正比时，对所有充分小的 p，(A.18) 这个界比 (A.16) 更好。例如，

如果 $k = 2pn$，则 (A.18) 的右边是 $(e/4)^{pn}$，

在 $p < \ln 2 - 0.5 \doteq 0.193$ 时，

这小于 (A.16) 的右边的 $\exp(-2p^2 n)$；

如果 $k = pn/2$，则 (A.18) 的右边是 $(2/e)^{pn/2}$，

在 $p < 1 - \ln 2 \doteq 0.306$ 时，

这小于 (A.16) 的右边的 $\exp(-p^2 n/2)$。

我们将在第 A.6 节使用 (A.18)。

更多关于二项式分布的尾部的内容可以在 [7, 附录 A] 和 [225, 第 2.1 节] 中找到。

应用

为了说明 (A.14)、(A.16) 和 (A.18) 的用法，我们回到第九章。在第 9.3 节的结尾处，我们提到在几乎所有 n 阶图中，每个具有 s 顶点 ($s = \lceil\sqrt{8n}\rceil$) 的子图的边数少于

$$\frac{3}{4}\binom{s}{2}.$$

这可以用 (A.14) 和 (A.16)，使用 $n = \binom{s}{2}$、$p = 1/2$ 以及 $k = \lceil 3s(s-1)/8 \rceil$ 推出：这些不等式保证了

$$\sum_{j \geqslant 3s(s-1)/8} \binom{\binom{s}{2}}{j} 2^{-\binom{s}{2}} \leqslant e^{-s(s-1)/16},$$

从而，由于 $n \leqslant s^2$，

$$\binom{n}{s}\sum_{j \geqslant 3s(s-1)/8} \binom{\binom{s}{2}}{j} \cdot 2^{-\binom{s}{2}} \leqslant \binom{n}{s}e^{-s(s-1)/16}$$
$$\leqslant n^s e^{-s(s-1)/16} \leqslant s^{2s} e^{-s(s-1)/16} = o(1).$$

在第 9.6 节，我们提到在几乎所有的 n 阶图中，每个顶点的度数是 $(1+o(1))n/2$ 的。在 (A.17) 中用 $n-1$ 替换 n，取 $p=1/2$，并取 $d=\sqrt{(n-1)\ln n}$，某个事先给定的顶点的度数离 $(n-1)/2$ 偏差至少 d 的概率不超过 $2n^{-2}$，从而 G 包含一个度数离 $(n-1)/2$ 偏差至少 d 的顶点的概率不超过 $2n^{-1}$。

A.6 超几何分布的尾部

让我们回到我们的那桶 N 个苹果，其中 M 个是烂的；和上一节一样，用 p 表示以一致均匀的概率从桶里取出的一个苹果是烂苹果的概率 M/N。这一次，我们要分析不重置取样，这里组成样本的 n 个苹果中的每一个被以一致均匀的概率从桶里随机取出，并在被查看之后放在桶外，所以它不会被再次取到。这个过程的一个模型也是一个一致均匀的概率分布，其样本空间 Ψ 由一个代表这桶苹果的固定 N 元集的 $\binom{N}{n}$ 个子集 $\{a_1, a_2, \ldots, a_n\}$ 组成。这些子集中恰有 i 个烂元素的子集的数量等于 $\binom{M}{i}\binom{N-M}{n-i}$：每一个可以被这样构建出来，首先选择它的 i 个烂苹果的集合，然后选择它的 $n-i$ 个好苹果的集合。这个量除以 $|\Psi|$ 是由不重置取样产生的 n 个苹果中恰有 i 个烂苹果的概率。

定义 当 n, M, N 是满足 $0 \leqslant M \leqslant N$ 的非负整数时，概率分布 $H_{n,M,N}: \{0, 1, \ldots, n\} \to [0, 1]$，定义为

$$H_{n,M,N}(i) = \frac{\binom{M}{i}\binom{N-M}{n-i}}{\binom{N}{n}},$$

称为一个以 n, M, N 为参数的超几何分布。

超几何分布 $H_{n,M,N}$ 和以

$$B_{n,M/N}(i) = \binom{n}{i}\frac{M^i(N-M)^{n-i}}{N^n}$$

定义的二项式分布相互近似：特别地，如果 n 趋向无穷大并且 M, N 的增长满足

$$\lim_{n\to\infty} M/n^2 = \infty \quad \text{以及} \quad \lim_{n\to\infty}(N-M)/n^2 = \infty,$$

那么定理 A.3 在 $j=1$ 时保证了

$$\binom{M}{i} \sim M^i/i!, \quad \binom{N-M}{n-i} \sim (N-M)^{n-i}/(n-i)!, \quad \binom{N}{n} \sim N^n/n!,$$

从而，对所有 $i = 0, 1, \ldots, N$，
$$H_{n,M,N}(i) \sim B_{n,M/N}(i).$$

尽管如此，这两个分布是有区别的：举一个极端的例子，如果 $0 < M < N$，那么对所有 $i = 0, 1, \ldots, N$，$B_{N,M/N}(i)$ 严格在 0 和 1 之间，而 $H_{N,M,N}(i)$ 在 $i = M$ 时等于 1 并在其他时候等于 0。

现在和上一节一样记
$$p = M/N$$
并考虑随机变量
$$W : \Psi \to \{0, 1, \ldots, n\},$$

其中对我们的样本空间 Ψ 中的每个集合 ψ，$W(\psi)$ 是 ψ 中烂苹果的数量。为了看到 $E(W) = np$，注意 $W = W_1 + W_2 + \cdots + W_n$，其中在样本 ψ 的第 i 个苹果是烂苹果时 $W_i(\psi) = 1$，否则 $W_i(\psi) = 0$：由期望的线性叠加我们有 $E(W) = E(W_1) + E(W_2) + \cdots + E(W_n)$，而由于桶中的所有 N 个苹果等可能地成为样本中的第 i 个苹果，对所有 i 有 $E(W_i) = p$。

定义 当 $k \geq pn$ 时，$\sum_{i=k}^{n} H_{n,M,N}(i)$ 被称为超几何分布的右尾；当 $k \leq pn$ 时，$\sum_{i=0}^{k} H_{n,M,N}(i)$ 被称为超几何分布的左尾。

美国统计学家和概率学家 Wassily Hoeffding (1914–1991) 证明了一个定理 [214, 定理 4]，其特殊情况表明 Bernstein 关于二项式分布的尾部的界对超几何分布的尾部同样成立：

定理 A.10 设 n, k, M, N 是满足 $0 < k < n$ 以及 $0 \leq M \leq N$ 的整数；记 $p = M/N$。如果 $k \geq pn$，则

$$\sum_{i=k}^{n} \frac{\binom{M}{i}\binom{N-M}{n-i}}{\binom{N}{n}} \leq \left(\frac{pn}{k}\right)^k \left(\frac{(1-p)n}{n-k}\right)^{n-k}. \tag{A.19}$$

证明 我们将证明

$$x \geq 1 \;\Rightarrow\; \sum_{i=0}^{n} \frac{\binom{M}{i}\binom{N-M}{n-i}}{\binom{N}{n}} x^i \leq \sum_{i=0}^{n} \binom{n}{i} p^i (1-p)^{n-i} x^i; \tag{A.20}$$

像定理 A.9 的证明中那样，在 (A.20) 中取 $x = (1-p)k/p(n-k)$ 可以得到我们的定理。

不等式 (A.20) 不能被简单地比较关于 x 的两个多项式的系数所证明：$H_{n,M,N}$ 和 $B_{n,M/N}$ 这两个分布是不同的，所以，取决于 i 的值，左边的系数有时候大于有时候又小于右边的对应系数。技巧是将 (A.20) 的两边表达为关于 $x-1$ 的多项式，并在那时候才比较系数。由于

$$\sum_{i=0}^{n} \frac{\binom{M}{i}\binom{N-M}{n-i}}{\binom{N}{n}} x^i = \sum_{i=0}^{n} \frac{\binom{M}{i}\binom{N-M}{n-i}}{\binom{N}{n}} (1+(x-1))^i$$

$$= \sum_{i=0}^{n} \frac{\binom{M}{i}\binom{N-M}{n-i}}{\binom{N}{n}} \sum_{j=0}^{i} \binom{i}{j}(x-1)^j$$

$$= \sum_{j=0}^{n} \sum_{i=j}^{n} \frac{\binom{M}{i}\binom{N-M}{n-i}}{\binom{N}{n}} \binom{i}{j}(x-1)^j$$

以及

$$\sum_{i=0}^{n} \binom{n}{i} p^i (1-p)^{n-i} x^i = (px+1-p)^n = (1+p(x-1))^n = \sum_{j=0}^{n} \binom{n}{j} p^j (x-1)^j,$$

这意味着为了得到 (A.20)，只需证明，对所有 $j=0,1,\ldots,n$，

$$\sum_{i=j}^{n} \frac{\binom{M}{i}\binom{N-M}{n-i}}{\binom{N}{n}} \binom{i}{j} \leqslant \binom{n}{j} p^j. \tag{A.21}$$

由于

$$\sum_{i=j}^{n} \binom{M}{i}\binom{i}{j}\binom{N-M}{n-i} = \sum_{i=j}^{n} \binom{M}{j}\binom{M-j}{i-j}\binom{N-M}{n-i}$$

$$= \binom{M}{j} \sum_{k=0}^{n-j} \binom{M-j}{k}\binom{N-M}{n-j-k} = \binom{M}{j}\binom{N-j}{n-j}$$

以及

$$\binom{N}{n}\binom{n}{j} = \binom{N}{j}\binom{N-j}{n-j},$$

(A.21) 可以被写成 $\binom{M}{j}/\binom{N}{j} \leqslant (M/N)^j$，由于 $M \leqslant N$，这是成立的。 □

由于

$$\sum_{i=0}^{k} \frac{\binom{M}{i}\binom{N-M}{n-i}}{\binom{N}{n}} = \sum_{i=0}^{k} \frac{\binom{N-M}{n-i}\binom{M}{i}}{\binom{N}{n}} = \sum_{j=n-k}^{n} \frac{\binom{N-M}{j}\binom{M}{n-j}}{\binom{N}{n}},$$

超几何分布 $H_{n,M,N}$ 的左尾是超几何分布 $H_{n,N-M,N}$ 的右尾,从而每个关于这两个尾部之一的界给出了另一个的一个界。特别地,定理 A.10 也保证了 $k \leqslant pn$ 蕴涵

$$\sum_{i=0}^{k} \frac{\binom{M}{i}\binom{N-M}{n-i}}{\binom{N}{n}} \leqslant \left(\frac{pn}{k}\right)^k \left(\frac{(1-p)n}{n-k}\right)^{n-k}, \quad \text{其中 } p = M/N. \qquad \text{(A.22)}$$

结合不等式 (A.22)、(A.18) 并改变记号 (将 n 换成 m 并将 k 换成 r),我们得到

$$0 < r < m, r/m \leqslant M/N \;\Rightarrow\; \sum_{i=0}^{r} \frac{\binom{M}{i}\binom{N-M}{m-i}}{\binom{N}{m}} \leqslant e^{-pm}\left(\frac{epm}{r}\right)^r, \text{ 其中 } p = M/N; \tag{A.23}$$

结合不等式 (A.19)、(A.18) 并以同样方式改变记号,我们得到

$$0 < r < m, r/m \geqslant M/N \;\Rightarrow\; \sum_{i=r}^{m} \frac{\binom{M}{i}\binom{N-M}{m-i}}{\binom{N}{m}} \leqslant e^{-pm}\left(\frac{epm}{r}\right)^r, \text{ 其中 } p = M/N. \tag{A.24}$$

更多关于超几何分布的尾部的内容可以在 [225, 第 2.1 节] 中找到。

应用

为了说明 (A.23) 和 (A.24) 的用法,让我们再次回到第九章。在其引理 9.13 的证明中,我们使用了一个特制的论证来表明,对某个正的常数 δ,当 $m = \lfloor n^{1+3\delta} \rfloor$ 并且 $s = \lfloor n^{1-\delta} \rfloor$ 时,对所有充分大的 n 我们有

$$\sum_{i=0}^{n} \binom{\binom{s}{2}}{i}\binom{\binom{n}{2}-\binom{s}{2}}{m-i}\binom{\binom{n}{2}}{m}^{-1} \leqslant s^{2n} \exp\left(-0.99\, ms^2/n^2\right).$$

在不等式 (A.23) 中取 $M = \binom{s}{2}$、$N = \binom{n}{2}$、$r = n$ 保证了一个更强的结果:对所有充分大的 n,

$$\sum_{i=0}^{t} \binom{\binom{s}{2}}{i}\binom{\binom{n}{2}-\binom{s}{2}}{m-i}\binom{\binom{n}{2}}{m}^{-1} \leqslant \left(\frac{em}{n^3}\right)^n \cdot s^{2n} \exp\left(-0.99 ms^2/n^2\right).$$

为了看到这点,注意,对所有充分大的 n,$0.99s^2/n^2 \leqslant p \leqslant s^2/n^2$。

在引理 9.21 的证明中,我们使用了一个特制的论证来表明,当 c 是一个正整数,n 相对于 c 充分大,并且 $s \leqslant \delta n$,其中 $\delta = 1/64e^5c^3$ 时,我们有

$$\sum_{j \geqslant 3s/2} \binom{n}{s} \binom{\binom{s}{2}}{j} \binom{\binom{n}{2} - \binom{s}{2}}{cn - j} \binom{\binom{n}{2}}{cn}^{-1} \leqslant \frac{4}{3} \left(\frac{1}{8}\right)^s.$$

在不等式 (A.24) 中取 $r = \lceil 3s/2 \rceil$、$m = cn$、$M = \binom{s}{2}$ 以及 $N = \binom{n}{2}$ 保证了一个更强的结论:

$$\sum_{j \geqslant 3s/2} \binom{n}{s} \binom{\binom{s}{2}}{j} \binom{\binom{n}{2} - \binom{s}{2}}{cn - j} \binom{\binom{n}{2}}{cn}^{-1} \leqslant \left(\frac{1}{6\sqrt{6}}\right)^s.$$

为看到这一点,注意

$$\left(\frac{epm}{r}\right)^r \leqslant \left(\frac{2ec}{3} \cdot \frac{s}{n}\right)^{3s/2},$$

从而

$$\binom{n}{s} \sum_{j \geqslant 3s/2} \binom{\binom{s}{2}}{j} \binom{\binom{n}{2} - \binom{s}{2}}{cn - j} \binom{\binom{n}{2}}{cn}^{-1} \leqslant \left(\frac{en}{s}\right)^s \left(\frac{2ec}{3} \cdot \frac{s}{n}\right)^{3s/2}$$

$$\leqslant \left(\frac{8e^5c^3}{27} \cdot \delta\right)^{s/2} = \left(\frac{1}{6\sqrt{6}}\right)^s.$$

A.7 随机图的两种模型

记号 在本节中,我们会用 Prob 表示一个概率空间中的事件的概率,这些空间甚至在同一个陈述中都可能在变化,但在每种情况中都不产生误解。

如我们在第 177 页表明的那样,Erdős-Rényi 的 n 阶、m 边随机图是这样一个概率空间中的元素,其样本空间是所有以 $1, 2, \ldots, n$ 为顶点并具有 m 条边的图组成的集合,其概率分布是一致均匀的。

术语和记号 我们将称这个概率空间为随机图的一致均匀模型,并用 $\mathbb{G}(n, m)$ 表示其中的一个普遍元素。

另一个流行的随机图的概念由 Edgar Gilbert (1923–2013) 在 [185] 中提出。其模型是以正整数 n 和满足 $0 \leqslant p \leqslant 1$ 的实数 p 为参数的概率空间。这里,样

本空间由所有以 $1, 2, \ldots, n$ 为顶点的图组成，而其中每个图的概率定义为

$$p^i(1-p)^{N-i},$$

其中 $N = \binom{n}{2}$ 并且 i 是该图中的边数。(这是在下面的随机过程中得到该图的概率：依次考虑所有 N 个无序的相异顶点对，独立地以 p 的概率给其中的每一对顶点连边。)

术语和记号 我们将称这个概率空间为随机图的二项式模型，并用 $\mathbf{G}(n, p)$ 表示其中的一个普遍元素。

模型 $G(n, m)$ 和模型 $\mathbf{G}(n, m\binom{n}{2}^{-1})$ 有一定的相似之处，m 是 $\mathbf{G}(n, m\binom{n}{2}^{-1})$ 的边数的均值也是最有可能出现的边数：见定理 A.4 和推论 A.6。我们要指出，这两个模型之间有更深刻的相似之处。

涉及 $G(n, m)$ 的计算往往比对应的关于 $\mathbf{G}(n, m\binom{n}{2}^{-1})$ 的计算更复杂。作为示例，考虑引理 9.13 在二项式模型下的类比：

对每个满足 $0 < \delta < 1/3$ 的常数 δ，$\mathbf{G}(n, \lfloor n^{1+3\delta} \rfloor \binom{n}{2}^{-1})$ 在其每个 $\lfloor n^{1-\delta} \rfloor$ 顶点的诱导子图中都有超过 n 条边的概率是 $1 - o(1)$。

我们将要证明一个更强的而且更一般的命题：

引理 A.11 设 n 和 s 是正整数，满足

$$3 \leqslant s \leqslant n \quad \text{并且} \quad \tfrac{1}{2}\binom{s}{2} \geqslant n.$$

如果实数 p 满足

$$\frac{12n \ln s}{s(s-1)} \leqslant p \leqslant \frac{1}{2},$$

则 $\mathbf{G}(n, p)$ 有一个边数不超过 n 的 s 顶点的诱导子图的概率至多是 27^{-n}。

证明 用 $\mathcal{F}$ 表示所有具有 s 个来自集合 $\{1, 2, \ldots, n\}$ 的顶点并且边数不超过 n 的图 F 组成的集合。由于 $3 \leqslant s \leqslant n$，我们有 $\binom{n}{s} \leqslant n^s \leqslant s^n$；由于 $3 \leqslant n \leqslant \tfrac{1}{2}\binom{s}{2}$，因此

$$\begin{aligned}
|\mathcal{F}| &= \binom{n}{s} \sum_{i=0}^{n} \binom{\binom{s}{2}}{i} \leqslant s^n \sum_{i=0}^{n} \binom{\binom{s}{2}}{i} \\
&\leqslant s^n (n+1) \binom{\binom{s}{2}}{n} \leqslant s^n \binom{s}{2}^n \leqslant s^{3n}.
\end{aligned}$$

对 $\mathcal{F}$ 的每个 F 定义随机变量 X_F 为

$$X_F = \begin{cases} 1, & \text{当 } F \text{ 是 } \mathbf{G}(n,p) \text{ 的一个诱导子图,} \\ 0, & \text{否则。} \end{cases}$$

引理断言

$$\text{Prob}\left(\sum_{F \in \mathcal{F}} X_F \geq 1\right) \leq 27^{-n}.$$

为了证明这点,先考虑 $\mathcal{F}$ 中的一个单独的 F。用 i 表示它的边数,我们有

$$\mathrm{E}(X_F) = \text{Prob}(X_F = 1) = p^i(1-p)^{\binom{s}{2}-i} \leq (1-p)^{\binom{s}{2}} \leq \exp\left(-p\binom{s}{2}\right).$$

由期望的线性叠加,可得到

$$\begin{aligned}
\mathrm{E}\left(\sum_{F \in \mathcal{F}} X_F\right) &= \sum_{F \in \mathcal{F}} \mathrm{E}(X_F) \leq |\mathcal{F}| \exp\left(-p\binom{s}{2}\right) \\
&\leq s^{3n} \exp\left(-p\binom{s}{2}\right) = \exp\left(3n \ln s - p\binom{s}{2}\right) \\
&\leq \exp\left(-\tfrac{1}{2} p\binom{s}{2}\right) \leq s^{-3n} \leq 27^{-n}.
\end{aligned}$$

由 Markov 不等式,或者如果你更喜欢的话,由常识,我们有

$$\text{Prob}\left(\sum_{F \in \mathcal{F}} X_F \geq 1\right) \leq \mathrm{E}\left(\sum_{F \in \mathcal{F}} X_F\right),$$

这完成了证明。 □

现在设 δ 是一个满足 $0 < \delta < 1/3$ 的常数,设 n 是一个正整数,并用 $\mathcal{X}$ 表示所有以 $1, 2, \ldots, n$ 为顶点、并且包含一个边数不超过 n 的 $\lfloor n^{1-\delta} \rfloor$ 阶诱导子图的图组成的集合。在这一记号下,引理 9.13 说明

$$\text{Prob}(\mathbf{G}(n, \lfloor n^{1+3\delta} \rfloor) \in \mathcal{X}) = o(1), \tag{A.25}$$

而引理 A.11 保证了,对所有相对 δ 足够大的 n,

$$\text{Prob}(\mathbf{G}(n, \lfloor n^{1+3\delta} \rfloor \binom{n}{2}^{-1}) \in \mathcal{X}) \leq 27^{-n}. \tag{A.26}$$

下面的定义表明 (A.25) 是 (A.26) 的直接结果:

定理 A.12 设正整数 n 和 m 满足 $n \geqslant 1$ 以及 $m \leqslant \binom{n}{2}$。如果 $\mathcal{X}$ 是任意的由一些以 $1, 2, \ldots, n$ 为顶点的图组成的集合，则

$$\text{Prob}(\mathbb{G}(n, m) \in \mathcal{X}) \leqslant 1.07 n \cdot \text{Prob}\left(\mathbf{G}\left(n, m\binom{n}{2}^{-1}\right) \in \mathcal{X}\right).$$

证明 用 N 表示 $\binom{n}{2}$，我们有

$$\begin{aligned}
\text{Prob}\left(\mathbf{G}\left(n, m\binom{n}{2}^{-1}\right) \in \mathcal{X}\right) &= \sum_{i=0}^{N} \binom{N}{i} \left(\frac{m}{N}\right)^i \left(\frac{N-m}{N}\right)^{N-i} \text{Prob}(\mathbb{G}(n, i) \in \mathcal{X}) \\
&\geqslant \binom{N}{m} \left(\frac{m}{N}\right)^m \left(\frac{N-m}{N}\right)^{N-m} \text{Prob}(\mathbb{G}(n, m) \in \mathcal{X}) \\
&\geqslant \tfrac{2}{3} N^{-1/2} \cdot \text{Prob}(\mathbb{G}(n, m) \in \mathcal{X}) \\
&\geqslant \tfrac{8}{9}^{1/2} n^{-1} \cdot \text{Prob}(\mathbb{G}(n, m) \in \mathcal{X}) :
\end{aligned}$$

其中第一个不等式是显然的，第二个不等式由定理 A.8 确保，第三个不等式又是显然的。 □

定理 A.12 的上界中的乘数 $1.07n$ 不能被减少到 $0.88n$。为了看到这点，设 $N = \binom{n}{2}$ 并限制 n 为 4 的倍数。这个限制保证了 N 是偶数；用 $\mathcal{Y}$ 表示所有以 $1, 2, \ldots, n$ 为顶点、恰有 $\frac{1}{2}N$ 边的图组成的集合，我们有

$$\text{Prob}\left(\mathbb{G}\left(n, \tfrac{1}{2}N\right) \in \mathcal{Y}\right) = 1.$$

由 Stirling 公式，$\binom{N}{N/2}(\tfrac{1}{2})^N \sim (2/\pi N)^{1/2}$，从而

$$\text{Prob}\left(\mathbf{G}\left(n, \tfrac{1}{2}\right) \in \mathcal{Y}\right) \sim 2/\pi^{1/2} n.$$

不过，当 $\mathcal{X}$ 是我们前面示例中的图组成的集合，或者是所有以 $1, 2, \ldots, n$ 为顶点并且可以 3 染色的图的集合，或者是所有以 $1, 2, \ldots, n$ 为顶点的 Hamilton 图的集合，或者是其他许多集合之一时，我们可以得到一个好得多的上界。

定义 一个图组成的集合 $\mathcal{X}$ 被称为向下封闭的，如果

$$G \in \mathcal{X}, F \text{ 是 } G \text{ 的一个子图} \Rightarrow F \in \mathcal{X};$$

它被称为向上封闭的，如果

$$F \in \mathcal{X}, F \text{ 是 } G \text{ 的一个子图} \Rightarrow G \in \mathcal{X}.$$

定理 A.13 设整数 n 和 m 满足 $n \geq 1$ 以及 $m \leq \binom{n}{2}$。如果 $\mathcal{X}$ 是一个由以 $1, 2, \ldots, n$ 为顶点的图组成的向下封闭或向上封闭的集合，则

$$\text{Prob}(\mathbb{G}(n, m) \in \mathcal{X}) \leq 2 \cdot \text{Prob}(\mathbf{G}(n, m) \in \mathcal{X}).$$

证明 用 N 表示 $\binom{n}{2}$。

情况 1：$\mathcal{X}$ 是向下封闭的。

给定一个 i，$0 \leq i < N$，用 $\mathbf{P}$ 表示所有这样的有序对 (F, G) 组成的集合，其中 F 是 $\mathcal{X}$ 中一个边数为 i 的图，G 是 $\mathcal{X}$ 中一个边数为 $i+1$ 的图，并且 F 是 G 的一个子图。由于 $\mathcal{X}$ 中边数为 i 的图有 $\binom{N}{i}\text{Prob}(\mathbb{G}(n, i) \in \mathcal{X})$ 个，并且其中每个以 F 出现在最多 $N - i$ 个 $\mathbf{P}$ 的有序对 (F, G) 中，我们有

$$|\mathbf{P}| \leq (N - i) \cdot \binom{N}{i}\text{Prob}(\mathbb{G}(n, i) \in \mathcal{X}).$$

$\mathcal{X}$ 中边数为 $i+1$ 的图有 $\binom{N}{i+1}\text{Prob}(\mathbb{G}(n, i+1) \in \mathcal{X})$ 个；由于 $\mathcal{X}$ 向下封闭，其中每个以 G 出现在恰好 $i+1$ 个 $\mathbf{P}$ 的有序对 (F, G) 中；因此

$$|\mathbf{P}| = (i+1)\binom{N}{i+1}\text{Prob}(\mathbb{G}(n, i+1) \in \mathcal{X}).$$

比较这个公式和 $|\mathbf{P}|$ 的上界，我们发现

对所有 $i = 0, 1, \ldots, N - 1$，$\text{Prob}(\mathbb{G}(n, i) \in \mathcal{X}) \geq \text{Prob}(\mathbb{G}(n, i+1) \in \mathcal{X})$，

从而

对所有 $i = 0, 1, \ldots, m$，$\text{Prob}(\mathbb{G}(n, i) \in \mathcal{X}) \geq \text{Prob}(\mathbb{G}(n, m) \in \mathcal{X})$. (A.27)

我们得出

$$\text{Prob}\left(\mathbf{G}\left(n, m\binom{n}{2}^{-1}\right) \in \mathcal{X}\right) = \sum_{i=0}^{N} \binom{N}{i}\left(\frac{m}{N}\right)^i \left(\frac{N-m}{N}\right)^{N-i} \text{Prob}(\mathbb{G}(n, i) \in \mathcal{X})$$

$$\geq \sum_{i=0}^{m} \binom{N}{i}\left(\frac{m}{N}\right)^i \left(\frac{N-m}{N}\right)^{N-i} \text{Prob}(\mathbb{G}(n, i) \in \mathcal{X})$$

$$\geq \sum_{i=0}^{m} \binom{N}{i}\left(\frac{m}{N}\right)^i \left(\frac{N-m}{N}\right)^{N-i} \text{Prob}(\mathbb{G}(n, m) \in \mathcal{X})$$

$$\geq \frac{1}{2} \cdot \text{Prob}(\mathbb{G}(n, m) \in \mathcal{X}),$$

其中第一个不等式是显然的，第二个不等式由 (A.27) 保证，而第三个不等式由定理 A.7 保证。

情况 2：$\mathcal{X}$ 是向上封闭的。

这里的论证是前一种情况的论证的镜像。我们要把细节写出来，只为让多虑者放心。

给定一个 i，$0 \leq i < N$，用 **P** 表示所有这样的有序对 (F, G) 组成的集合，其中 F 是 $\mathcal{X}$ 中一个边数为 i 的图，G 是 $\mathcal{X}$ 中一个边数为 $i+1$ 的图，并且 F 是 G 的一个子图。由于 $\mathcal{X}$ 中边数为 $i+1$ 的图有 $\binom{N}{i+1}\text{Prob}(\mathbb{G}(n,i+1) \in \mathcal{X})$ 个，并且其中每个以 G 出现在最多 $i+1$ 个 **P** 的有序对 (F, G) 中，我们有

$$|\mathbf{P}| \leq (i+1) \cdot \binom{N}{i+1} \text{Prob}(\mathbb{G}(n, i+1) \in \mathcal{X}).$$

$\mathcal{X}$ 中边数为 i 的图有 $\binom{N}{i}\text{Prob}(\mathbb{G}(n,i) \in \mathcal{X})$ 个；由于 $\mathcal{X}$ 向上封闭，其中每个以 F 出现在恰好 $N-i$ 个 **P** 的有序对 (F, G) 中；因此

$$|\mathbf{P}| = (N-i) \binom{N}{i} \text{Prob}(\mathbb{G}(n, i) \in \mathcal{X}).$$

比较这个公式和 $|\mathbf{P}|$ 的上界，我们发现

对所有 $i = 0, 1, \ldots, N-1$，$\text{Prob}(\mathbb{G}(n, i+1) \in \mathcal{X}) \geq \text{Prob}(\mathbb{G}(n, i) \in \mathcal{X})$,

从而

对所有 $i = m, m+1, \ldots, N$，$\text{Prob}(\mathbb{G}(n, i) \in \mathcal{X}) \geq \text{Prob}(\mathbb{G}(n, m) \in \mathcal{X})$. (A.28)

我们得出

$$\begin{aligned}
\text{Prob}\left(\mathbf{G}\left(n, m\binom{n}{2}^{-1}\right) \in \mathcal{X}\right) &= \sum_{i=0}^{N} \binom{N}{i} \left(\frac{m}{N}\right)^i \left(\frac{N-m}{N}\right)^{N-i} \text{Prob}(\mathbb{G}(n, i) \in \mathcal{X}) \\
&\geq \sum_{i=m}^{N} \binom{N}{i} \left(\frac{m}{N}\right)^i \left(\frac{N-m}{N}\right)^{N-i} \text{Prob}(\mathbb{G}(n, i) \in \mathcal{X}) \\
&\geq \sum_{i=m}^{N} \binom{N}{i} \left(\frac{m}{N}\right)^i \left(\frac{N-m}{N}\right)^{N-i} \text{Prob}(\mathbb{G}(n, m) \in \mathcal{X}) \\
&\geq \frac{1}{2} \cdot \text{Prob}(\mathbb{G}(n, m) \in \mathcal{X}),
\end{aligned}$$

其中第一个不等式是显然的，第二个不等式由 (A.28) 保证，而第三个不等式由定理 A.7 保证。 □

Bollobás [40, 定理 2.2] 和 Łuczak [282, 定理 2] 的复杂定理确保了，在大多情况下，$\mathbb{G}(n,m)$ 渐近地等价于 $\mathbf{G}(n,p)$，只要 m 始终在 $p\binom{n}{2}$ 附近并且 m 和 $\binom{n}{2} - m$ 都随着 n 趋向无穷大。

附录 B 定义、术语和记号

B.1 图

一个图 (*graph*) 指的是一个有序对 (V, E)，其中 V 是一个有限集，E 是一个由 V 的一些二元子集组成的集合。(也有其他种类的图，例如重图、无限图以及有向图；它们都不在本书中出现。在更广泛的背景下，我们的图被称为有限的简单无向图。) V 中的元素被称为顶点 (*vertex*，复数形式为 *vertices*)，E 中的元素被称为图的边 (*edge*)；一个图的所有顶点组成的集合称为它的顶点集，而一个图的所有边组成的集合称为它的边集。一个图的阶 (*order*) 是它的顶点个数。

我们将一条边 $\{u, v\}$ 简记为 uv；u 和 v 这两个顶点是这条边的端点。如果 uv 是一条边，顶点 u 和 v 被称为相邻的 (*adjacent*)；否则它们被称为不相邻的 (*nonadjacent*)。

在一个完全图 (*complete graph*) 中，每两个相异的顶点都相邻。一个有 n 个顶点的完全图记为 K_n。

相邻的顶点称为邻居 (*neighbour*)；$N_G(w)$ 表示图 G 中一个顶点 w 的所有邻居组成的集合；我们记 $d_G(w) = |N_G(w)|$ 并称 $d_G(w)$ 为 w 在 G 中的度数 (*degree*)。当讨论中只涉及一个图时，我们可以将 $N_G(w)$ 简记为 $N(w)$，将 $d_G(w)$ 简记为 $d(w)$。一个所有顶点的度数相同的图称为正则的 (*regular*)。

顶点 u 和 v 之间的一条长度为 $k-1$ 的路径 (*path*) 是一串互不相同的顶点 $w_1 w_2 \ldots w_k$，其中 $w_1 = u$，$w_k = v$，并且对每个 $i = 1, 2, \ldots, k-1$，w_i 和 w_{i+1} 相邻。如果 w_k 也和 w_1 相邻，则 $w_1 w_2 \ldots w_k w_1$ 这一串顶点是一个长度为 k 的圈 (*cycle*)。我们说一条 u 和 v 之间的路径连接 u 和 v。

有时候我们稍稍挪用一下这些术语：长为 $k-1$ 的路径，记为 P_k，也用来表示以 $w_1, \ldots, w_k$ 为顶点、以 $w_1 w_2, \ldots, w_{k-1} w_k$ 为边的那个图。类似地，长为 k 的圈，记为 C_k，也用来表示以 $w_1, \ldots, w_k$ 为顶点、以 $w_1 w_2, \ldots, w_{k-1} w_k, w_k w_1$ 为边的那个图。

图 G 的一个子图 (subgraph) 是一个以 G 的顶点集的某个子集为顶点集的图,其中两个顶点只当它们在 G 中相邻时才能相邻。(两个顶点可能在 G 中相邻而在 G 的一个子图中不相邻。) 图 G 的一个诱导子图 (induced subgraph) 是一个以 G 的顶点集的某个子集为顶点集的图,其中两个顶点相邻当且仅当它们在 G 中相邻。(每个图是一个完全图的子图,但只有完全图是一个完全图的诱导子图。)

一个图是连通的 (connected) 当且仅当对其中的任意两个顶点 u 和 v 存在一条 (任何长度的) 路径连接 u 和 v;否则这个图是不连通的 (disconnected)。一个树 (tree) 是一个不包含圈的连通图。一个星 (star) 是包含一个与所有其他顶点都相邻的顶点的树。

对每个图 G,存在一个正整数 k (可能 $k = 1$) 以及一种将 G 的顶点集划分成互不相交的非空部分 $V_1, V_2, \ldots, V_k$ 的方法,满足 G 在其中任一部分上的诱导子图是连通的,并且 G 没有任何边的两个端点在不同的部分中。G 在各个部分上的这 k 个诱导子图中的每一个被称为 G 的一个连通块 (connected component) 或简称为 G 的一块 (component)。

一个完全 k-部图是这样一个图,其顶点集可以被分为 k 个两两不交的部分 (不需要所有部分都非空) 使得两个顶点相邻当且仅当它们属于不同的部分。当 $k = 2$ 时,这个图是完全二部图。

一个图中的一个团 (clique) 是由两两相邻的顶点组成的一个集合;一个图 G 的团值 $\omega(G)$ 是它的最大团中的顶点数量。一个图中的一个稳定集 (stable set) 是由两两不相邻的顶点组成的一个集合;一个图 G 的稳定值 $\alpha(G)$ 是它的最大的稳定集中的顶点数量。(稳定集也经常被称为独立集 (independent set),这时 $\alpha(G)$ 被称作 G 的独立值。)

一个图 F 的色数 (chromatic number) $\chi(F)$ 是 F 的顶点可以染成的最小颜色数,使得每两个相邻的顶点得到不同的颜色。等价地,$\chi(F)$ 是最小的 r 使得 F 的顶点可以被分为 r 个稳定集。满足 $\chi(F) \leq 2$ 的图称为二部图 (bipartite)。

一个图 G 的补图 (complement) $\overline{G}$ 和 G 有相同的顶点集;两个顶点在 $\overline{G}$ 中相邻当且仅当它们在 G 中不相邻。

两个图被称为同构的 (isomorphic),如果存在一个它们的顶点集之间的一一映射把相邻的点对映射到相邻的点对,并且把不相邻的点对映射到不相邻的点对。

$G \oplus H$ 表示图 G 和 H 的直和 (direct sum),它由没有公共点的一份 G 和一份 H 组成;$G - H$ 表示 G 和 H 的连接 (join),它是在 $G \oplus H$ 基础上加上连接

G 中每个点和 H 中每个点的边得到的图。(这个记号是由 Knuth 创建的 [253,第 26 页]。)

B.2 超图

一个超图 (*hypergraph*) 是一个集合 V 以及一个由 V 的某些子集组成的集合 E。V 中的元素是这个超图的顶点,而 E 的成员是它的超边 (*hyperedge*)。如果对某个整数 k,每条超边由 k 个顶点组成,则这个超图被称为 k-一致的 (*uniform*)。特别地,一个 2-一致的超图是一个图。

一个超图 H 的色数 $\chi(H)$ 是最小的 r 使得 H 的顶点可以被划分为 r 个集合,其中没有一个包含任意一条超边。(这个概念拓展了图的色数。)

B.3 渐近记号

当 f、g 和 d 是定义在正整数上的实值函数时,我们用

- $f(n) \sim g(n)$ 表示 $\lim_{n\to\infty} f(n)/g(n) = 1$,
- $f(n) = o(g(n))$ 表示 $\lim_{n\to\infty} f(n)/g(n) = 0$,
- $f(n) = O(g(n))$ 表示存在正的常数 c 和 n_0

  使得 $n \geq n_0 \Rightarrow |f(n)| \leq c|g(n)|$,
- $f(n) = \Omega(g(n))$ 表示存在正的常数 c 和 n_0

  使得 $n \geq n_0 \Rightarrow |f(n)| \geq c|g(n)|$,
- $f(n) = \Theta(g(n))$ 表示 $f(n) = O(g(n))$ 并且 $f(n) = \Omega(g(n))$,
- $f(n) = g(n) + O(d(n))$ 表示 $f(n) - g(n) = O(d(n))$,
- $f(n) = g(n) + o(d(n))$ 表示 $f(n) - g(n) = o(d(n))$。

O-记号是由 Paul Bachmann (1837–1920) 在 [13] 中引入的,而 o-记号是由 Landau 在 [271] 中引入的。我们的 $f(n) = \Omega(g(n))$ 的定义由 Knuth 在 [251] 中给出,随后被计算机科学家广泛采用。[a] Knuth 也按照 Bob Tarjan 以及 Mike Paterson (两者各自独立) 的建议引入了 Θ-记号 [251, 第 19–20 页]。

表达式 $5n^2 - 10 = \Theta(n^2)$ 不是一个等式:交换其两边得到 $\Theta(n^2) = 5n^2 - 10$,这是无稽之谈。由于符号 $\Theta(n^2)$ 包含一个集合的函数,Ron Rivest [251, 第 20

---

[a] 如 Knuth 所指出,Hardy 和 John Edensor Littlewood (1885–1977) 在大约六十年前在 [209, 第 225 页] 中将 $f(n) = \Omega(g(n))$ 定义为 $f(n) \neq o(g(n))$。如果在我们所采用的 Knuth 的意义下 $f(n) = \Omega(g(n))$ 成立,则显然 $f(n) \neq o(g(n))$。为了看到反过来是不成立的,对所有奇数 n 令 $f(n) = n$,对所有偶数 n 令 $f(n) = 1$,并对所有 n 令 $g(n) = n$。

页] 建议将其写为 $5n^2 - 10 \in \Theta(n^2)$。然而，$5n^2 - 10 = \Theta(n^2)$ 这一用法根深蒂固：[193, 第 446-447 页] 列出了继续这一误用的四个理由。

关于渐近记号的更多讨论出现在 [89, 第三章] 和 [57, 第三章] 中。

B.4 杂项

我们用 $\ln x$ 表示自然对数 $\log_e x$，用 $\lg x$ 表示以 2 为底的对数 $\log_2 x$，并用 $\log x$ 表示其底数 b 无关紧要时的对数 $\log_b x$（例如在表达式 $O(n \log n)$ 中）。

我们用 Ken Iverson (1920-2004) 在 [222, 第 12 页] 中引入的记号：$\lfloor x \rfloor$ 表示最大的不超过 x 的整数 (x 的"地板", floor)，以及 $\lceil x \rceil$ 最小的不小于 x 的整数 (x 的"天花板", ceiling)。

附录 C 关于 Erdős 的更多信息

C.1 文章精选

- A. Ádám, K. Győry, and A. Sárközy, The life and mathematics of Paul Erdős (1913–1996), *Mathematica Japonica* **46** (1997), 517–526.
- I. H. Anellis, In memoriam: Paul Erdős (1913–1996), *Modern Logic* **7** (1997), 83–84.
- L. Babai, In and out of Hungary: Paul Erdős, his friends, and times. In: *Combinatorics, Paul Erdős is eighty* (D. Miklós, V. T. Sós. and T. Szőnyi, eds.), Volume 2 of Bolyai Society Mathematical Studies, pp. 7–95. J. Bolyai Mathematical Society, Budapest, 1996.
- L. Babai and J. Spencer, Paul Erdős (1913–1996), *Notices of the American Mathematical Society* **45** (1998), 64–73.
- L. Babai, C. Pomerance, and P. Vértesi, The mathematics of Paul Erdős, *Notices of the American Mathematical Society* **45** (1998), 19–31.
- A. Baker and B. Bollobás, Paul Erdős. 26 March 1913 – 20 September 1996, *Biographical Memoirs of Fellows of the Royal Society* **45** (1999), 147–164.
- J. E. Baumgartner, In memoriam: Paul Erdős, 1913–1996, *Bulletin of Symbolic Logic* **3** (1997), 70–72.
- B. Bollobás, Paul Erdős — Life and work. In: *The Mathematics of Paul Erdős I. Second Edition* (R. L. Graham, J. Nešetřil, and S. Butler, eds.), Springer, New York, Heidelberg, 2013. pp. 1–41.
- J. A. Bondy, Paul Erdős et la combinatoire, *La Gazette des mathématiciens* Société Mathématique de France **71** (1997), 25–30.
- R. Freud, Paul Erdős 80 — a personal account, *Periodica Mathematica Hungarica* **26** (1993), 87–93.
- A. Hajnal, Paul Erdős' set theory. In: *The Mathematics of Paul Erdős II. Second Edition* (R. L. Graham, J. Nešetřil, and S. Butler, eds.), Springer, New York,

- Heidelberg, 2013. pp. 379–425.
- M. Henriksen, Reminiscences of Paul Erdős (1913–1996), *Humanistic Mathematics Network Journal* Issue 15, Article 7 (1997).
- A. Ivić, Remembering Paul Erdős, *Nieuw Archief voor Wiskunde* **15** (1997), 79–90.
- G. O. H. Katona, Memories on shadows and shadows of memories. In: *The Mathematics of Paul Erdős II. Second Edition* (R. L. Graham, J. Nešetřil, and S. Butler, eds.), Springer, New York, Heidelberg, 2013. pp. 195–198.
- L. Lovász, Paul Erdős is 80. In: *Combinatorics, Paul Erdős is eighty* (D. Miklós, V. T. Sós. and T. Szőnyi, eds.), Volume 1 of Bolyai Society Mathematical Studies, pp. 9-11. J. Bolyai Mathematical Society, Budapest, 1993.
- J. Pach, Two places at once: A remembrance of Paul Erdős, *The Mathematical Intelligencer* **19** (1997), 38–48.
- R. Rado, Paul Erdős is seventy years old, *Combinatorica* **3** (1983), 243–244.
- I. Z. Ruzsa, Paul Erdős — from an epsilon's-eye view, *Periodica Mathematica Hungarica* **33** (1996), 73–81.
- A. Sárközy, Farewell, Paul, *Acta Arithmetica* **81** (1997), 299–300.
- A. Sárközy, Paul Erdős (1913–1996), *Acta Arithmetica* **81** (1997), 301–302.
- C. A. B. Smith, Did Erdős save western civilization? In: *The Mathematics of Paul Erdős I. Second Edition* (R. L. Graham, J. Nešetřil, and S. Butler, eds.), Springer, New York, Heidelberg, 2013. pp. 81–92.
- V. T. Sós, Paul Erdős, 1913–1996, *Aequationes Mathematicae* **54** (1997), 205–220.
- J. Spencer, Erdős magic, In: *The Mathematics of Paul Erdős I. Second Edition* (R. L. Graham, J. Nešetřil, and S. Butler, eds.), Springer, New York, Heidelberg, 2013. pp. 43–46.
- A. H. Stone, Encounters with Paul Erdős, In: *The Mathematics of Paul Erdős I. Second Edition* (R. L. Graham, J. Nešetřil, and S. Butler, eds.), Springer, New York, Heidelberg, 2013. pp. 93–98.
- E. G. Straus, Paul Erdős at 70, *Combinatorica* **3** (1983), 245–246.
- M. Svéd, Paul Erdős — Portrait of our new academician, *Gazette of the Australian Mathematical Society* **14** (1987), 59–62.
- M. Svéd, Old snapshots of the young, *Geombinatorics* **2** (1993), 47–52.

- G. Szekeres, Recollections. In: *Combinatorics, Paul Erdős is eighty* (D. Miklós, V. T. Sós. and T. Szőnyi, eds.), Volume 1 of Bolyai Society Mathematical Studies, pp. 15–17. J. Bolyai Mathematical Society, Budapest, 1993.
- G. Szekeres, Paul Erdős (1913–1996), *Gazette of the Australian Mathematical Society* **23** (1996), 189–191.
- A. Vázsonyi, Erdős stories. In: F. R. L. Chung and R. L. Graham, *Erdős on Graphs. His Legacy of Unsolved Problems*, A. K. Peters, Ltd., Wellesley, MA, 1998, pp. 119–138.

C.2 书籍精选

- Martin Aigner and Günter M. Ziegler, *Proofs from THE BOOK,* Springer, 2014.
- Noga Alon and Joel Spencer, *The probabilistic method. Third edition,* John Wiley & Sons, Hoboken, New York, 2008 (Appendix B: Paul Erdős).
- Fan Chung and Ron Graham, *Erdős on Graphs. His Legacy of Unsolved Problems,* A. K. Peters, Ltd., Wellesley, MA, 1998.
- Bruce Schechter, *My Brain is Open: The Mathematical Journeys of Paul Erdős.* Simon & Schuster, 1998.

C.3 电影

- *N* Is a Number: A Portrait of Paul Erdős
  见 ZALA films 官网的 `/films/nisanumber.html` 网页。
- Erdős 100 Plus
  见 ZALA films 官网的 `/films/erdos-plus.html` 网页。

C.4 网站

- Biography from MacTutor
  见 MacTutor History of Mathematics 官网[1]的 `/Biographies/Erdos/` 目录。
- Collected papers of Paul Erdős (up to 1989)
  见 Rényi Alfréd Matematikai Kutatóintézet 官网的 `/en/kutatoknak/erdos-pal-cikkei` 网页。
- Zentralblatt MATH
  见 European Mathematical Information Service 官网的 `/classics/Erdos/index.htm` 网页。

---

[1] 推荐用必应搜索。——译者注

- The Erdős Number Project
  见 Oakland University 官网的 /enp/ 目录。

C.5 一份 FBI 档案

在协作新闻网站于 2015 年 7 月 21 日发表的一篇文章[1]中，非营利组织 MuckRock 基金会的 Beryl C. D. Lipton 放入了 233 页解密的联邦调查局关于 Erdős 的文档。以下是其中的部分亮点：

[在第 87 页] …… T-1 说，根据一个相当了解他的人的描述，该对象如果从事秘密性质的研究工作，可能会将其研究成果泄露给国外势力，而误以为他这样做符合整体人类的最大利益。……

[在第 115 页] …… 据引证，Erdős 在 1958 年写给美国一个同事的信中说："我没有申请美国公民身份，因为我的政治信念是无国籍的。我在没有再入境许可的情况下离开 (美国)，因为我反对铁幕政策——不管它属于哪个国家。"……

[在第 123 页] …… 本局调查表明，Erdős 是世界上杰出的纯数学或理论数学家之一，专攻数论和分析学。……

[在第 173 页] …… 在被任何政府询问他的政治立场时，他都感到愤怒和排斥。他对这类问题反应强烈，并拒绝遵守某些政府的各种移民要求。……

[在第 185 页] …… Erdős 是一个外向、性格开朗的人，他相当不因循守旧，对许多主题都有广泛的知识。他的政治观点与英国工党的观点最为吻合，并乐于进行政治讨论，有时可能只是为了辩论而采取不同立场。……

这份档案的一部分被 JPat Brown、B. C. D. Lipton 和 Michael Morisy 在《被监视的科学家们》(*Scientists Under Surveillance,* The MIT Press, Cambridge, MA, 2019) 一书中转载。

---

[1] 见 MuckRock 官网的 /news/archives/2015/jul/21/ 目录。——译者注

C.6 一部相册

Erdős 的公交卡

和 László Fejes Tóth[a] 在一起 　　　　和 Sophie Pach[b] 在一起

(由 János Pach 提供所有四张照片)

---

[a]和 Harold Scott MacDonald Coxeter (1915–2005) 以及 Paul Erdős 一样, 他是离散几何的创始人之一。

[b]现在是伦敦的一位内科医生。

和合作者们

(所有四张照片由 George Csicsery 为他的电影《N 是一个数》(1993) 所拍摄。保留所有权利。)

附录 C 关于 Erdős 的更多信息

(所有四张照片由 George Csicsery 为他的电影《N 是一个数》(1993) 所拍摄。保留所有权利。)

参考文献

[1] M. Ajtai, J. Komlós, and E. Szemerédi, A note on Ramsey numbers, *Journal of Combinatorial Theory. Series A* **29** (1980), 354–360.

[2] M. Ajtai, J. Komlós, and E. Szemerédi, First occurrence of Hamilton cycles in random graphs, *North-Holland Mathematics Studies* **115** (1985), 173–178.

[3] N. Alon, Hypergraphs with high chromatic number number, *Graphs and Combinatorics* **1** (1985), 387–389.

[4] N. Alon, S. Hoory, and N. Linial, The Moore bound for irregular graphs, *Graphs and Combinatorics* **18** (2002), 53–57.

[5] N. Alon, M. Krivelevich, and B. Sudakov, Turán numbers of bipartite graphs and related Ramsey-type questions, *Combinatorics, Probability and Computing* **12** (2003), 477–494.

[6] N. Alon, L. Rónyai, and T. Szabó, Norm-graphs: variations and applications, *Journal of Combinatorial Theory. Series B* **76** (1999), 280–290.

[7] N. Alon and J. H. Spencer, *The probabilistic method. Third edition*, John Wiley & Sons, Hoboken, New York, 2008.

[8] R. Alweiss, S. Lovett, K. Wu, and J. Zhang, Improved bounds for the sunflower lemma, in: *Proceedings of the 52nd Annual ACM SIGACT Symposium on Theory of Computing, 2020*, pp. 624–630.

[9] B. Andrásfai, P. Erdős, and V. T. Sós, On the connection between chromatic number, maximal clique and minimal degree of a graph, *Discrete Mathematics* **8** (1974), 205–218.

[10] V. Angeltveit and B. D. McKay, $R(5,5) \leqslant 48$, *Journal of Graph Theory* **89** (2018), 5–13.

[11] K. Appel and W. Haken, Every planar map is four colorable. I. Discharging, *Illinois Journal of Mathematics* **21** (1977), 429–490.

[12] K. Appel, W. Haken, and J. Koch, Every planar map is four colorable. II. Reducibility, *Illinois Journal of Mathematics* **21** (1977), 491–567.

[13] P. Bachmann, *Die analytische Zahlentheorie*, Teubner, Leipzig, 1894.

[14] R. Baer, Polarities infinite projective planes, *Buletin of the American Mathematical So-*

ciety **52** (1946), 77–93.

[15] R. C. Baker, G. Harman, and J. Pintz, The difference between consecutive primes, II, *Proceedings of the London Mathematical Society (3)* **83**, (2001) 532–562.

[16] B. Barak, A. Rao, R. Shaltiel, and A. Wigderson, 2-source dispersers for $n^{o(1)}$ entropy, and Ramsey graphs beating the Frankl-Wilson construction, *Annals of Mathematics* **176** (2012), 1483–1543.

[17] I. Bárány, A short proof of Kneser's conjecture, *Journal of Combinatorial Theory. Series A* **25** (1978), 325–326.

[18] R. Barrington Leigh and A. Liu, eds., *Hungarian Problem Book IV*, Mathematical Association of America, 2011.

[19] J. G. Basterfield and L. M. Kelly, A characterization of sets of n points which determine n hyperplanes, *Mathematical Proceedings of the Cambridge Philosophical Society* **64** (1968), 585–588.

[20] D. Bauer, H. J. Broersma, and H. J. Veldman, Not every 2-tough graph is Hamiltonian, *Discrete Applied Mathematics* **99** (2000), 317–321.

[21] M. D. Beeler and P. E. O'Neil, Some new van der Waerden numbers, *Discrete Mathematics* **28** (1979), 135–146.

[22] J. Beck, On a combinatorial problem of P. Erdős and L. Lovász, *Discrete Mathematics* **17** (1977), 127–131.

[23] J. Beck, On 3-chromatic hypergraphs, *Discrete Mathematics* **24** (1978), 127–137.

[24] L. Bellmann and C. Reiher, Turán's theorem for the Fano plane, *Combinatorica* **39** (2019), 961–982.

[25] C. T. Benson, Minimal regular graphs of girths eight and twelve, *Canadian Journal of Mathematics* **18** (1966), 1091–1094.

[26] E. R. Berlekamp, A construction for partitions which avoid long arithmetic progressions, *Canadian Mathematical Buletin* **11** (1968), 409–414.

[27] S. Bernstein, On a modification of Chebyshev's inequality and of the error formula of Laplace, *Section Mathématique des Annales Scientifiques des Institutions Savantes de l'Ukraine*, **1** (1924), 38–49. (Russian)

[28] S. Bernstein, *Theory of Probability*, Moscow, 1927.

[29] J. Bertrand, Mémoire sur le nombre de valeurs que peut prendre une fonction quand on y permute les lettres qu'elle renferme, *Journal de l'École Polytechnique* **18** (1848), 123–140.

[30] N. L. Biggs, E. K. Lloyd, and R. J. Wilson, *Graph theory: 1736–1936*, Clarendon Press, Oxford, 1976.

[31] T. Blankenship, J. Cummings, and V. Taranchuk, A new lower bound for van der

Waerden numbers, *European Journal of Combinatorics* **69** (2018), 163–168.

[32] T. F. Bloom and O. Sisask, Breaking the logarithmic barrier in Roth's theorem on arithmetic progressions, `arXiv:2007.03528] [math.NT]`.

[33] T. Bohman and P. Keevash, Dynamic concentration of the triangle-free process, *The Seventh European Conference on Combinatorics, Graph Theory and Applications* (J. Nešetřil and M. Pellegrini, eds.), pp. 489–495. Edizioni della Normale, Pisa, 2013.

[34] B. Bollobás, On generalized graphs, *Acta Mathematica Hungarica* **16** (1965), 447–452.

[35] B. Bollobás, *Extremal Graph Theory*, London Mathematical Society Monographs, 11. Academic Press, Inc. [Harcourt Brace Jovanovich, Publishers], London-New York, 1978.

[36] B. Bollobás, The evolution of random graphs, *Transactions of the American Mathematical Society* **286** (1984), 257–274.

[37] B. Bollobás, The evolution of sparse graphs, in: *Graph theory and Combinatorics. Proceedings of the Cambridge Combinatorial Conference in Honour of Paul Erdős* (B. Bollobás, ed.), Academic Press, London, 1984, pp. 35–57.

[38] B. Bollobás, The chromatic number of random graphs, *Combinatorica* **8** (1988), 49–55.

[39] B. Bollobás, Extremal graph theory, in: *Handbook of Combinatorics.* (R. L. Graham, M. Grötschel, and L. Lovász, eds.) Elsevier Science B.V., Amsterdam; MIT Press, Cambridge, MA, 1995, pp. 1231–1292.

[40] B. Bollobás, *Random graphs. Second edition*, Cambridge University Press, Cambridge, 2001.

[41] B. Bollobás, *Modern Graph Theory*, Springer, 2013.

[42] B. Bollobás, P. A. Catlin, and P. Erdős, Hadwiger's conjecture is true for almost every graph, *European Journal of Combinatorics* **1** (1980), 195–199.

[43] B. Bollobás and P. Erdős, On the structure of edge graphs, *Buletin of the London Mathematical Society* **5** (1973), 317–321.

[44] B. Bollobás and P. Erdős, Cliques in random graphs, *Mathematical Proceedings of the Cambridge Philosophical Society* **80** (1976), 419–427.

[45] B. Bollobás and A. Thomason, Random graphs of small order, *North-Holland Mathematics Studies* **118** (1985) 47–97.

[46] J. A. Bondy, Properties of graphs with constraints on degrees, *Studia Scientiarum Mathematicarum Hungarica* **4** (1969), 473–475.

[47] J. A. Bondy, Extremal problems of Paul Erdős on circuits in graphs, in: *Paul Erdős and his mathematics II* (G. Halász et al., eds.), Bolyai Society Mathematical Studies **11**, János Bolyai Mathematical Society, Budapest, 2002, pp. 135–156.

[48] J. A. Bondy and V. Chvátal, A method in graph theory, *Discrete Mathematics* **15** (1976), 111–135.

[49] J. A. Bondy, and M. Simonovits, Cycles of even length in graphs, *Journal of Combinatorial Theory. Series B* **16** (1974), 97–105.

[50] C. E. Bonferroni, Teoria statistica delle classi e calcolo delle probabilita, *Pubblicazioni del Reale Istituto Superiore di Scienze Economiche e Commerciali di Firenze*, **8**, Libreria Internazionale Seeber, Firenze, 62 pp. (1936).

[51] K. Borsuk, Drei Sätze über die n-dimensionale euklidische Sphäre, *Fundamenta Mathematicae* **20** (1933), 177–190.

[52] P. Borwein and W. O. J. Moser, A survey of Sylvester's problem and its generalizations, *Aequationes Mathematicae* **40** (1990), 111–135.

[53] R. C. Bose, Strongly regular graphs, partial geometries and partially balanced designs, *Pacific Journal of Mathematics* **13** (1963), 389–419.

[54] C. W. Bostwick, Elementary Problem E 1321, *American Mathematical Monthly* **65** (1958), 446. Solutions in *American Mathematical Monthly* **66** (1959), 141–142.

[55] J. M. Boyer and W. J. Myrvold, On the cutting edge: simplified $O(n)$ planarity by edge addition. *Journal of Graph Algorithms and Applications* **8** (2004), 241–273.

[56] P. Brass, W. O. J. Moser, and J. Pach, *Research Problems in Discrete Geometry*, Springer Science & Business Media, 2006.

[57] G. Brassard and P. Bratley, *Fundamentals of Algorithmics*, Prentice Hall, 1996.

[58] A. E. Brouwer and J. H. van Lint, Strongly regular graphs and partial geometries, in: *Enumeration and design* (D. M. Jackson and S. A. Vanstone, eds.), Academic Press, Toronto, 1984, pp. 85–122.

[59] W. G. Brown, On graphs that do not contain a Thomsen graph, *Canadian Mathematical Buletin* **9** (1966), 281–285.

[60] W. G. Brown, On an open problem of Paul Turán concerning 3-graphs, In *Studies in pure mathematics* (P. Erdős et al., eds.), pp. 91–93. Birkhäuser, Basel, 1983.

[61] T. Brown, B. M. Landman, and A. Robertson, Bounds on van der Waerden numbers and some related functions, `arXiv:0706.4420 [math.CO]` (2007).

[62] R. H. Bruck and H. J. Ryser, The nonexistence of certain finite projective planes, *Canadian Journal of Mathematics* **1** (1949), 88–93.

[63] V. Y. Bunyakovski, Sur quelques inégalités concernant les intégrales ordinaires et les intégrales aux differences finies, *Mémoires de l'Académie Impériale des Sciences de St.-Pétersbourg*, VIIe Série, Tome I, N° 9 (1859), 18 pp.

[64] L. E. Bush, The William Lowell Putnam Mathematical Competition, *The American Mathematical Monthly* **60** (1953), 539–542.

[65] P. A. Catlin, Hajós' graph-coloring conjecture: variations and counterexamples, *Journal of Combinatorial Theory. Series B* **26** (1979), 268–274.

[66] A. L. Cauchy, *Cours d'Analyse de l'École Royale Polytechnique, Ire Partie, Analyse Algébrique*, Paris, 1821.

[67] P. L. Chebyshev, Mémoire sur les nombres premiers, *Journal de Mathématiques Pures et Appliquées* **17** (1852), 366–390. Also in: *Oeuvres de P.L. Tchebychef* (A. Markoff and N. Sonin, eds.), St. Petersburg, 1899–1907, Vol. 1, pp. 49–70. (Reprint Chelsea, New York, 1952)

[68] D. D. Cherkashin and J. Kozik, A note on random greedy coloring of uniform hypergraphs, *Random Structures & Algorithms* **47** (2015), 407–413.

[69] H. Chernoff, A measure of asymptotic effiiency of tests of a hypothesis based on the sum of observations, *Annals of Mathematical Statistics* **23** (1952), 493–507.

[70] F. R. K. Chung and R. L. Graham, *Erdős on Graphs. His Legacy of Unsolved Problems*, A. K. Peters, Ltd., Wellesley, MA, 1998.

[71] F. R. K. Chung and R. L. Graham, Forced convex n-gons in the plane, *Discrete & Computational Geometry* **19** (1998), 367–371.

[72] F. R. K. Chung and C. M. Grinstead, A survey of bounds for classical Ramsey numbers, *Journal of Graph Theory* **7** (1983), 25–37.

[73] V. Chvátal, On finite Δ-systems of Erdős and Rado, *Acta Mathematica Academiae Scientiarum Hungaricae* **21** (1970), 341–355.

[74] V. Chvátal, Some unknown van der Waerden numbers, in: *Combinatorial Structures and their Applications. Proceedings of the Calgary International Conference on Combinatorial Structures and Their Applications* (R. Guy et al., eds.), Gordon and Breach, New York, 1970, pp. 31–33.

[75] V. Chvátal, Hypergraphs and Ramseyian theorems, *Proceedings of the American Mathematical Society* **27** (1971), 434–440.

[76] V. Chvátal, On Hamilton's ideals, *Journal of Combinatorial Theory. Series B* **12** (1972), 163–168.

[77] V. Chvátal, Tough graphs and Hamiltonian circuits, *Discrete Mathematics* **5** (1973), 215–228.

[78] V. Chvátal, The minimality of the Mycielski graph, in: *Graphs and Combinatorics. Proceedings of the Capital Conference on Graph Theory and Combinatorics at the George Washington University* (R. A. Bari and F. Harary, eds.), Lecture Notes in Mathematics 406, Springer-Verlag, 1974, pp. 243–246.

[79] V. Chvátal, Cutting planes in combinatorics, *European Journal of Combinatorics* **6** (1985), 217–226.

[80] V. Chvátal, Hamiltonian cycles, in: *The Traveling Salesman Problem* (E. L. Lawler et al., eds.), John Wiley, 1985, pp. 403–429.

[81] V. Chvátal and P. Erdős, A note on Hamiltonian circuits, *Discrete Mathematics* **2** (1972), 111–113.

[82] V. Chvátal, P. Erdős, and Z. Hedrlín, Ramsey's theorem and self-complementary graphs, *Discrete Mathematics* **3** (1972), 301–304.

[83] L. Clark, R. C. Entringer, and D. E. Jackson, Minimum graphs with complete k-closure, *Discrete Mathematics* **30** (1980), 95–101.

[84] G. Cohen, Towards optimal two-source extractors and Ramsey graphs, in: *Proceedings of 49th Annual ACM SIGACT Symposium on the Theory of Computing*, 2017.

[85] C. J. Colbourn and J. D. Dinitz, *Handbook of combinatorial designs*, 2nd edition, Chapman and Hall/CRC, 2006.

[86] M. J. Collison, The Unique Factorization Theorem: From Euclid to Gauss, *Mathematics Magazine* **53** (1980), 96–100.

[87] W. S. Connor and W. H. Clatworthy, Some theorems for partially balanced designs, *Annals of Mathematical Statistics* **25** (1954), 100–112.

[88] J. H. Conway and V. Pless, On primes dividing the group order of a doubly-even (72, 36, 16) code and the group order of a quaternary (24, 12, 10) code, *Discrete Mathematics* **38** (1982), 143–156.

[89] T. H. Cormen, C. E. Leiserson, R. L. Rivest and C. Stein, *Introduction to Algorithms, Third Edition*, The MIT Press, 2009.

[90] H. S. M. Coxeter, A problem of collinear points, *American Mathematical Monthly* **55** (1948), 26–28.

[91] C. C. Craig, On the Tchebychef inequality of Bernstein, *Annals of Mathematical Statistics* **4** (1933), 94–102.

[92] G. Csicsery, *N Is a Number: A Portrait of Paul Erdős* [DVD (NTSC)], Zala Films, 1993. ISBN: 0-933621-62-0.

[93] N. G. de Bruijn and P. Erdős, On a combinatorial problem, *Indagationes Mathematicae* **10** (1948), 421–423.

[94] N. G. de Bruijn and P. Erdős, A colour problem for infinite graphs and a problem in the theory of relations, *Indagationes Mathematicae* **13** (1951), 369–373.

[95] B. Descartes, A three colour problem, *Eureka* **9** (1947), 21. Solution in *Eureka* **10** (1948), 24–25.

[96] B. Descartes, Solution of Advaned Problem 4526, *American Mathematical Monthly* **61** (1954), 352–353.

[97] M. Deza, Une propriété extrémale des plans projectifs finis dans une classe de codes

équidistants, *Discrete Mathematics* **6** (1973), 343–352.

[98] M. Deza, Solution d'un problème de Erdős-Lovász, *Journal of Combinatorial Theory. Series B* **16** (1974), 166–167.

[99] G. A. Dirac, A property of 4-chromatic graphs and some remarks on critical graphs, *Journal of the London Mathematical Society* **27**, (1952), 85–92.

[100] G. A. Dirac, Some theorems on abstract graphs, *Proceedings of the London Mathematical Society (3)* **2** (1952), 69–81.

[101] G. A. Dirac, Chromatic number and topological complete subgraphs, *Canadian Mathematical Buletin* **8** (1965), 711–715.

[102] P. Dodos, V. Kanellopoulos, and K. Tyros, A simple proof of the density Hales-Jewett theorem, *International Mathematics Research Notices,* Issue 12 **2014** (2014), 3340–3352.

[103] N. Eaton and G. Tiner, On the Erdős-Sós conjecture and graphs with large minimum degree, *Ars Combinatoria* **95** (2010), 373–382.

[104] J. Edmonds, Matroids and the greedy algorithm, *Mathematical Programming* **1** (1971), 127–136.

[105] P. Erdős, A magasabb rendű szááмtani sorokról, *Középiskolai Matematikai és Fizikai Lapok* **36** (1929), 187–189.

[106] P. Erdős, Beweis eines Satzes von Tschebyschef, *Acta Litterarum ac Scientiarum Szeged* **5** (1932), 194–198.

[107] P. Erdős, Three point collinearity, *American Mathematical Monthly* **50** (1943), Problem 4065, p. 65. Solutions in Vol. **51** (1944), 169–171.

[108] P. Erdős, Some remarks on the theory of graphs, *Buletin of the American Mathematical Society* **53** (1947), 292–294.

[109] P. Erdős, Some unsolved problems, *Michigan Mathematical Journal* **4** (1957), 291–300.

[110] P. Erdős, Graph theory and probability, *Canadian Journal of Mathematics* **11** (1959), 34–38.

[111] P. Erdős, On circuits and subgraphs of chromatic graphs, *Mathematika* **9** (1962), 170–175.

[112] P. Erdős, On a combinatorial problem, *Nordisk Matematisk Tidskrift* **11** (1963). 5–10.

[113] P. Erdős, Extremal problems in graph theory, in: *Theory of Graphs and its Applications. Proceedings of the Symposium held in Smolenice in June 1963* (M. Fiedler, ed.), Publishing House of the Czechoslovak Academy of Sciences, Prague, 1964, pp. 29–36.

[114] P. Erdős, On a combinatorial problem. II, *Acta mathematica Academiae Scientiarum Hungaricae* **15** (1964), 445–447.

[115] P. Erdős, A problem on independent r-tuples, *Annales Universitatis Scientiarum Bu-*

dapestinensis de Rolando Eötvös Nominatae. Sectio Mathematica **8** (1965), 93–95.

[116] P. Erdős, Extremal problems in graph theory, in: *A Seminar on Graph Theory* (F. Harary, ed.), pp. 54–59, Holt, Rinehart and Winston, New York, 1967.

[117] P. Erdős, Some recent results on extremal problems in graph theory, in: *Theory of Graphs. International Symposium held at the International Computation Center in Rome, July 1966* (P. Rosenstiehl, ed.), Gordon and Breach, New York; Dunod, Paris, 1967, pp. 117–123 (English), 124–130 (French).

[118] P. Erdős, Turán Pál gráf tételéről (On the graph theorem of Turán, in Hungarian), *Középiskolai Matematikai és Fizikai Lapok* **21** (1970), 249–251 (1971).

[119] P. Erdős, Extremal problems on graphs and hypergraphs, in: *Hypergraph Seminar. Ohio State University, 1972* (C. Berge and D. Ray-Chaudhuri, eds.), Lecture Notes in Mathematics **411**, Springer, Berlin, Heidelberg, 1974, pp. 75–84.

[120] P. Erdős, Remarks on some problems in number theory, *Mathematica Balkanica* **4** (1974), 197–202.

[121] P. Erdős, Problems and results in combinatorial number theory, in: *Journées Arithmétiques de Bordeaux. Astérisque*, Nos. 24–25, pp. 295–310, Société Mathématique de France, Paris, 1975.

[122] P. Erdős, Problems and results on finite and infinite combinatorial analysis, in: *Infinite and finite sets: to Paul Erdős on his 60th birthday* (A. Hajnal, R. Rado, and V. T. Sós, eds.), Colloquia mathematica Societatis János Bolyai **10**, North-Holland, Amsterdam, 1975, Vol. I, pp. 403–424.

[123] P. Erdős, Some recent progress on extremal problems in graph theory, *Congressus Numerantium* **14** (1975), 3–14.

[124] P. Erdős, Problems and results on combinatorial number theory, II., *Journal of the Indian Mathematical Society (N.S.)* **40** (1976), 285–298.

[125] P. Erdős, Some extremal problems on families of graphs and related problems, in: *Combinatorial Mathematics*, pp. 13–21, Springer, Berlin, Heidelberg, 1978.

[126] P. Erdős, Problems and results in graph theory and combinatorial analysis, in: *Graph theory and related topics. Proceedings of the conference held in honour of Professor W.T. Tutte on the occasion of his sixtieth birthday, University of Waterloo, July 5-9, 1977* (J. A. Bondy and U. S. R. Murty, eds.), Academic Press, New York-London, 1979, pp. 153–163.

[127] P. Erdős, On the combinatorial problems which I would most like to see solved, *Combinatorica* **1** (1981), 25–42.

[128] P. Erdős, Personal reminiscences and remarks on the mathematical work of Tibor Gallai, *Combinatorica* **2** (1982), 207–212.

[129] P. Erdős, Extremal problems in number theory, combinatorics and geometry, *Pro-*

ceedings of the International Congress of Mathematicians (Warsaw, 1983), pp. 51–70, PWN, Warsaw, 1984.

[130] P. Erdős, Two problems in extremal graph theory, *Graphs and Combinatorics* **2** (1986), 189–190.

[131] P. Erdős, Ramanujan and I. *Number theory, Madras 1987. Proceedings of the International Ramanujan Centenary Conference held at Anna University, Madras, India, Dec. 21, 1987* (K. Alladi, ed.), Lecture Notes in Mathematics **1395**, Springer, Berlin, 1989, pp. 1–20.

[132] P. Erdős, Problems and results on graphs and hypergraphs: similarities and differences, in: *Mathematics of Ramsey theory* (J. Nešetřil and V. Rödl, eds.), Springer, Berlin, 1990, pp. 12–28.

[133] P. Erdős, Some of my favourite unsolved problems, in: *A tribute to Paul Erdős* (A. Baker, B. Bollobás, A. Hajnal, eds.), Cambridge University Press, 1990, pp. 467–469.

[134] P. Erdős, Some of my favorite problems and results, in: *The Mathematics of Paul Erdős, Vol. I* (R. L. Graham and J. Nešetřil, eds.), Springer-Verlag, Berlin, 1997, pp. 47–67.

[135] P. Erdős and S. Fajtlowicz, On the conjecture of Hajós, *Combinatorica* **1** (1981), 141–143.

[136] P. Erdős, R. J. Faudree, J. Pach, and J. H. Spencer, How to make a graph bipartite, *Journal of Combinatorial Theory. Series B* **45** (1988), 86–98.

[137] P. Erdős and T. Gallai, On maximal paths and circuits of graphs. *Acta Mathematica Academiae Scientiarum Hungaricae* **10** (1959), 337–356.

[138] P. Erdős and A. Hajnal, On a property of families of sets, *Acta Mathematica Academiae Scientiarum Hungaricae* **12** (1961), 87–123.

[139] P. Erdős and A. Hajnal, Some remarks on set theory. IX. Combinatorial problems in measure theory and set theory, *Michigan Mathematical Journal* **11** (1964), 107–127.

[140] P. Erdős and A. Hajnal, On chromatic number of graphs and set-systems. *Acta Mathematica Academiae Scientiarum Hungaricae* **17** (1966), 61–99.

[141] P. Erdős and H. Hanani, On a limit theorem in combinatorical analysis, *Publicationes Mathematicae* **10** (1963), 10–13.

[142] P. Erdős, C. Ko, and R. Rado, Intersection theorems for systems of finite sets, *The Quarterly Journal of Mathematics. Oxford Second Series* **12** (1961), 313–320.

[143] P. Erdős and L. Lovász. Problems and results on 3-chromatic hypergraphs and some related questions, in: *Infinite and finite sets: to Paul Erdős on his 60th birthday* (A. Hajnal, R. Rado, and V. T. Sós, eds.), Colloquia mathematica Societatis János Bolyai **10**, North-Holland, Amsterdam, 1975, Vol. II, pp. 609–627.

[144] P. Erdős and L. Pósa: On the maximal number of disjoint circuits of a graph, *Publica-*

tiones Mathematicae **9** (1962), 3–12.

[145] P. Erdős and R. Rado, Combinatorial theorems on classifications of subsets of a given set, *Proceedings of the London Mathematical Society(3)* **2** (1952), 417–439.

[146] P. Erdős and R. Rado, Intersection theorems for systems of sets, *Journal of London Mathematical Society* **35** (1960) 85–90.

[147] P. Erdős and A. Rényi, On random graphs. I. *Publicationes Mathematicae* **6** (1959), 290–297.

[148] P. Erdős and A. Rényi, On the evolution of random graphs, *A Magyar Tudomanyos Akademia. Matematikai es Fizikai Tudomanyok Osztalyanak Közlemenyei* **5** (1960), 17–61.

[149] P. Erdős and A. Rényi, On the evolution of random graphs, *Bulletin de l'Institut International de Statistique.* **38** (1961), 343–347.

[150] P. Erdős and A. Rényi, On the strength of connectedness of a random graph, *Acta mathematica Academiae Scientiarum Hungaricae* **12** (1961), 261–267.

[151] P. Erdős, A. Rényi, and V. T. Sós, On a problem of graph theory, *Studia Scientiarum Mathematicarum Hungarica* **1** (1966), 215–235.

[152] P. Erdős and M. Simonovits, A limit theorem in graph theory, *Studia Scientiarum Mathematicarum Hungarica* **1** (1966), 51–57.

[153] P. Erdős and J. Spencer, *Probabilistic methods in combinatorics*, Academic Press, New York, 1974.

[154] P. Erdős and A. H. Stone, On the structure of linear graphs, *Buletin of the American Mathematical Society* **52**, (1946), 1087–1091.

[155] P. Erdős and J. Surányi, *Válogatott fejezetek a számelméletből* [Selected Chapters from Number Theory], Tankönyvkiadó Vállalat, Budapest, 1960.

[156] P. Erdős and J. Surányi, *Topics in the Theory of Numbers* (B. Guiduli, translator), Springer Science+Business Media, 2003.

[157] P. Erdős and G. Szekeres, A combinatorial problem in geometry, *Compositio Mathematica* **2** (1935), 463–470.

[158] P. Erdős and G. Szekeres, On some extremum problems in elementary geometry, *Annales Universitatis Scientiarum Budapestinensis de Rolando Eötvös Nominatae. Sectio Mathematica* **3-4** (1960/1961), 53–62.

[159] P. Erdős and P. Turán, On some sequences of integers, *Journal of the London Mathematical Society* **1** (1936), 261–264.

[160] European Mathematical Society & FIZ Karlsruhe & Springer-Verlag, Publications of (and about) Paul Erdős, 1998.

[161] G. Exoo, A lower bound for $R(5, 5)$, *Journal of Graph Theory* **13** (1989), 97–98.

[162] G. Fan, Y. Hong, and Q. Liu, The Erdős-Sós conjecture for spiders, arXiv: 1804.06567 [math.CO], 18 April 2018.

[163] G. Fano, Sui postulati fondamentali della geometria proiettiva in uno spazio lineare a un numero qualunque di dimensioni, *Giornale di Matematiche* **30** (1892), 106–132.

[164] I. Fáry, On straight line representation of planar graphs, *Acta Scientarum Mathematicarum (Szeged)* **11** (1948), 229–233.

[165] G. Fiz Pontiveros, S. Griffiths, and R. Morris, The triangle-free process and the Ramsey number $R(3, k)$, *Memoirs of the American Mathematical Society* **263** (2020), No. 1274.

[166] D. G. Fon-Der-Flaass, A method for constructing $(3, 4)$-graphs. (Russian), *Matematicheskie Zametki* **44** (1988), 546–550. Translation in *Mathematical notes of the Academy of Sciences of the USSR* **44** (1988), 781–783.

[167] K. Ford, B. Green, S. Konyagin, and T. Tao, Large gaps between consecutive prime numbers, *Annals of Mathematics* **183** (2016), 935–974.

[168] J. Fox, J. Pach, and A. Suk, Bounded VC-dimension implies the Schur-Erdős conjecture, arXiv:1912.02342 [math.CO].

[169] P. Frankl, A constructive lower bound for some Ramsey numbers, *Ars Combinatoria* **3** (1977), 297–302.

[170] P. Frankl, Asymptotic solution of a Turán-type problem, *Graphs and Combinatorics* **6** (1990), 223–227.

[171] P. Frankl and Z. Füredi, A new generalization of the Erdős-Ko-Rado theorem, *Combinatorica* **3** (1983), 3–349.

[172] P. Frankl and R. M. Wilson, Intersection theorems with geometric consequences, *Combinatorica* **1** (1981), 357–368.

[173] H. de Fraysseix, P. O. de Mendez, and P. Rosenstiehl, Trémaux trees and planarity, *International Journal of Foundations of Computer Science* **17** (2006), 1017–1029.

[174] A. M. Frieze, On the independence number of random graphs, *Discrete Mathematics* **81** (1990), 171–175.

[175] A. Frieze and M. Karoński, *Introduction to Random Graphs*, Cambridge University Press, 2015.

[176] Z. Füredi, Turán type problems, in: *Surveys in Combinatorics*, Cambridge University Press, 1991, pp. 253–300.

[177] Z. Füredi, An upper bound on Zarankiewicz'problem, *Combinatorics, Probability and Computing* **5** (1996), 29–33.

[178] Z. Füredi, New asymptotics for bipartite Turán numbers, *Journal of Combinatorial Theory. Series A* **75** (1996), 141–144.

[179] Z. Füredi and M. Simonovits, Triple systems not containing a Fano configuration,

Combinatorics, Probability and Computing **14** (2005), 467–484.

[180] Z. Füredi and M. Simonovits. The history of degenerate (bipartite) extremal graph problems, in: *Erdős Centennial* (L. Lovász, I.Z. Ruzsa, and V.T. Sós, eds.), pp. 169–264. Springer, Berlin, Heidelberg, 2013.

[181] H. Furstenberg, Ergodic behavior of diagonal measures and a theorem of Szemerédi on arithmetic progressions. *Journal d'Analyse Mathématique* **31** (1977), 204–256.

[182] H. Furstenberg and Y. Katznelson, A density version of the Hales-Jewett theorem, *Journal d'Analyse Mathématique* **57** (1991), 64–119.

[183] D. Gale, Neighboring vertices on a convex polyhedron, in: *Linear inequalities and related systems, Annals of Mathematics Studies* **38** (H. W. Kuhn and A. W. Tucker, eds.), pp. 255–263, Princeton University Press, 1956.

[184] C. F. Gauss, *Disquisitiones arithmeticae*, Vol. 157. Yale University Press, 1966.

[185] E. N. Gilbert, Random graphs, *Annals of Mathematical Statistics* **30** (1959), 1141–1144.

[186] C. Godsil and G. Royle, *Algebraic graph theory*, Springer-Verlag, New York, 2001.

[187] Journal of Goedgebeur, On minimal triangle-free 6-chromatic graphs, *Journal of Graph Theory* **93** (2020), 34–48.

[188] P. Gorroochurn, Some laws and problems of classical probability and how Cardano anticipated them, *Chance* **25** (2012), 13–20.

[189] R. Gould, *Graph Theory*, Dover Publications, 2013.

[190] T. Gowers, A new proof of Szemerédi's theorem, *GAFA, Geometric and Functional Analysis* **11** (2001), 465–588. Erratum in the same volume, p. 869.

[191] R. L. Graham, Some of my favorite problems in Ramsey theory, *Integers: Electronic Journal of Combinatorial Number Theory* 7(2) (2007) #A15.

[192] R. L. Graham and S. Butler, *Rudiments of Ramsey theory*. American Mathematical Society, 2015.

[193] R. L. Graham, D. E. Knuth, and O. Patashnik, *Concrete Mathematics*, Second edition, Addison-Wesley, 1994.

[194] R. L. Graham and B. L. Rothschild, Ramsey's theorem for n-parameter sets, *Transactions of American Mathematical Society* **159** (1971), 257–292.

[195] R. L. Graham and B. L. Rothschild, A short proof of van der Waerden's theorem on arithmetic progressions, *Proceedings of the American Mathematical Society* **42** (1974), 385–386.

[196] R. L. Graham, B. L. Rothschild, and J. H. Spencer, *Ramsey theory*, 2nd ed. Wiley-Interscience Series Vol. 20, John Wiley & Sons. 1990.

[197] J. E. Graver and J. Yackel, Some graph theoretic results associated with Ramsey's theorem, *Journal of Combinatorial Theory* **4** (1968), 125–175.

[198] B. Green and T. Tao, New bounds for Szemerédi's theorem, II: A new bound for $r_4(N)$, arXiv:math/0610604 [math.NT] (2006).

[199] B. Green and T. Tao, The primes contain arbitrarily long arithmetic progressions, *Annals of Mathematics* **167** (2008), 481–547.

[200] R. E. Greenwood and A. M. Gleason, Combinatorial relations and chromatic graphs, *Canadian Journal of Mathematics* **7** (1955), 1–7.

[201] C. Grinstead and S. Roberts, On the Ramsey Numbers $R(3, 8)$ and $R(3, 9)$, *Journal of Combinatorial Theory. Series B* **33** (1982), 27–51.

[202] J. Grossman, List of publications of Paul Erdős, January 2013, in: *The Mathematics of Paul Erdős II. Second Edition* (R. L. Graham, J. Nešetřil, and S. Butler, eds.), Springer, New York, Heidelberg, 2013. pp. 497–603.

[203] H. Hadwiger, Über eine Klassifikation der Streckenkomplexe, *Vierteljahrsschrift der Naturforschenden Gesellschaft in Zürich*, **88** (1943), 133–143.

[204] A. W. Hales and R. I. Jewett, Regularity and positional games, *Transactions of American Mathematical Society* **106** (1963), 222–229.

[205] H. Hanani, On the number of straight lines determined by n points, *Riveon Lematematika* **5** (1951), 10–11.

[206] H. Hanani, On the number of lines and planes determined by d points, *Scientific Publications Technion, Israel Institute of Technology* **6** (1954), 58–63.

[207] H. Hanani, On quadruple systems, *Canadian Journal of Mathematics* **12** (1960), 145–157.

[208] H. Hanani, The existence and construction of balanced incomplete block designs, *The Annals of Mathematical Statistics* **32** (1961), 361–386.

[209] G. H. Hardy and J. E. Littlewood, Some problems of Diophantine approximation. I. The fractional part of $n^k\theta$, *Acta Mathematica* **37** (1914), 155–191.

[210] G. H. Hardy and J. E. Littlewood, Some problems of 'partitio numerorum'. III. On the expression of a number as a sum of primes, *Acta Mathematica* **44** (1923), 1–70.

[211] G. H. Hardy and E. M. Wright, *An Introduction to the Theory of Numbers*, Oxford University Press, Oxford, 1938.

[212] T. L. Heath, ed., *The thirteen books of Euclid's Elements*, Courier Corporation, 1956.

[213] D. Hilbert and S. Cohn-Vossen, *Anschauliche Geometrie*, Springer, 1932; English translation: *Geometry and the Imagination*, AMS Chelsea Publishing, 1999.

[214] W. Hoeffding, Probability inequalities for sums of bounded random variables, *Journal of the American Statistical Association* **58** (1963), 13–30.

[215] A. J. Hoffman and R. R. Singleton, On Moore graphs with diameters 2 and 3, *IBM Journal of Research and Development* **4** (1960), 497–504.

[216] G. Hoheisel, Primzahlprobleme in der Analysis, *Sitzungsberichte der Preußischen Akademie der Wissenschaften, Physikalisch-Mathematische Klasse* **33** (1930), 3–11.

[217] A. F. Holmsen, H. N. Mojarrad, J. Pach, and G. Tardos, Two extensions of the Erdős-Szekeres problem. arXiv:1710.11415 [math.CO] (2017).

[218] D. J. Houck and M. E. Paul. On a theorem of de Bruijn and Erdős. *Linear Algebra and its Applications* **23** (1979), 157–165.

[219] J. Hopcroft and R. Tarjan, Efficient planarity testing, *Journal of the Association for Computing Machinery* **21** (1974), 549–568.

[220] J. R. Isbell. $N(4, 4; 3) \geqslant 13$, *Journal of Combinatorial Theory* **6** (1969), 210–210.

[221] Y. Ishigami, Proof of a conjecture of Bollobás and Kohayakawa on the Erdős-Stone theorem, *Journal of Combinatorial Theory. Series B* **85** (2002), 222–254.

[222] K. E. Iverson, *A programming language*, Wiley, 1962.

[223] F. Jaeger and C. Payan, Determination du nombre maximum d'arêtes d'un hypergraphe τ-critique de rang h, *Comptes Rendus Hebdomadaires des Séances de l'Académie des Sciences, Paris* **273** (1971), 221–223.

[224] S. Janson, D. E. Knuth, T. Łuczak,and B. Pittel, The birth of the giant component, *Random Structures & Algorithms* **4** (1993), 233–358.

[225] S. Janson, T. Łuczak, and A. Ruciński, *Random graphs*, Wiley-Interscience, New York, 2000.

[226] J. L. W. V. Jensen, Sur les fonctions convexes et les inégalités entre les valeurs moyennes, *Acta Mathematica* **30** (1906), 175–193.

[227] T. Jensen and G. F. Royle, Small graphs with chromatic number 5: A computer search, *Journal of Graph Theory* **19** (1995), 107–116.

[228] K. Jogdeo and S. M. Samuels, Monotone convergence of binomial probabilities and a generalization of Ramanujan's equation, *The Annals of Mathematical Statistics* **39** (1968), 1191–1195.

[229] S. Johnson, A new proof of the Erdős-Szekeres convex k-gon result, *Journal of Combinatorial Theory. Series A* **42** (1986), 318–319.

[230] K. Jordán, A valószínűségszámítás alapfogalmai, *Középiskolai Matematikai és Fizikai Lapok* **34** (1927), 109–136.

[231] R. Kaas and J. M. Buhrman, Mean, median and mode in binomial distributions, *Statistica Neerlandica* **34** (1980), 13–18.

[232] J. Kahn and P. D. Seymour, A fractional version of the Erdős-Faber-Lovász conjecture, *Combinatorica* **12** (1992), 155–160.

[233] J. D. Kalbfleisch, J. G. Kalbfleisch, and R. G. Stanton. A combinatorial problem on convex regions, in: *Proceedings of the Louisiana Conference on Combinatorics, Graph*

Theory, and Computing: Louisiana State University, Baton Rouge, March, 1-5, 1970, Congressus Numerantium I (R. C. Mullin, K. B. Reid, and D. P. Roselle, eds.), Utilitas Mathematica, Winnipeg, Manitoba, 1970, pp. 180–188.

[234] J. G. Kalbfleisch, Construction of special edge-chromatic graphs, *Canadian Mathematical Bulletin* **8** (1965), 575–584.

[235] J. G. Kalbfleisch, *Chromatic graphs and Ramsey's theorem,* Ph.D. thesis, University of Waterloo, January 1966.

[236] G. O. H. Katona, A simple proof of the Erdős - Chao Ko - Rado theorem, *Journal of Combinatorial Theory. Series B* **13** (1972), 183–184.

[237] G. O. H. Katona, Solution of a problem of A. Ehrenfeucht and J. Mycielski, *Journal of Combinatorial Theory. Series A* **17** (1974), 265–266.

[238] G. Katona, T. Nemetz, and M. Simonovits, On a problem of Turán in the theory of graphs (Hungarian), *Középiskolai Matematikai és Fizikai Lapok* **15** (1964), 228–238.

[239] P. Keevash. Hypergraph Turán problems, in: *Surveys in combinatorics 2011* (R. Chapman, ed.), London Mathematical Society Lecture Note Series **392**, Cambridge Univ. Press, Cambridge, 2011, pp. 83–139.

[240] P. Keevash, The existence of designs, `arXiv:1401.3665 [math.CO]`, 2019.

[241] P. Keevash and B. Sudakov, On a hypergraph Turán problem of Frankl, *Combinatorica* **25** (2005), 673–706.

[242] P. Keevash and B. Sudakov, The Turán number of the Fano plane, *Combinatorica* **25** (2005), 561–574.

[243] J. B. Kelly and L. M. Kelly, Paths and circuits in critical graphs, *American Journal of Mathematics* **76** (1954), 786–792.

[244] L. M. Kelly and W. O. J. Moser, On the number of ordinary lines determined by n points, *Canadian Journal of Mathematics* **10** (1958), 210–219.

[245] G. Kéry, On a theorem of Ramsey (in Hungarian), *Középiskolai Matematikai és Fizikai Lapok* **15** (1964), 204–224.

[246] H. A. Kierstead, E. Szemerédi, and W. T. Trotter, Jr., On coloring graphs with locally small chromatic number, *Combinatorica* **4** (1984), 183–185.

[247] J. H. Kim, The Ramsey number $R(3, t)$ has order of magnitude $t^2/\log t$, *Random Structures & Algorithms* **7** (1995), 173–207.

[248] T. P. Kirkman, On a problem in combinatorics, *The Cambridge and Dublin Mathematical Journal* **2**.(1847), 191–204.

[249] L. Kirousis, J. Livieratos, and K. I. Psaromiligkos, Directed Lovász local lemma and Shearer's lemma, *Annals of Mathematics and Artificial Intelligence* **88** (2020), 133–155.

[250] M. Kneser, Aufgabe 300, *Jahresbericht der Deutschen Mathematiker-Vereinigung* **58**

(1955).

[251] D. E. Knuth, Big omicron and big omega and big theta, *ACM Sigact News* **8** (1976), 18–24.

[252] D. E. Knuth, Mathematics and computer science: coping with finiteness, *Science* **194** (1976), 1235–1242.

[253] D. E. Knuth, *The Art of Computer Programming, Volume 4A: Combinatorial Algorithms, Part 1*, Addison–Wesley, 2011.

[254] D. E. Knuth, *The Art of Computer Programming, Volume 4, Fascicle 5: Mathematical Preliminaries Redux; Introduction to Backtracking; Dancing Links*, Addison–Wesley, 2020.

[255] V. F. Kolchin, On the behavior of a random graph near a critical point (Russian). *Teoriya Veroyatnosteĭ i ee Primeneniya* **31** (1986), 503–515. English translation in *Theory of Probability & Its Applications* **31** (1987), 439–451.

[256] J. Kollár, L. Rónyai, and T. Szabó, Norm-graphs and bipartite Turán numbers, *Combinatorica* **16** (1996), 399–406.

[257] J. Komlós and M. Simonovits, Szemerédi's regularity lemma and its applications in graph theory, in: *Combinatorics, Paul Erd"os is Eighty* (D. Miklós et al., eds.), Bolyai Society Mathematical Studies **2**, János Bolyai Mathematical Society, Budapest, 1996, pp. 295–352.

[258] J. Komlós and E. Szemerédi, Limit distribution for the existence of Hamiltonian cycles in a random graph, *Discrete Mathematics* **43** (1983), 55–63.

[259] A. D. Koršunov, Solution of a problem of Erdős and Rényi on Hamiltonian cycles in nonoriented graphs (in Russian), *Doklady Akademii Nauk SSSR* **228** (1976), pp. 529–532. English translation in *Soviet Mathematics. Doklady.* **17** (1976), 760–764.

[260] A. D. Koršunov, A solution of a problem of P. Erdős and A. Rényi about Hamiltonian cycles in undirected graphs (in Russian), *Metody Diskretnogo Analiza* **31** (1977), 17–56.

[261] A. V. Kostochka, A class of constructions for Turán's (3, 4)-problem. *Combinatorica* **2** (1982), 187–192.

[262] A. V. Kostochka, The minimum Hadwiger number for graphs with a given mean degree of vertices, *Metody Diskretnogo Analiza* **38** (1982), 37–58 [in Russian].

[263] A. V. Kostochka, A lower bound for the Hadwiger number of graphs by their average degree, *Combinatorica* **4** (1984), 307–316.

[264] M. Kouril, Computing the van der Waerden number $W(3, 4) = 293$, *Integers* **12** (2012), A46.

[265] M. Kouril and J. L. Paul, The Van der Waerden Number $W(2, 6)$ is 1132, *Experimental*

Mathematics **17** (2008), 53–61.

[266] T. Kővári, V. T. Sós, and P. Turán, On a problem of K. Zarankiewicz. *Colloquium Mathematicum* **3** (1954), 50–57.

[267] J. Kozik and D. Shabanov, Improved algorithms for colorings of simple hypergraphs and applications, *Journal of Combinatorial Theory. Series B* **116** (2016), 312–332.

[268] K. Kuratowski, Sur le problème des courbes gauches en topologie, *Fundamenta Mathematicae* **15** (1930), 271–283.

[269] C. W. H. Lam, The search for a finite projective plane of order 10, *American Mathematical Monthly* **98** (1991), 305–318.

[270] C. W. H. Lam, L. Thiel, and S. Swiercz, The nonexistence of finite projective planes of order 10, *Canadian Journal of Mathematics* **41** (1989), 1117–1123.

[271] E. Landau, *Handbuch der Lehre von der Verteilung der Primzahlen,* B. G. Teubner, Leipzig, Berlin, 1909. Reprinted (with an Appendix by P. T. Bateman) by Chelsea Publishing Co., New York, 1953.

[272] F. Lazebnik. V. A. Ustimenko, and A. J. Woldar, A new series of dense graphs of high girth, *Bulletin of the American Mathematical Society* **32** (1995), 73–79.

[273] A.-M. Legendre, *Essai sur la Théorie des Nombres,* Courcier, Paris, 1808.

[274] L. Lesniak, Chvátal's t_0-tough conjecture, in: *Graph Theory: Favorite Conjectures and Open Problems – 1* (G. Ralucca, S. Hedetniemi, and C. Larson, eds), pp.135–147, Springer, 2016.

[275] M. Lewin, A new proof of a theorem of Erdős and Szekeres, *The Mathematical Gazette* **60** (1976), 136–138.

[276] J. Q. Longyear and T. D. Parsons, The friendship theorem, *Indagationes Mathematicae* **34** (1972), 257–262.

[277] L. Lovász, On chromatic number of finite set-systems, *Acta Mathematica Academiae Scientiarum Hungaricae* **19** (1968), 59–67.

[278] L. Lovász, Kneser's conjecture, chromatic number, and homotopy, *Journal of Combinatorial Theory. Series A* **25** (1978), 319–324.

[279] L. Lovász, *Combinatorial Problems and Exercises,* Second edition, North-Holland Publishing Co., Amsterdam, 1993.

[280] D. Lubell, A short proof of Sperner's theorem, *Journal of Combinatorial Theory* **1** (1966), 299.

[281] T. Łuczak, Component behavior near the critical point of the random graph process, *Random Structures & Algorithms* **1** (1990), 287–310.

[282] T. Łuczak, On the equivalence of two basic models of random graphs, in: *Proceedings of Random Graphs'87* (M. Karoński, J. Jaworski, A. Ruciński, eds.), pp.151–157, Wiley,

1990.

[283] T. Łuczak, B. Pittel, and J. C. Wierman, The structure of a random graph at the point of the phase transition, *Transactions of American Mathematical Society* **341** (1994), 721–748.

[284] C. McDiarmid and A. Steger, Tidier examples for lower bounds on diagonal Ramsey numbers, *Journal of Combinatorial Theory. Series A* **74** (1996), 147–152.

[285] B. D. McKay and S. P. Radziszowski, The first classical Ramsey number for hypergraphs is computed, *Proceedings of the second annual ACM-SIAM symposium on Discrete algorithms (SODA'91)*, 304–308.

[286] B. D. McKay and S. P. Radziszowski, $R(4,5) = 25$, *Journal of Graph Theory* **19** (1995), 309–322.

[287] B. D. McKay and S. P. Radziszowski, Subgraph counting identities and Ramsey numbers, *Journal of Combinatorial Theory* Series B, **69** (1997), 193–209.

[288] B. D. McKay and Zhang Ke Min, The value of the Ramsey number $R(3, 8)$, *Journal of Graph Theory* **16** (1992), 99–105.

[289] K. N. Majumdar, On some theorems in combinatorics relating to incomplete block designs, *Annals of Mathematical Statistics* **24** (1953), 377–389.

[290] W. Mantel, Problem 28. Solution by H. Gouwentak, W. Mantel, J. Teixeira de Mattes, F. Schuh and W. A. Wythoff. *Wiskundige Opgaven* **10** (1907), 60–61.

[291] J. Maynard, Large gaps between primes, *Annals of Mathematics* **183** (2016), 915–933.

[292] E. Melchior, Über Vielseite der Projektive Ebene, *Deutsche Mathematik* **5** (1940), 461–475.

[293] L. D. Meshalkin, Generalization of Sperner's theorem on the number of subsets of a finite set, *Theory of Probability and its Applications* **8** (1963), 203–204.

[294] E. W. Miller, On the property of families of sets, *Comptes Rendus des Séances de la Société des Sciences et des Lettres de Varsovie. Classe III* **30** (1937), 31–38.

[295] M. Molloy and B. Reed, *Graph colouring and the probabilistic method*, Springer-Verlag, Berlin, 2002.

[296] L. Moser, Notes on number theory. II. On a theorem of van der Waerden. *Canadian Mathematical Buletin* **3** (1960), 23–25.

[297] W. O. J. Moser, On the relative widths of coverings by convex bodies, *Canadian Mathematical Bulletin* **1** (1958), 154–154.

[298] Th. Motzkin, The lines and planes connecting the points of a finite set, *Transactions of American Mathematical Society* **70** (1951), 451–464.

[299] O. Murphy, Lower bounds on the stability number of graphs computed in terms of degrees, *Discrete Mathematics* **90** (1991), 207–211.

[300] J. Mycielski, Sur le coloriage des graphes, *Colloquium Mathematicum* **3** (1955), 161–162.

[301] A. Nachmias, Y. Peres, The critical random graph, with martingales, *Israel Journal of Mathematics* **176** (2010), 29–41.

[302] B. Nagle, V. Rödl, and M. Schacht, The counting lemma for regular k-uniform hypergraphs, *Random Structures & Algorithms* **28** (2006), 113–179.

[303] C. St J. A. Nash-Williams. Hamiltonian arcs and circuits, in: *Recent Trends in Graph Theory. Proceedings of the First New York City Graph Theory Conference, June 11–13, 1970* (M. Capobianco, J. B. Frechen, and M. Krolik, eds.), Lecture Notes in Mathematics **186**, Springer, Berlin, pp. 197–210.

[304] J. Nešetřil and V. Rödl, A short proof of the existence of highly chromatic hypergraphs without short cycles, *Journal of Combinatorial Theory. Series B* **27** (1979), 225–227.

[305] P. Neumann, Über den Median der Binomial- and Poissonverteilung, *Wissenschaftliche Zeitschrift der Technischen Universität Dresden* **15** (1966), 229–233.

[306] K. O'Bryant, Sets of integers that do not contain long arithmetic progressions, *The Electronic Journal of Combinatorics* **18** (2011), #P59.

[307] M. Okamoto, Some inequalities relating to the partial sum of binomial probabilities, *Annals of the Institute of Statistical Mathematics*, 10 (1958), 29–35.

[308] O. Ore, Note on Hamilton circuits, *American Mathematical Monthly* **67** (1960), 55.

[309] P. R. J. Östergård, On the minimum size of 4-uniform hypergraphs without property B, *Discrete Applied Mathematics* **163** (2014), 199–204.

[310] J. Pach and P. K. Agarwal. *Combinatorial geometry*. John Wiley & Sons, 2011.

[311] E. M. Palmer, *Graphical Evolution. An Introduction to the Theory of Random Graphs*, Wiley-Interscience, John Wiley & Sons, Chichester, 1985.

[312] O. Pikhurko, A note on the Turán function of even cycles, *Proceedings of the American Mathematical Society* **140** (2012), 3687–3692.

[313] B. Pittel, On the largest component of the random graph at a nearcritical stage, *Journal of Combinatorial Theory, Series B* **82** (2001), 237–269.

[314] D. H. J. Polymath, A new proof of the density Hales-Jewett theorem, *Annals of Mathematics* **175** (2012), 1283–1327.

[315] D. H. J. Polymath, Variants of the Selberg sieve, and bounded intervals containing many primes, *Research in the Mathematical Sciences* **1** (2014), Article 12, 83 pages.

[316] L. Pósa, A theorem concerning Hamilton lines, *A Magyar Tudományos Akadémia Matematikai Kutató Intézetének Közleményei* **7** (1962), 225–226.

[317] L. Pósa, Hamiltonian circuits in random graphs, *Discrete Mathematics* **14** (1976), 359–364.

[318] J. Radhakrishnan and S. Shannigrahi, Streaming Algorithms for 2-Coloring Uniform Hypergraphs, in: *Algorithms and Data Structures,* Lecture Notes in Computer Science **6844** (2011), pp. 667–678.

[319] J. Radhakrishnan and A. Srinivasan, Improved bounds and algorithms for hypergraph 2-coloring, *Random Structures & Algorithms* **16** (2000), 4–32. Also in *Proceedings of 39th Annual Symposium on Foundations of Computer Science, 1998,* pp. 684–693.

[320] S. P. Radziszowski, Small Ramsey numbers, *The Electronic Journal of Combinatorics* (2017), revision #15.

[321] A. M. Raĭgorodskiĭ and D. A. Shabanov, The Erdős-Hajnal problem of hypergraph colorings, its generalizations, and related problems (Russian), *Uspekhi Matematicheskikh Nauk [N. S.]* **66** (2011), 109–182; translation in *Russian Mathematics Surveys* **66** (2011), 933–1002.

[322] S. Ramanujan. A proof of Bertrand's postulate, *Journal of the Indian Mathematical Society* **11** (1919), 181–182. Also in *Collected Papers of Srinivasa Ramanujan* (G. H. Hardy, P. V. Seshu Aiyar, B. M. Wilson, eds.), AMS/Chelsea Publication, 2000, pp. 208–209.

[323] F. P. Ramsey, On a problem of formal logic, *Proceedings of the London Mathematical Society* **30** (1930), 361–376.

[324] R. A. Rankin, The difference between consecutive primes, *Journal of the London Mathematical Society* **13** (1938), 242–247.

[325] A. Rao, Coding for sunflowers, *Discrete Analysis* 2020: 2, 8 pp.

[326] G. Ringel. Extremal problems in the theory of graphs, in: *Theory of Graphs and its Applications. Proceedings of the Symposium held in Smolenice in June 1963* (M. Fiedler, ed.), Publishing House of the Czechoslovak Academy of Sciences, Prague, 1964, pp. 85–90.

[327] H. Robbins, A remark on Stirling's formula, *American Mathematical Monthly* **62** (1955), 26–29.

[328] N. Robertson, D. Sanders, P. Seymour, and R. Thomas, The four-colour theorem. *Journal of Combinatorial Theory. Series B* **70** (1997), 2–44.

[329] N. Robertson, P. Seymour, and R. Thomas, Hadwiger's conjecture for K_6-free graphs, *Combinatorica* **13** (1993), 279–361.

[330] V. Rödl, On a packing and covering problem, *European Journal of Combinatorics* **5** (1985), 69–78.

[331] V. Rödl and E. Šiňajová, Note on Ramsey numbers and self-complementary graphs, *Mathematica Slovaca* **45** (1995), 243–249.

[332] V. Rödl and J. Skokan, Regularity lemma for k-uniform hypergraphs, *Random Struc-*

tures & Algorithms **25** (2004), 1–42.

[333] V. Rödl and J. Skokan, Applications of the regularity Lemma for uniform hypergraphs, *Random Structures & Algorithms* **28** (2006), 180–194.

[334] K. F. Roth, On certain sets of integers, *Journal of the London Mathematical Society* **28** (1953), 104–109.

[335] H. J. Ryser, *Combinatorial mathematics*, The Carus Mathematical Monographs, No. 14. Published by The Mathematical Association of America; distributed by John Wiley and Sons, Inc., New York, 1963.

[336] H. J. Ryser, An extension of a theorem of de Bruijn and Erdős on combinatorial designs, *Journal of Algebra*, **10** (1968), 246–261.

[337] A. Schrijver, Vertex-critical subgraphs of Kneser graphs, *Nieuw Archief voor Wiskunde. Derde Serie* **26** (1978), 454–461.

[338] H. A. Schwarz, Über ein die Flächen Kleinsten Flächeninhalts betreffendes Problem der Variationsrechnung, *Acta Societatis Scientiarum Fennicae* **15** (1885), 315–362. Reprinted in *Gesammelte Mathematische Abhandlungen, Vol. 1*, New York: Chelsea, pp. 224–269, 1972.

[339] P. Seymour, A note on a combinatorial problem of Erdős and Hajnal, *Bulletin of the London Mathematical Society* **8** (1974), 681–682.

[340] P. Seymour, Hadwiger's conjecture, in: *Open problems in mathematics* (J. F. Nash, Jr. and M. T.Rassis, eds.), Springer, 2016, pp. 417–437.

[341] J. B. Shearer, A note on the independence number of triangle-free graphs, *Discrete Mathematics* **46** (1983), 83–87.

[342] A. Sidorenko. Upper bounds for Turán numbers, *Journal of Combinatorial Theory. Series A* **77** (1997), 134–147.

[343] M. Simonovits, Paul Erdős' influence on extremal graph theory, in: *The Mathematics of Paul Erdős, II* (R. L. Graham and J. Nešetřil, eds.), Algorithms and Combinatorics, 14, Springer, Berlin, 1997, pp. 148–192.

[344] C. A. B. Smith and S. Abbott, The story of Blanche Descartes, *The Mathematical Gazette* **87** (2003), 23–33.

[345] V. T. Sós. Remarks on the connection of graph theory, finite geometry and block designs, in: *Colloquio Internazionale sulle Teorie Combinatorie, Roma, 3–15 settembre 1973*, Atti dei Convegni Lincei, No. 17, Accademia nazionale dei Lincei, Rome, 1976, Tomo II, pp. 223–233.

[346] J. Spencer, Ramsey's theorem — A new lower bound, *Journal of Combinatorial Theory. Series A* **18** (1975), 108–115.

[347] E. Sperner, Ein Satz über Untermengen einer endliche Menge, *Mathematische*

Zeitschrift **27** (1928), 544–548.

[348] M. J. Steele, The Cauchy-Schwarz master class. An introduction to the art of mathematical inequalities. MAA Problem Books Series. *Mathematical Association of America, Washington, DC; Cambridge University Press, Cambridge,* 2004

[349] R. S. Stevens and R. Shantaram, Computer-generated van der Waerden partitions, *Mathematics of Computation* **32** (1978), 635–636.

[350] A. Suk. On the Erdős-Szekeres convex polygon problem, *Journal of the American Mathematical Society* **30** (2017), 1047–1053.

[351] J. J. Sylvester, Mathematical Question 11851, *Educational Times* **59** (1893), p. 98.

[352] G. Szekeres, A combinatorial problem in geometry: Reminiscences, *P. Erdős: The Art of Counting. Selected Writings.* (J. Spencer, ed.), Mathematicians of Our Time, Vol. 5. The MIT Press, Cambridge, Mass.-London, 1973, pp. xix–xxii.

[353] G. Szekeres and L. Peters, Computer solution to the 17-point Erdős-Szekeres problem, *The ANZIAM Journal* **48** (2006), 151–164.

[354] G. Szekeres and H. S. Wilf, An inequality for the chromatic number of a graph, *Journal of Combinatorial Theory* **4** (1968), 1–3.

[355] E. Szemerédi, On sets of integers containing no four elements in arithmetic progression, *Acta mathematica Academiae Scientiarum Hungaricae.* **20** (1969), 89–104.

[356] E. Szemerédi, On sets of integers containing no k elements in arithmetic progression, *Acta Arithmetica* **27** (1975), 199–245.

[357] T. Tao, A variant of the hypergraph removal lemma, *Journal of Combinatorial Theory, Series A* **113** (2006), 1257–1280.

[358] T. Tao, A correspondence principle between (hyper)graph theory and probability theory, and the (hyper)graph removal lemma, *Journal d'Analyse Mathématique* **103** (2007), 1–45.

[359] A. Thomason, An extremal function for contractions of graphs, *Mathematical Proceedings of the Cambridge Philosophical Society* **95** (1984), 261–265.

[360] G. Tiner, On the Erdős-Sós Conjecture and double-brooms, *Journal of Combinatorial Mathematics and Combinatorial Computing* **93** (2015), 291–296.

[361] B. Toft, On colour-critical hypergraphs, in: *Infinite and finite sets: To Paul Erdős on his 60th Birthday* (A. Hajnal, R. Rado, V. T. Sós, eds.), North Holland Publishing Co., 1975, pp. 1445–1457.

[362] P. Turán, Egy gráfelméleti szélsőértékfeladatról (On an extremal problem in graph theory, in Hungarian), *Középiskolai Matematikai és Fizikai Lapok* **48** (1941), 436–452.

[363] P. Turán, On the theory of graphs, *Colloquium Mathematicum* **3** (1954), 19–30.

[364] P. Turán, Research problems, *A Magyar Tudományos Akadémia Matematikai Kutató*

Intézetének Közleményei **6** (1961), 417–423.
[365] Zs. Tuza. Applications of the set-pair method in extremal hypergraph theory, in: *Extremal Problems for Finite Sets* (P. Frankl et al., eds.), Bolyai Society Mathematical Studies **3**, János Bolyai Mathematical Society, Budapest, 1994, pp. 479–514.
[366] Zs. Tuza. Applications of the set-pair method in extremal problems, II, in: *Combinatorics, Paul Erdős is Eighty* (D. Miklós, V. T. Sós, T. Szőnyi, eds.), Bolyai Society Mathematical Studies **2**, János Bolyai Mathematical Society, Budapest, 1996, pp. 459–490.
[367] P. Ungar, Advanced Problem 4526, *American Mathematical Monthly* **60** (1953), 123 and 336.
[368] P. Ungar, E-mail message to V.C. on 31 October 2009.
[369] J. V. Uspensky, *Introduction to mathematical probability*, McGraw-Hill, New York and London, 1937.
[370] O. Veblen and W. H. Bussey, Finite projective geometries, *Transactions of the American Mathematical Society*, **7** (1906), 241–259.
[371] B. L. van der Waerden, Beweis einer Baudetschen Vermutung, *Nieuw Archief voor Wiskunde* **15** (1927), 212–216.
[372] B. L. van der Waerden, How the proof of Baudet's conjecture was found, in: *Studies in Pure Mathematics, Papers presented to Richard Rado on the occasion of his sixty-fifth birthday* (L. Mirsky, ed.), Academic Press, London and New York, 1971, pp. 251–260.
[373] K. Wagner, Über eine Eigenschaft der ebenen Komplexe, *Mathematische Annalen* **114** (1937), 570–590.
[374] K. Wagner, Beweis einer Abschwächung der Hadwiger-Vermutung, *Mathematische Annalen* **153** (1964), 139–141.
[375] H. S. Wilf, The friendship theorem, in: *Combinatorial Mathematics and its Applications* (D. J. A. Welsh, ed.), Academic Press, London, 1971, pp. 307–309.
[376] K. Yamamoto, Logarithmic order of free distributive lattice, *Journal of the Mathematical Society of Japan* **6** (1954), 343–353.
[377] Y. Zhang. Bounded gaps between primes, *Annals of Mathematics* **179** (2014), 1121–1174.
[378] A. A. Zykov, On some properties of linear complexes (in Russian), *Matematicheskiĭ Sbornik. Novaya Seriya* **24** (1949), 163–188; translated in *American Mathematical Society Translations Series 1* **7** (1952), 418–449.

名词索引

符号

2-核, 198

A

Ajtai, Miklós, 47, 126
Alon, Noga, 94, 129, 130
Alweiss, Ryan, 62
Appel, Kenneth Ira, 147
Arany, Dániel, 36
Artin, Emil, 97–103
凹函数, 227
凹序列, 20–24

B

B 性质, **90**
Babai, László, 37
Bachmann, Paul Gustav Heinrich, 255
Baer, Reinhold, 137
Baker, Roger, 13
Barak, Boaz, 46
Bárány, Imre, 37, 164, 165
Basterfield, J.G., 35
Baudet, Pierre Joseph Henry, 97
Bauer, Douglas, 214
Beck, József, 38, 90
Bellmann, Louis, 89
Benson, Clark, 130

Berlekamp, Elwyn, 110
Bernstein, Felix, 90
Bernstein, Sergei Natanovich, 238
Bertrand 假设, **1**, 13
Bertrand, Joseph Louis François, 1
Blankenship, Thomas, 109
Blanqui, Louis-Auguste, 132
Bloom, Thomas Frederick, 15, 108
Bohman, Tom, 47
Bollobás, Béla, 37, 120, 150, 163, 190, 197, 252
  他的集合对不等式, 72
Bondy, John Adrian, 130, 209
Bonferroni 不等式, 181–182
Bonferroni, Carlo Emilio, 182
Borsuk, Karol, 164
Bose, Raj Chandra, 140
Broersma, Hajo, 214
Brooks, Rowland Leonard, 156
Brown, William G., 82, 126
Bruck, Richard Hubert, 85
Bruck-Ryser 定理, 85
Buck, Robert Creighton, 25
Buhrman, Jan M., 236
Bukowski, Charles, 55
Bunyakovsky, Viktor Yakovlevich, 226
Bussey, William Henry, 85

C

Cassady, Neal, 175
Catlin, Paul Allen, 151
Cauchy, Augustin-Louis, 226
Cauchy-Bunyakovsky-Schwarz 不等式, 191, 201, 226–227
Chebyshev 不等式, **202**, 238
Chebyshev, Pafnuty Lvovich, 1, 10, 11
Cherkashin, Danila D., 90
Chernoff 界, 239
Chernoff, Herman, 239
Chung, Graham Fan (金芳蓉), 21
Clatworthy, Willard H., 143
Cohen, Gil, 46
Connor, W. S., 143
Conway, John Horton, 35, 85
Coxeter, Harold Scott MacDonald, 261
Crookes, Sir William, 131
Csicsery, George Paul, xxv
    Zala Films, 259
Cummings, Jay, 109
超图, 81, 109

D

Darwin, Charles, 56
De Bruijn, Nicolaas Govert, 26
De Bruijn-Erdős 定理, 26
De Moivre 公式, 227
De Morgan, Augustus, 147
Δ 系, 59, 69
    强的, 63
    弱的, 63
Descartes, Blanche, 155, 156
Deza 定理, 64
Deza, Michel Marie, 63
Dirac, Gabriel Andrew, 151

Dodos, Pandelis, 112
单调属性, 206
顶点的度数, 116
顶点割, **216**
独立集, **44**
独立值 α, **44**

E

Eckstein Gower, Mari, 132
Edmonds, Jack, 117
Erdős, Anna, 203
Erdős, Pál, 1–223
    对问题解答的悬赏, 14, 15, 22, 45, 46, 51, 61, 63, 82, 125, 129
    他的猜想, 15, 51, 90
Erdős-Hanani 猜想, 83
Erdős-Ko-Rado 定理, **74**, 89
Erdős-Lovász 猜想, 63
Erdős-Simonovits 猜想, 125
Erdős-Stone 定理, 120
Erdős-Stone-Simonovits 公式, **124**, 148
Erdős-Sós 猜想, 125
Erdős-Gallai 猜想, 164
Euclid of Alexandria, 4
Euler, Leonhard, 15
Exoo, Geoffrey Allen, 43, 55
二次剩余, **43**, 52
二阶矩方法, **202**
二项式分布, **233**, 233–241
二项式公式, 3
二项式系数, **2**, 2–3, 227, 230–233

F

Fajtlowicz, Siemion, 152
Fano 平面, 30, 89, 90
Faudree, Ralph, 132

Fejes Tóth, László, 261
Fine, Nathan, 1
Fitzgerald, Ella, 56
Fiz Pontiveros, Gonzalo, 47
Fon-Der-Flaass, Dmitrii Germanovich, 82
Ford, Kevin, 14
Frankl, Péter, 46, 89, 90
Frieze, Alan M., 173
Frobenius, Ferdinand Georg, 32
Füredi, Zoltán, 89, 90, 126
Furstenberg, Hillel (Harry), 111, 112
Fáry, István, 147
反链, **69**, 69–72
复杂分支, 198

G

Gale, David, 164
Gallai (原名 Grünwald), Tibor, 24, 89, 125, 164
Gandhi, Mahātmā, 56
Gauss, Johann Carl Friedrich, 4
Gilbert, Edgar Nelson, 246
Gleason, Andrew Mattei, 41–42
Godsil, Chris, 77
Goldbach 猜想, 13
Gowers, Sir William Timothy, 108, 111
Graham, Ronald Lewis, 14, 22, 103, 108, 112, 203
Graham-Rothschild 关于 n-参数集的定理, 112
Green, Ben, 14, 15
Green-Tao 定理, 15
Greenwood, Robert E., 41–42
Greenwood-Gleason 图, 52
Griffiths, Simon, 47

Grünwald, Tibor, 见 Gallai (原名 Grünwald), Tibor
Guy (原名 Thirian), Nancy Louise, 215–216
Guy, Richard Kenneth, 215–216
概率, 177
　概率分布, 199, **200**
　　超几何的, **242**
　　一致的, 199, 200
　概率空间, **200**
　概率论, 199
高于, 206
鸽巢原理, 47, 59
孤立顶点, **182**
怪物, 44

H

Hadwiger 猜想, 153–155
Hadwiger, Hugo, 151, 153
Hajnal, András, 90, 91, 157, 167
Hajós 猜想, 150–155
Hajós, György, 36, 150
Haken, Wolfgang, 147
Hales, Alfred Washington, 112
Hales-Jewett 定理, 112
Hamilton, Sir William Rowan, 147
Hanani, Haim (原名 Chaim Chojnacki), 30, 32, 83, 87
Hardy, Godfrey Harold, 1, 15, 255
Hardy-Littlewood 第一猜想, 15
Harman, Glyn, 13
Hedrlín, Zdeněk, 53, 67
Hoeffding, Wassily, 243
Hoffman, Alan Jerome, 143, 145
Hoffman-Singleton 图, 145
Hoheisel, Guido Karl Heinrich, 13
Hoory, Shlomo, 130

Hopcroft, John Edward, 148
合理染色, 156

I

Ille, Hildegard (1899–1942), 110
Isbell, John Rolfe, 49
Iverson, Kenneth Eugene, 256

J

Jaeger, François, 73
Janson, Svante, 198
Jensen 不等式, 226–227
Jensen, Johan Ludwig William Valdemar, 226
Jewett, Robert Israel, 112
Jogdeo, Shishirkumar Shreedhar, 236
Johnson, Scott, 50
Jordán, Károly (Charles), 182
几乎所有图, **148**, 149–153, 159, 168
　　具有 n 个顶点和 $m(n)$ 条边的, **159**, 159–163, 172–173, 177, 185–199, 220–222
集合系, 91
阶乘, **3**, 227–230
近铅笔形, **29**
巨分支, 196, 197

K

k 一致超图, **81**, 88
Kaas, Rob, 236
Kahn, Jeffry Ned, 32
Kakutani, Shizuo, 119
Kalmár, László, 1, 3
Kanellopoulos, Vassilis, 112
Karoński, Michał, 56
Katona, Gyula O. H., 37, 73, 77, 82

Katznelson, Yitzhak, 112
Keevash, Peter, 47, 87, 89
Kelly, John Beckwith, 156, 159
Kelly, Leroy Milton, 25, 35, 159
Kéry, Gerzson, 37
Kierstead, Henry A., 166
Kim, Jeong Han, 47
Kirkman, Thomas Penyngton, 86
Klein, Esther, 19, 22, 36, 131
Kleitman, Daniel J, 47
Kneser 猜想, 158
Kneser, Martin, 158
Knuth, Donald Ervin, 108, 198, 236, 255
Koch, John Allen, 147
Kolchin, Valentin Fedorovich, 198
Kollár, János, 38, 127
Kolmogorov, Andrey Nikolaevich, 199
KöMaL, 36
Komlós, János, 37, 47, 126, 222
Konyagin, Sergei, 14
Korshunov, Aleksei Dmitrievich, 222
Kostochka, Alexandr V., 81, 154
Kővári, Tamás, 126
Kővári-Sós-Turán 定理, 126
Kozik, Jakub, 90, 110
Krivelevich, Michael, 129
Kuratowski 定理, 148, 150
Kuratowski, Kazimierz, 148
坎特伯雷大主教, 40
柯召, 74

L

l'Hôpital 法则, 231
Lagrange, Joseph-Louis, 15
Lam, Clement W.H., 86
Landau 的问题, 13

Landau, Edmund Georg Hermann, 11, 255
Lazebnik, Felix, 130
Legendre 猜想, 13
Legendre 公式, 6
Legendre, Adrien-Marie, 6
Linial, Nathan, 130
Littlewood, John Edensor, 15, 255
Longyear, Judith Querida, 137
Lovett, Shachar, 62
Lovász, László, 37, 63, 90, 158, 159, 164
　　局部引理, xxvii
Lubell, David, 71
Łuczak, Tomasz, 197–199, 252
LYM 不等式, 71–73
连通度 κ, **215**, 215–222
链, 71
两个图的连接, **117**, 140, 208
两个图的直和, **117**, 140, 208
临界窗口, 197–199
临界相, 196
邻接矩阵, **141**
路径, 126, 151, 152, 168, 198, 216–217, 219
孪生素数猜想, 13, 14

M

Makai, Endre János, 19, 22, 37
Mantel, W., 115
Markov 不等式, 201, 202
Maynard, James, 14
McDiarmid, Colin J. H., 54
McKay, Brendan Damien, 43, 49
Melchior, Eberhard, 24
Meshalkin, Lev Dmitrievich, 71
Miller, E. W., 90
Mises, Richard von, 199
Moivre, Abraham de, 227

Morris, Robert, 47
Moser, Leo, 109
Moser, William Oscar Jules, 26
Motzkin 引理, 32
Motzkin, Theodore Samuel, 30, 32
Murphy, Owen J, 212
Mycielski, Jan, 156

N

Nagle, Brendan, 111
Nash-Williams, Crispin St. John Alvah, 208, 209
Nemetz, Tibor, 82
Nešetřil, Jaroslav, 159
Neumann, Peter Christian, 236

O

Okamoto, Masashi, 240
Ore, Øystein, 210
Östergård, Patric R.J., 90

P

Pach, János, 38, 132
Parsons, Torrence D., 137
Paterson, Michael Stewart, 255
Payan, Charles, 73
Peters, Lindsay, 22
PGOM, **52**, 132, 145, 215
Pikhurko, Oleg, 130
Pintz, János, 13, 38
Pittel, Boris, 197–199
Pless, Vera, 85
Polymath, 14, 112
Pósa, Lajos, 37, 131, 222
Proudhon, Pierre-Joseph, 132
Putnam 竞赛, 39

Q

期望的线性叠加, 200, 234
强行 Hamilton 的, **208**
取样
    不重置取样, 242
    重置取样, 237
圈, 129–131, 144, 151, 159–166, 168–169,
    174, 191, 199, 216–217
    Hamilton, **207**, 223

R

Radhakrishnan, Jaikumar, 90, 91
Rado, Richard, 59, 60, 74, 109
Radziszowski, Stanisław P., 43, 49, 51
Ramanujan, Srinivasa, 1, 12
Ramsey 定理, 40, 47, 50, 62, 111, 157
Ramsey 理论, 112
Ramsey 数, 44–48, 51, 94, 109
    非对角线, 46
Ramsey, Frank Plumpton, 40
Rankin, Robert Alexander, 14
Rao, Anup, 46, 62
Reichenbach, Hans, 199
Reiher, Christian, 89
Rényi, Alfréd, 126, 135, 159, 168, 177, 178,
    190, 196, 199, 223, 246
Ringel, Gerhard, 82
Rivest, Ronald Linn, 255
Robbins, Herbert Ellis, 230
Robertson, George Neil, 147, 154
Rödl, Vojtěch, 54, 83, 111, 159
    Rödl 蚕食, 83
Röntgen, Wilhelm Conrad, 131
Rónyai, Lajos, 127
Roth, Klaus Friedrich, 110
Rothschild, Bruce Lee, 103, 112

Royle, Gordon F., 77
Ryser, Herbert John, 34, 85, 135
染色数, **167**, 167–168
容斥原理, 179–181

S

Samuels, Stephen Mitchell, 236
Sanders, Daniel P., 147
Sárközy, András, 37
Schacht, Mathias, 111
Schreier, Otto, 97–103
Schrijver, Alexander (Lex), 165–166
Schur, Issai (1875–1941), 110
Schwarz, Hermann Amandus, 226
Seymour, Paul, 32, 90, 147, 154
SF, **56**
Shabanov, Dmitry, 110
Shaltiel, Ronen, 46
Shannigrahi, Saswata, 91
Shearer, James B., 47
Simonovits, Miklós, 37, 82, 89, 124–126, 129,
    130
Simonyi, Gábor, 38
Šiňajová, Edita, 54
Singleton, R. R., 143, 145
Sisask, Olof, 15, 108
Skokan, Jozef, 111
Smith, Cedric Austen Bardell, 156
Sós, Vera Turán, 89, 125, 126, 135
Spencer, Joel H., 45, 128, 132
Sperner 定理, 69
Sperner, Emanuel, 69
Srinivasan, Aravind, 90
Steenrod, Norman Earl, 25
Steger, Angelika, 54
Steinberg, Robert, 25

名词索引

Steiner 系, **84**, 84–87
Stirling 公式 (= Stirling 近似), 11, 12, **230**
  Robbins 的加强, 230
Stirling, James, 230
Stone, Arthur Harold, 119, 156
Straus, Ernst Gabor, 112, 145
Sudakov, Benny, 89, 129
Suk, Andrew H., 22
Surányi, János, 16, 37
Swiercz, Stanley, 86
Sylvester, James Joseph, 25
Sylvester-Gallai 定理, 25
Szabó, Tibor, 38, 127
Szekeres, George, 19, 22, 36, 40, 41, 48, 49, 167
Szemerédi 双胞胎, Kati 和 Zsuzsi, 95
Szemerédi, Anna Kepes, 95
Szemerédi, Endre, 15, 47, 95, 110, 112, 113, 126, 166, 222
  正则划分引理, xxvii
色数 χ
  超图的, 90–94
  图的, **124**, 124–125, 147–174
事件, 200
数学
  反动的, 135, 137, 141
  革命的, 135, 137
树, 191
双跳跃, 196
四色猜想, 147
四色定理, 150
素数, **4**, 1–15, 17, 85, 138–139
  素数中的算术级数, 15
  相邻素数的间隔, 13–15
算术基本定理, 4
随机变量, 200
  它的方差, 200
  它的概率分布, **201**, 233
  它的均值, 200

T

Tao, Terence Chi-Shen, 14, 15, 111
Taranchuk, Vladislav, 110
Tardos, Gábor, 38
Tarjan, Robert Endre, 148
Tarsi, Michael, 49
Taylor 定理, 231
Thiel, Larry H., 86
Thomas, Robin, 147, 154
Thomason, Andrew Gordon, 154, 190
Toft, Bjarne, 90
Trotter, William Thomas, 166
Turán 定理, 115, 152, 159, 205, 218
Turán 函数 $ex(F, n)$, **88**, 88–90, 115–131
Turán 数 $T(n, \ell, k)$, **81**, 81–88, 93, 119
Turán, Paul, 15, 36, 81, 110–111, 115, 126, 130
Tutte, William Thomas, 156, 164
Tuza, Zsolt, 74
Tyros, Konstantinos, 112
贪心, 117
特征值, **142**
同构的图, 51, 124–128, 190–192
凸多边形, 19–24, 49
凸函数, 226
凸序列, 20–24
图
  Hamilton 的, **207**, 207–224
  Kneser 图, 144, **158**
  Petersen 图, **144**
  t-坚固的, 214
  二部, 124–130

坚固的, 214–215
连通的, 178–190, 197
平衡的, **190**, 190–196
平面图, **147**, 199
强正则的, **140**, 140–145
随机图, 177–199, 220–224
图的细分, **148**, 150–152
完全 k-部, 115–124
完全二部, 126–128
完全图, 39–45
稀疏的, 159
直径为 2 的 Moore 图, **143**, 143–145
自我互补的, **52**, 52–55
图的闭包, **210**
图的补图, **52**, 119, 212, 218
图中的漫游, **137**
团, 43
团值 ω, **43**, 115–119, 148–150, 205–207, 212–214

U

Ungar, Peter, 155, 156
Ustimenko, Vasiliy, 130

V

van der Waerden 数, **98**, 108–110
van der Waerden, Bartel Leendert, 97–103
Veblen, Oswald, 85
Veldman, Hendrik Jan, 214
Venn, John, 199

W

Wagner, Klaus, 154
Waring, Edward, 15
Wierman, John Charles, 198, 199
Wigderson, Avi, 46

Wilf, Herbert Saul, 141, 143, 167
Wilson, Richard Michael, 46
Woldar, Andrew, 130
Woodall, Herbert J., 25
Wright, Edward Maitland, 1
Wu, Kewen, 62
唯一分解定理, 4
尾部
　　超几何分布的, 242–246
　　二项式分布的, 237–242
稳定集, **43**, 119, 172, 216–217
稳定值 α, **44**, 119, 172–173, 215–222

X

线性无关的向量, 35
相变, 196
相交集合族, **74**, 74–81
向日葵, 59
向上封闭集, 207, 249
向下封闭集, 249
星, 78–81, 125
幸福结局定理, **20**, 49

Y

Yamamoto, Koichi, 71
样本空间, 200
一阶矩方法, **202**
易检验的凭证, 205, 207
用两种方法对有序对计数, 174
友谊定理, 136
有限射影平面, **30**, 63, 85–86, 137
　　配极, 137
诱导子图, **149**
阈值函数, 177

Z

Zarins, Ivars, 55

Zhang, Jiapeng, 62

Zykov, Alexander Alexandrovich, 155, 156

张益唐, 14

证明

    非构造性的, 16, 109, 209

    构造性的, 22, 45–46

主轴定理, **142**

组合线, **111**

图字：01-2022-0843 号

Paul Erdős: 离散数学的魅力
Paul Erdős: Lisan Shuxue de Meili

策划编辑
赵天夫

责任编辑
赵天夫

封面设计
张申申

责任校对
王 巍

责任印制
刁 毅

This is a Simplified Chinese Translation of the following title published by Cambridge University Press:

The Discrete Mathematical Charms of Paul Erdős: A Simple Introduction,
ISBN 9781108831833

© Vašek Chvátal 2021

This Simplified Chinese Translation edition for the People's Republic of China and is published by arrangement with the Press Syndicate of the University of Cambridge, Cambridge, United Kingdom.

Simplified Chinese Translation Edition © Higher Education Press Limited Company, 2024

This Simplified Chinese Translation is authorized for sale in the People's Republic of China (excluding Hong Kong SAR, Macao SAR and Taiwan) only. Unauthorized export of this Simplified Chinese Translation edition is a violation of the Copyright Act. No part of this publication may be reproduced or distributed by any means, or stored in a database or retrieval system, without the prior written permission of Cambridge University Press and Higher Education Press Limited Company.

Copies of this book sold without a Cambridge University Press sticker on the cover are unauthorized and illegal.

本书封面贴有 Cambridge University Press 防伪标签，无标签者不得销售。

图书在版编目 (CIP) 数据

Paul Erdős: 离散数学的魅力 /（加）瓦舍克·查瓦塔尔著；陈晓敏译. -- 北京：高等教育出版社，2025.1 -- ISBN 978-7-04-063193-7

I. O158

中国国家版本馆 CIP 数据核字第 2024HN8986 号

郑重声明

高等教育出版社依法对本书享有专有出版权。任何未经许可的复制、销售行为均违反《中华人民共和国著作权法》，其行为人将承担相应的民事责任和行政责任；构成犯罪的，将被依法追究刑事责任。为了维护市场秩序，保护读者的合法权益，避免读者误用盗版书造成不良后果，我社将配合行政执法部门和司法机关对违法犯罪的单位和个人进行严厉打击。社会各界人士如发现上述侵权行为，希望及时举报，我社将奖励举报有功人员。

出版发行	高等教育出版社
社　　址	北京市西城区德外大街 4 号
邮政编码	100120
印　　刷	北京市大天乐投资管理有限公司
开　　本	787mm×1092mm　1/16
印　　张	20.5
字　　数	320 千字
购书热线	010-58581118
咨询电话	400-810-0598
网　　址	http://www.hep.edu.cn
	http://www.hep.com.cn
网上订购	http://www.hepmall.com.cn
	http://www.hepmall.com
	http://www.hepmall.cn
版　　次	2025 年 1 月第 1 版
印　　次	2025 年 1 月第 1 次印刷
定　　价	89.00 元

反盗版举报电话	
(010) 58581999　58582371	
反盗版举报邮箱	
dd@hep.com.cn	
通信地址	
北京市西城区德外大街 4 号	
高等教育出版社知识产权与法律事务部	
邮政编码　100120	

本书如有缺页、倒页、脱页等质量问题，请到所购图书销售部门联系调换

版权所有　侵权必究
物　料　号　63193-00